基礎から学ぶ

電気電子・情報通信工学

田口俊弘・堀内利一・鹿間信介 編著

INTRODUCTION TO ELECTRICAL AND ELECTRONIC ENGINEERING,
INFORMATION AND COMMUNICATION ENGINEERING

講談社

執筆者一覧

chapter 1 田口 俊弘（摂南大学理工学部 電気電子工学科．以下同）

chapter 2 堀内 利一

chapter 3 高瀬 冬人

chapter 4 井上 雅彦

chapter 5 堀内 利一

chapter 6 田口 俊弘

chapter 7 西 恵理

chapter 8 鹿間 信介

chapter 9 鹿間 信介

chapter 10 奥野 竜平

chapter 11 片田 喜章

chapter 12 奥野 竜平，鹿間 信介

chapter 13 田口 俊弘，工藤 隆則

chapter 14 工藤 隆則

chapter 15 田口 俊弘，工藤 隆則

はじめに

電気の応用をメインテーマとした学問分野には，電気工学，電子工学，情報工学，通信工学などがあります．電気工学は，発電やモータといった電気をエネルギーとして利用する分野が中心です．これに対して電子工学は，電気の高速性を活かした電気信号の制御が主目的ですが，この制御には半導体が不可欠です．半導体は，電子材料とよばれる材料系の分野ですが，機能性材料という意味で電子工学に属しています．

情報工学と通信工学は，電子工学を基礎として発展し，独立して大きな体系になった分野です．情報工学はコンピュータのハードウェアとソフトウェアに関する学問ですが，コンピュータの進歩はめざましく，大量かつ高速なデータ処理と小型化という両極端を同時に成し遂げています．これも半導体技術のおかげです．また，通信工学も，電気の応用分野として一つの体系を形成しています．通信には固定電話のような有線もあれば携帯電話のような無線もありますが，どちらも電子回路なしでは成り立ちません．

このように多分野化していった電気の応用技術ですが，バラバラのように見えて，実は相互に深いつながりをもっています．たとえば，太陽電池を使った発電装置は電気工学の分野ですが，太陽電池は半導体です．また，モータは電子回路技術で効率を向上させています．通信はデジタルが主流になって，コンピュータと同じしくみになっています．そもそもスマートフォンはポケットサイズのコンピュータです．

さて，電気に関連した学問を学ぼうとして学科を選択し，大学に入学した学生にとって，このように多分野化した学問体系の中から，自分の将来への道筋を選択するのはなかなか難しいことではないでしょうか．本書の目的は，大学の電気電子系や情報通信系の学科に入学した学生が，これからどのような勉強をするのかを知って，その中でどの分野が自分に合っているかを探るための手助けをすることです．その過程で，最近の電気に関する分野が，その裾野を広げつつも互いに深く関わり合っていることを理解してもらえることを期待しています．

本書は，摂南大学理工学部における「科学技術教養」という講義用に作成した資料を下地にしています．科学技術教養は，理工学部の各学科が2科目ずつ提供して，できるだけ平易にその学科の内容を紹介するという教養科目です．この講義の特長は，学生が必ず所属学科以外の学科が提供している講義を受けなければならないことです．このため，講義担当者は他学科の学生が理解できるように教えなければなりません．せっかくだから電気電子工学科に所属する学生にも教えたいと思い，「電気電子工学概論」という講義の教科書として大学入学時の学生を対象に書き直したのが本書です．本書は基本的に初年次向けとしてテーマと内容を決めていますが，各章を担当した先生の個性も出ていて，それぞれには最新の情報も含まれています．このため，全体を通して読めば，現在における，電気・電子・情報・通信という分野が，お互いどのように関わっているかもわかっていただけると思います．また，興味をもった分野があれば，より深い勉強に進んでもらえるように各章の最後に参考図書を示しています．

本書は，摂南大学の多くの先生たちのサポートのおかげで完成しました．まず，本書を作成するきっかけを与えて下さったのは，摂南大学の前理工学部長，現・摂南大学名誉教授である森脇俊道先生です．森脇先生は上記の科学技術教養を考案された先生です．森脇先生は科学技術教養の内容をもとにした書籍の出版も推進されていて，本書はその第一号でもあります．また，電気電子工学科の教科書を作成した際には，当時の編集委員であった小川英一先生（現・摂南大学名誉教授）のお力も非常に大きいものでした．また，理工学部の科学技術教養編集委員会の委員長で，教科書出版の推進者の一人である都市環境工学科の頭井洋教授からもいろいろご指導をいただきました．さらに，実際に本書を作成する段階になってからは，電気電子工学科の山本淳治教授や大家重明教授の教科書原稿も参考にさせていただきました．

最後になりましたが，森脇先生，小川先生，頭井先生，山本先生，大家先生に心より感謝申し上げます．加えて，本書を出版するに当たっては，講談社サイエンティフィクの三浦洋一郎様に大変なご尽力をいただきました．この場を借りて深く御礼申し上げます．

編集者一同

目次

第1部　電気電子工学編

chapter 1　電気の基本法則とその発見の歴史……1
1-1 はじめに……1
1-2 静電気力とエネルギー……1
1-3 電池と電気回路……3
1-4 磁気と電磁石……4
1-5 電気抵抗とオームの法則……5
1-6 電磁誘導の発見と場の概念の導入……6
1-7 電磁気学の完成と電磁波の発見……8
1-8 その後の発展……9

chapter 2　電気をつくって送る……13
2-1 直流と交流……13
2-2 電磁誘導と交流発電機……14
2-3 変圧器……15
2-4 発電所のエネルギー源……16
2-5 水力発電所……17
2-6 火力発電所……19
2-7 原子力発電……20
2-8 つくった電気を送り届ける……22

chapter 3　モータのパワー……25
3-1 はじめに……25
3-2 磁石と磁界……25
3-3 コイルがつくる磁界……26
3-4 モータのトルクと出力……26
3-5 直流モータの回転原理……27
3-6 フレミングの法則……28
3-7 交流モータ……29
3-8 電車のモータ……33

chapter 4　半導体による技術革新……35
4-1 暮らしの中の半導体……35
4-2 半導体とは……35
4-3 半導体で実現できる機能……36

4.4 半導体デバイスの略歴 39
4.5 半導体によるエネルギー変換 39
4.6 半導体集積回路技術の進化 41
4.7 スマートフォンからウェアラブルコンピュータへ 43

chapter 5 太陽電池と家庭用発電システム 45
5.1 再生可能エネルギー 45
5.2 太陽エネルギーと太陽電池 45
5.3 太陽光発電システム 48
5.4 スマートハウス，スマートグリッド 52

chapter 6 電池のしくみ 55
6.1 はじめに 55
6.2 1次電池と2次電池 55
6.3 電池の種類 56
6.4 電池における電圧の発生原理 57
6.5 電池の歴史 58
6.6 1次電池の構造 60
6.7 2次電池 61
6.8 これからの電池利用 62

chapter 7 地球にやさしい照明技術 65
7.1 はじめに 65
7.2 光のスペクトル 65
7.3 エジソンと白熱電球 66
7.4 ハロゲン電球 67
7.5 蛍光灯 67
7.6 LED（Light Emitting Diode） 68
7.7 道路における照明 70
7.8 消費電力の低減 71
7.9 光源のさまざまな利用 72

chapter 8 さまざまな電子回路 75
8.1 電気回路と電子回路 75
8.2 受動素子の働き 76
8.3 電子回路の歴史 77
8.4 各種半導体素子 79
8.5 集積回路（IC） 81
8.6 代表的なアナログ電子回路 82
8.7 身近な製品の電子回路 84

第2部　情報通信工学編

chapter 9 計算するデジタル回路 88
9-1 はじめに 88
9-2 アナログとデジタル 88
9-3 2進数とは 89
9-4 論理回路入門 90
9-5 論理ゲートと論理回路 92
9-6 2進数の計算 93
9-7 ハードウェア記述言語による設計 96

chapter 10 コンピュータの世界 98
10-1 はじめに 98
10-2 計算機の発達 98
10-3 計算機の構成 101
10-4 中央処理装置のしくみ 102
10-5 主記憶装置のしくみ 103
10-6 装置間の制御と接続 104
10-7 オペレーティングシステムとパソコンの起動 105
10-8 計算機の今後の展開 106

chapter 11 家電製品を制御するマイコン 108
11-1 はじめに 108
11-2 コンピュータと制御 108
11-3 マイコンで制御される家電製品 110
11-4 パソコンとマイコンの違い 111
11-5 マイコンの入出力 112
11-6 マイコン用プログラムの作成手順 114
11-7 こたつの温度制御プログラム 114
11-8 マイコンに求められる仕様 117

chapter 12 人とコンピュータの情報交換技術 119
12-1 はじめに 119
12-2 画像表示の重要性と歴史 119
12-3 画像表示の原理 120
12-4 各種ディスプレイデバイス 122
12-5 立体映像表示 124
12-6 コンピュータの入力デバイスの変遷 125
12-7 各種入力デバイス 126

12 8 これからの入力デバイス 129

chapter 13 電波と放送 131

13 1 はじめに 131
13 2 電波とは何か 131
13 3 電波の歴史 132
13 4 電波の分類 133
13 5 電波の変調 135
13 6 AM ラジオの基本的動作 137
13 7 テレビ放送 138
13 8 衛星放送 139
13 9 デジタル放送 140

chapter 14 通信機器の発展 142

14 1 はじめに 142
14 2 電気を使わない通信 142
14 3 電信機とモールス符号 143
14 4 固定電話 144
14 5 ファックス 146
14 6 携帯電話 147
14 7 通信のこれから 150

chapter 15 社会を変えたインターネット 152

15 1 はじめに 152
15 2 インターネットとは 152
15 3 インターネットの歴史 153
15 4 IP アドレスとネットワーク構成 154
15 5 家庭でのインターネット接続 157
15 6 電子メールと WWW 158
15 7 インターネットの危険性 160
15 8 これからのインターネット 162

演習問題解答 164
索引 166

chapter

電気の基本法則とその発見の歴史

1-1 はじめに

私たちの暮らしに電気は欠かせません．蛍光灯がつかなければ夜中に勉強することはできないし，冷蔵庫が動かなければ食べ物を保存することはできません．テレビやインターネットを通して情報を得ることはできないし，携帯電話やスマートフォンもただの箱です．

しかし，「電気」と聞いて何を思い浮かべるでしょうか．「電気つけて」と頼まれれば，電灯のスイッチを入れ，コンセントが抜けていれば，「電気が来てない」などと表現すると思いますが，「電気とは何か？」と問われてもすぐには答えが出ないと思います．

本章では，電気の歴史をたどりながら，電気の基本法則を紹介します．その中で，「電気とは何か？」という問いにも答えたいと思います．

1-2 静電気力とエネルギー

電気に関する記述は，古代ギリシャ時代にさかのぼります．紀元前 600 年頃，タレス（Thales）という学者により，琥珀（こはく）を衣服でこすると小さな種子を引きつけたという記録が残っているそうです．琥珀と種子が離れていても引きつけ合うことから，不思議な力として考えられていたようです．なお，琥珀はギリシャ語で「エレクトロン」であり，これが今日の**電気（electricity）**の語源になっています．

【琥珀（こはく）】
（amber）
木の樹脂（ヤニ）が地中に埋没し，長い年月により固化した宝石．内部に昆虫や植物の化石が含まれていることがあり，化石資料としても重要な役割をもつ．

電気に関する定量的な研究は，1700 年代のクーロン（Charles de Coulomb）の研究が最初です．クーロンは精密な実験を行い，電気的性質をもった物体（**電荷**）の間に加わる力の関係を定式化しました．図 1.1 のように 2 個の点電荷が置かれているとき，働く力 F は，それぞれの電荷量 Q_1 と Q_2 に比例し，電荷間の距離 r の 2 乗に反比例するという法則です．式で書けば以下のようになります．

(a) F ⊕ Q_1　　Q_2 ⊕ F
(b) F ⊖ Q_1　　Q_2 ⊖ F
(c) Q_1 ⊕ F　　F ⊖ Q_2　　r

図 1.1　点電荷間に働く力

$$F = k\frac{Q_1 Q_2}{r^2} \tag{1.1}$$

これを**クーロンの法則**といいます．電荷がもつ電気的性質の強さを表す**電荷量**の単位をC（クーロン），距離をm（メートル），力をN（ニュートン）で測れば，真空中の比例係数kは約9.0×10^9です．この電荷間に加わる力を**静電気力**といいます．

電荷には大きく分けて2種類あります．**正電荷**（プラス）と**負電荷**（マイナス）です．図1.1（a）のように，正電荷と正電荷には**反発力**が働きます．また，図1.1（b）のように，負電荷と負電荷にも反発力が働きます．すなわち，同種電荷間には反発力が働きます．これに対し，図1.1（c）のように正電荷と負電荷という異種電荷間には**引力**が働きます．

すべての物質は非常に小さい粒子である**原子**から構成されていますが，原子はさらに小さい正電荷をもつ粒子（**原子核**）と負電荷をもつ粒子（**電子**）から構成されています．物質がばらばらにならないのは，原子核と電子の間に引力が働くためです．通常，物質中には正電荷と負電荷が等量存在するので，全体的には中性です．しかし，負電荷をもつ電子が軽いため，物質内部を動き回ったり，原子間を移動したりすることができ，これがさまざまな電気現象や化学反応の要因になります．

さて，「力」とは，物体に加わるとそれを動かそうとする働き（作用）のことです．正確には，物体に加速度を引き起こす作用のことです．加速度a［m/s^2］とは単位時間あたりの物体の速度変化ですが，これと力F［N］が比例します．

$$F = ma \tag{1.2}$$

この式はニュートン（Isaac Newton）が示したので，**ニュートンの運動方程式**とよばれています．ここで，m［kg］は物体の質量で，重い軽いを表す量です．同じ力を加えた場合，重い物体の方が動かしにくいのは，加速度が質量に反比例するためです．

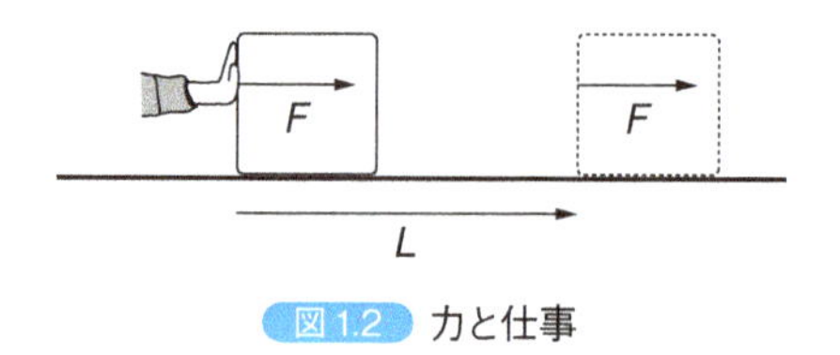

図1.2 力と仕事

力を加えられた物体がその力の方向に移動したとき，力は物体に「仕事をした」といい，力と移動距離の積を**仕事**（**仕事量**）といいます．たとえば，図1.2のように，力F［N］を加えられた物体が，その力の方向にL［m］移動したとき，その力が物体にする仕事Wは，

$$W = FL \tag{1.3}$$

です．仕事の単位はJ（ジュール）です．

仕事とは力を利用した物体へのエネルギー移動量のことです．**エネルギー**は物

体を含めたさまざまな状態が保持している基本的物理量であり，エネルギー保存の法則とよばれる大原則があります．これは，「すべてのエネルギーの総量は不変である」というものです．このため，物体に仕事をするにはどこかに蓄えられているエネルギーを消費しなければならないし，エネルギーを得た物体は，それをなんらかの形で蓄えるか，他のエネルギーに変換しなければなりません．エネルギーの単位もJ（ジュール）です．

たとえば，物体を落とせば重力を受けて加速しますが，これは重力による仕事が物体の運動エネルギーに変換されるからです．逆に，物体を持ち上げるときは重力に逆らった力を加えて上方に移動させるため，物体は仕事を受けます．この仕事は，位置エネルギーとして蓄えられます．

電気力の場合には，クーロンの法則（1.1）が示すように，電荷が受ける力はその電荷の電荷量に比例します．そこで，電荷を電気力で移動させたときの1Cあたりの仕事として定義されているのが，電圧（電位差）です．単位はV（ボルト）です．電圧は，たとえば，電池なら1.5Vとか3Vとかの値であり，家庭用コンセントなら100Vです．電圧とは電気器具に仕事を与える能力を示す量で，電圧が高いほど小さい電荷に大きなエネルギーを供給することができます．

1 3 電池と電気回路

電池は，19世紀の初頭，ボルタ（Alessandro Volta）によって発明されました．それまで，電気の実験には静電気が利用されていました．たとえば，布と棒をこすり合わせるとパチパチという音がしますが，これは，こするという動作によって物質中の正電荷と負電荷が分離し，高電圧が発生するのが原因です．「静電気」という用語は，このような2種類の物質をこすることで起こる電気を示すときに使います．電池の発明以前には，この静電気現象で発生した電荷を金属に蓄えて使っていました．これをライデン瓶といいます．しかし，ライデン瓶に蓄えられる電荷量はあまり大きくなかったので，長時間実験することはできませんでした．

【ライデン瓶】
（Leyden jar）
内側と外側に金属を塗布（コーティング）したガラス瓶．その金属に電荷を蓄えて電気実験に利用することができる．フランクリン（Benjamin Franklin）が凧揚げを利用して雷が電気現象であることを示したことにも使われた．

電池の発明はこの問題を解決しました．ボルタは，2種類の金属をある種の液体（電解液）に浸すと，金属間に電圧が発生することを発見したのです．電池の発明により電気を持続して利用することが可能になり，電気の実験や応用がさらに発展しました．特に重要なのが，電流という電荷の持続的な流れを長時間利用できるようになったことです．

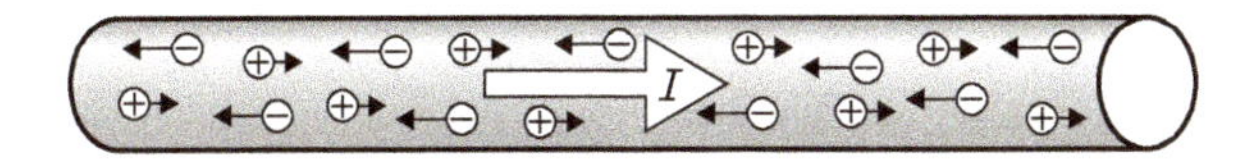

図1.3 電流は電荷の流れ

電流とは電荷の流れのことで，電流の強さは1秒間に流れる電荷量で定義されています．単位はA（アンペア）です．電流の方向は，図1.3のように正電荷の流

1) 金属中で実際に移動しているのは，負電荷の電子である．

れる向きで定義され，負電荷の流れとは逆向きです[1]．このため，端点をもつ電線に電流が流れると，正電荷と負電荷の分離が生じて電荷が両端に蓄積され，流れはすぐ止まってしまいます．電荷を継続して流すには，電池の片方から電線を出して，それに電気を利用する器具をつなぎ，電池のもう片方に戻ってくるようなループをつくって電流を循環させなければなりません．この循環ループを電気回路といいます．電池の両端にもプラスとマイナスがあり，電流はプラス端子から出て，マイナス端子に戻ります．すなわち，プラスは正電荷の出口かつ負電荷の入口であり，マイナスは正電荷の入口かつ負電荷の出口です．図 1.4 に電気回路の一例を示します．この図では，電球が利用する電気器具です．

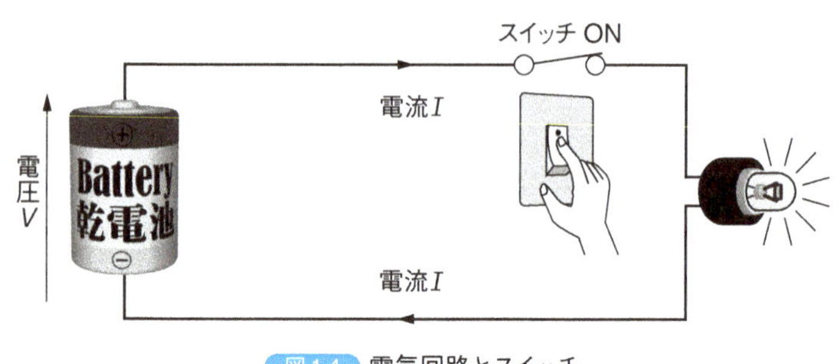

図 1.4 電気回路とスイッチ

【磁鉄鉱】
(magnetite, lodestone)
酸化鉱物の一種．鉄分を含むため黒色をしており，強い磁性をもっているのが特徴で，磁鉄鉱そのものが天然の磁石になっている場合もある．

【世界三大発明】
活版印刷，羅針盤，火薬のこと．15～16 世紀のヨーロッパに大きな変革をもたらした発明として知られているが，いずれも中国で発明されたものを改良したものである．

電気回路はループを構成して初めて動作します．そこで，回路中に電線を接続したり遮断したりするしくみを加えることで電池からの電流供給を制御することができます．これがスイッチです．また，電池はその強さを電圧で示しているように，回路にエネルギーを供給するためのものです．よって，電池が能力を失えば（電池が切れれば）回路は動作しなくなります．電気エネルギーの供給源は，一般的に電源とよばれています．

1 4 磁気と電磁石

電気と同じく，遠隔力として知られているのが磁気です．古代ギリシアのマグネジア（Magnesia）地方で産出した磁鉄鉱が金属を引きつける不思議な力をもつという記録があり，マグネット（magnet）という言葉はここから来ています．また，中国では方位を指す道具として磁石が使われていました．世界三大発明の 1 つ，羅針盤です．磁石が方位を示すのは地球が巨大な磁石であることが原因ですが，これを最初に示したのは 16 世紀の科学者ギルバート（William Gilbert）です．彼はこの功績から「磁気の父」とよばれています[2]．

2) 電気的現象の記述に琥珀に因んだ名前を最初に使ったのもギルバートである．彼は電気力と磁気力が異なることも主張している．ギルバートは「磁気の父」であるとともに「電気の父」でもある．

磁石の中で磁気的性質をもった部分を磁極といいます．磁石には，必ず性質の異なる 2 種類の磁極，N 極と S 極があります．たとえば，図 1.5 のような棒磁石では棒の両端に N 極と S 極があります[3]．

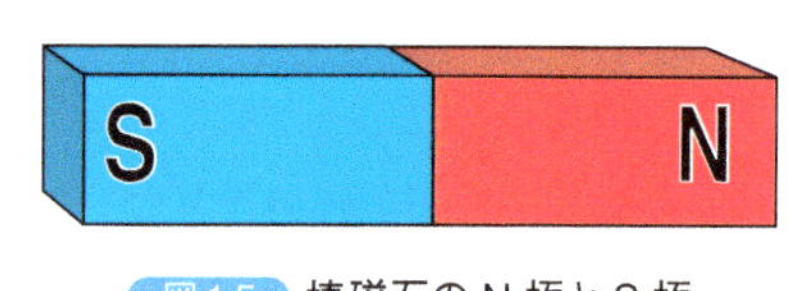

図 1.5 棒磁石の N 極と S 極

3) 方位磁石で，北（North）を向くのが N 極，南（South）を向くのが S 極．

2 個の磁石の間には力が働きますが，N 極と N 極や S 極と S 極のような同種の磁極間には反発力が働き，N 極と S 極の間には引力が働きます．

さて，1820 年に電流と磁気の関係における重要な発見がありました．エルステッド（Hans Ørsted）が電線に電流を流す実験をしていたところ，電線のそばに置かれていた磁石が回転したのです．これは，電流に磁気作用があることを示したもので，画期的な発見でした．アンペール（André-Marie Ampère）は，この報告を聞いた直後から実験をくり返し，平行に置かれた 2 本の電線に電流を流すと，電線間に力が働き，その力はそれぞれの電線に流れる電流 I_1 と I_2 の積と電線の長さに比例して，電線間の距離 r に反比例することを見出しました．式で書けば次式になります．

$$F = k'\frac{I_1 I_2}{r}l \tag{1.4}$$

ここで，l は電線の長さです．電流の単位を A，長さの単位を m，力の単位を N とすれば，真空中での比例係数は $k' = 2 \times 10^{-7}$ です．

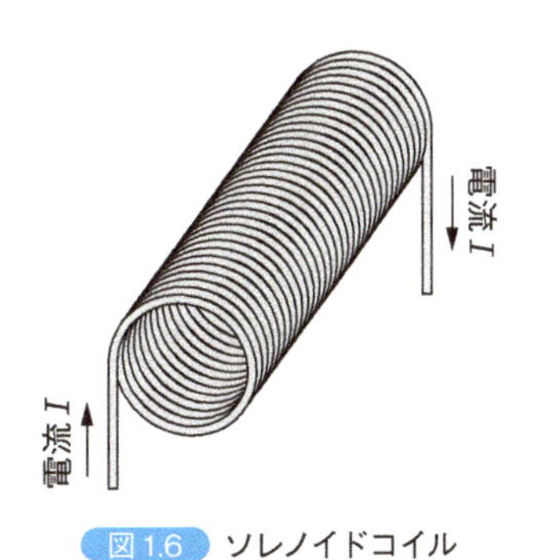

図 1.6 ソレノイドコイル

電流と磁石の間に働く力，または電流と電流の間に働く力によって，電気エネルギーを力学的エネルギーに変換することができます．たとえば，図 1.6 のように，電線を円筒状に何重にも巻いたものを**ソレノイドコイル**，あるいは単に**コイル**といいますが，コイルに電流を流すと磁石と同じ働きをします．これが**電磁石**です．電磁石は，コイルに電流を流すか流さないかで磁石の機能をオンにしたりオフにしたりすることができ，電流の強さで磁石の強さを変えることができます．

さらに，回転する構造をもったコイルのまわりに磁石を配置しておいて，コイルに電流を流せば，そのコイルは力を受けて回転します．これが**モータ**です．

1 5 電気抵抗とオームの法則

エルステッドとアンペールにより電流と磁気との関係が発見された 6 年後，電気工学における重要な法則がオーム（Georg Ohm）によって発見されました[4]．**オームの法則**です．オームの法則とは，電気を流す性質をもった物質の両端に電源をつないで電気回路にしたとき，流れる電流 I［A］と電源の電圧 V［V］が比例するというものです．式で表すと次式になります．

$$V = RI \tag{1.5}$$

ここで，比例係数 R は電流の流れにくさを表す数値で，**電気抵抗**とよばれています．単位は Ω（オーム）です．回路に接続した物質も電気抵抗，あるいは単に**抵抗**とよびます．抵抗に電流を流すには，電圧を加えて電荷を移動させなければならないので，エネルギーを消費します．1 秒間あたりに消費されるエネルギーを**消費電力**といいます．電流は 1 秒間あたりに流れる電荷量ですから，電流 I［A］で

4）最初にオームの法則を発見したのはイギリスの学者，キャベンディッシュ（Henry Cavendish）だったが，キャベンディッシュは研究内容を公表しなかったので，その研究成果が公になったのはオームが発見した後だった．

は，1 秒間に I［C］移動します．電圧は，1 C あたりの仕事ですから，V［V］の電圧で，I［C］移動すれば，1 秒間あたりの仕事 P は，電圧 V と電流 I の積で計算することができます．すなわち，

$$P = VI = RI^2 \tag{1.6}$$

です．消費電力 P の単位が W（ワット）です．同じ明るさでも，白熱電球よりも蛍光灯，蛍光灯よりも LED 電球の方が消費電力が少ないですが，これはパッケージに記載してあるワット値で確認することができます．また，消費電力に使用時間をかけたのが消費したエネルギーです．たとえば，消費電力 P［W］の器具を t 秒間使用すれば，Pt［J］のエネルギーを消費したことになります[5]．

5）電力会社からの請求書に記載されているのは，この電気エネルギーの消費量（電力量）であるが，単位には Wh（ワット時）が使われている．ワット時は，ワットに時間（hour）を単位とする使用時間をかけた電力量の値である．1 時間 = 3600 秒なので，1 Wh = 3600 J である．

「抵抗」という言葉は，物質の性質を表す用語です．これに対し，電気エネルギーを利用する器具のことを一般的に**負荷**とよびます．負荷で消費された電気エネルギーを光のエネルギーに変えるのが照明であり，音のエネルギーに変えるのが音楽プレイヤー，熱エネルギーに変えるのが電気ストーブです．

なお，複数の負荷を電源に接続するには 2 種類の方式があります．**直列接続**と**並列接続**です．図 1.7（a）が直列接続です．直列接続は，2 個の負荷に共通の電流が流れる方式で，負荷を同じ電流で動作させるときに使います．これに対し，図 1.7（b）が並列接続です．並列接続は，2 個の負荷に共通した電圧を加える方式で，負荷に同じ電圧を加えて動作させるときに使います．電源の多くは電圧一定の電圧源なので，複数の電気器具を同時に動作させるときには並列接続を使います．たとえば，家庭用コンセントは 2 個以上の差し込み口が用意されていることが多いですが，これらはすべて並列につながっています．

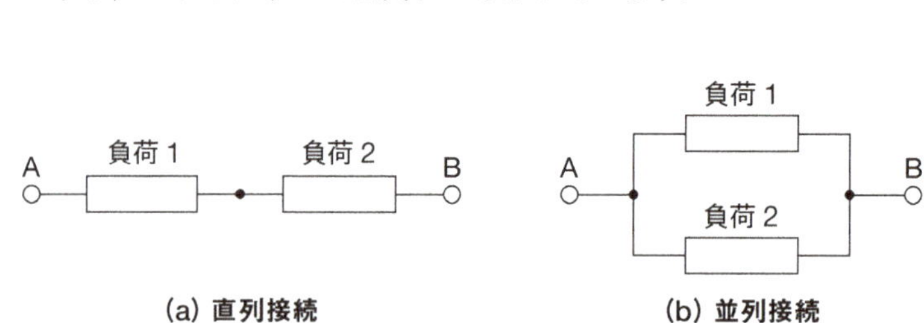

図 1.7 直列接続と並列接続

1.6 電磁誘導の発見と場の概念の導入

1831 年にファラデー（Michael Faraday）が非常に重要な発見をしました．図 1.8 のように 2 個のコイルを接近させて置き，コイル 1 に流れる電流のスイッチを切ったところ，電源がつながれていないコイル 2 に電流が流れたのです．この現象はスイッチを入れたときにも起こりました．重要なことは，コイル 1 に電流が流れていることではなく，スイッチを入れたり切ったりするという動作に反応してコイル 2 に電流が流れることです．ファラデーはコイル 1 から発生する磁気作用の時間変化に反応して，離れた場所にあるコイル 2 に電圧が発生するという法則として結論づけました．この現象を**ファラデーの電磁誘導現象**，または単に

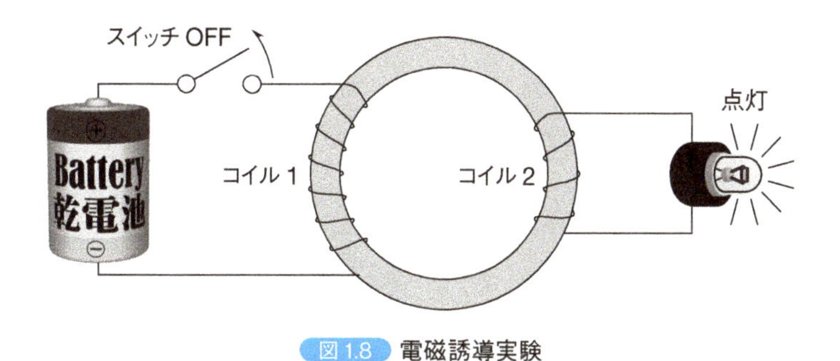

図 1.8 電磁誘導実験

電磁誘導といいます．

ファラデーは電磁誘導を説明するために，電界，磁界という空間状態（場）を考案しました．それまで，電気力は離れた電荷間に働く力であり，磁気力は離れた磁石間に働く力，または電流間に働く力という，あくまでも物体間の反応として認識されてきました．ファラデーは電荷や電流が存在すると，空間が変質し，その変質した空間から電荷や電流が力を受けるとしたのです．電荷が反応する空間状態を電界（電場）とよび，磁石や電流が反応する空間状態を磁界（磁場）とよびます．

たとえば，正電荷と負電荷が1個ずつ存在する空間には図1.9のように正電荷から負電荷に向かう曲線，電気力線が張り巡らされていると考えました．これが電界です．磁界は磁石のN極から出てS極に向かう曲線，磁力線が張り巡らされた空間と考えました．たとえば，直線電流を流したときに生じる磁界では図1.10のように電線を取り囲むように磁力線が発生します[6]．

6）電流の周りにできる磁界の向きは，電流方向に右ねじを進ませるためにねじを回転させる方向である．これを「アンペールの右ねじの法則」という．なお，磁石から電流が受ける力や電流と電流の間に働く力は，磁界の中に置かれた電流が受ける力である．これは「電磁力」ともよばれている．

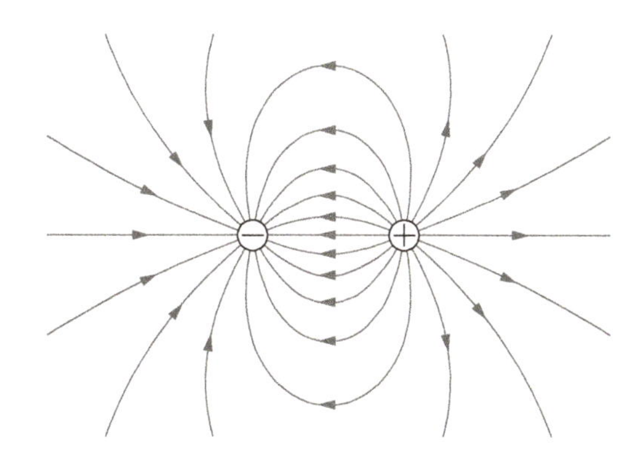
図 1.9 正電荷と負電荷の周囲にできる電気力線（電界）

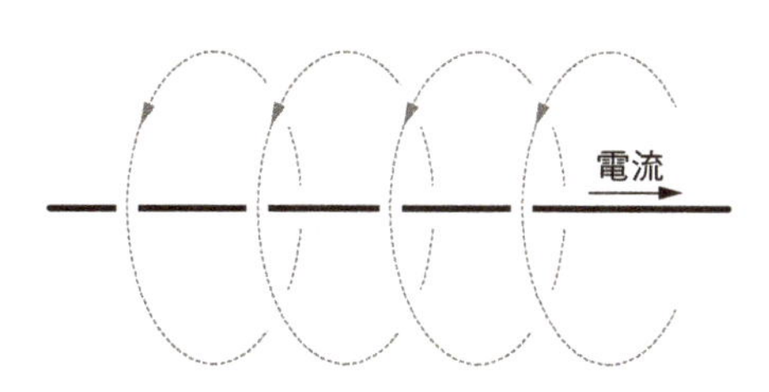

図 1.10 電流の周りにできる磁力線（磁界）

ファラデーは，この電界・磁界という考えで電磁誘導を考察し，コイル1に流れる電流の変化でコイル2に電流が流れるのは，コイル1から発生した磁界が時間的に変化すると，コイル2に電界が発生する現象であると結論づけました．すなわち，それまで物質が主な対象だった物理学に，空間状態である「場」の概念が加わったのです．電荷という物質は，電界をつくる働きをもち，同時に電界に反応する作用ももちます．電荷と電荷の間に働く力は，電界という空間状態を介して働くのです．

さて，「電荷が空間から力を受けて移動すれば仕事を得る」ということは，電荷は空間からエネルギーを得ていることになります．このことは，電界がエネルギーを蓄えた空間であることを示しています．磁界も同様にエネルギーを蓄えた空間です．「電気」とは，空間に満ちたエネルギーのことであり，電気を勉強することは，空間の利用方法を学ぶことだといえるでしょう．

電磁誘導の重要な応用が発電機です．電池は容器に入った物質の化学反応を利用しているので，電圧の持続時間に限りがあります．これに対して，発電機はコイルや磁石を回転させて変動磁界をつくり，電磁誘導を使って定常的に電圧を発生させています．

1 7 電磁気学の完成と電磁波の発見

クーロンの法則からはじまった電気と磁気に関する定量的な研究は，電池の発明などの助けを受けながら，エルステッドとアンペールの発見，ファラデーの発見と進んでいきました．特に，ファラデーによる電磁誘導の発見と，彼の洞察から生まれた電界・磁界という2つの空間概念が電気と磁気の研究をさらに発展させ，電気と磁気はそれぞれが独立しているのではなく，電磁気というセットで考えなければならないことがわかりました．

この電界・磁界に関する統一的な法則を最後に完成させたのがマクスウェル（James Maxwell）です．マクスウェルは，電荷と電界の法則，磁極と磁界の法則，電磁誘導の法則，アンペールの法則の4つを基本法則とする体系，電磁気学をまとめ上げました．1864年のことです．今日，マクスウェルの方程式として知られている4つの法則は，電磁気学のあらゆる現象を記述することができます．

【アンペールの法則】
一般的には電流の周りにできる磁界と電流の関係を表す法則のこと．狭義には，図1.10のように直線電流の周りにできる磁界の磁束密度が電流線からの距離に反比例するという法則のこと．

マクスウェルは，法則を集約する過程で，それまで発見された現象を表す方程式だけでは足りない部分があることに気づきました．電流と磁界の関係を表すアンペールの法則が数学的に不完全だったのです．この不完全さは，マクスウェルが1つの項を方程式に追加することで解消されました．電磁誘導では磁界の時間的変化により電界が生じますが，この逆，電界の時間的変化が磁界をつくるという作用を表す項です．このマクスウェルの洞察によってアンペールの法則に加えられた電界の時間変化項は，電流と同じ働きをするということで変位電流と名付けられました．

マクスウェルによる変位電流の導入で，電磁気学は完成しました．電界は電荷により発生し，磁界は電流により発生するという「物質と場の関係」と，電界は磁界の変化で発生し，磁界は電界の変化で発生するという「場と場の関係」から成り立っています．これらをすべて記述するのがマクスウェルの方程式です．

マクスウェルは，完成した電磁気学の方程式の解を調べて，電荷や電流といった物質がなくても，電界 E と磁界 B が互いに影響し合いながら空間を伝わっていく「波」が存在することを示しました．これが電磁波です．電磁波の概念を図1.11に示します．それまで，波といえば，バイオリンの弦の振動や水面波のように，物質を伝わる振動のことでした．ところが，物質がない真空中を伝わる波が存在するというのですから，画期的な予測だったのです．仮想的だった電界や磁界が現実に存在することを証明する手段であったともいえます．

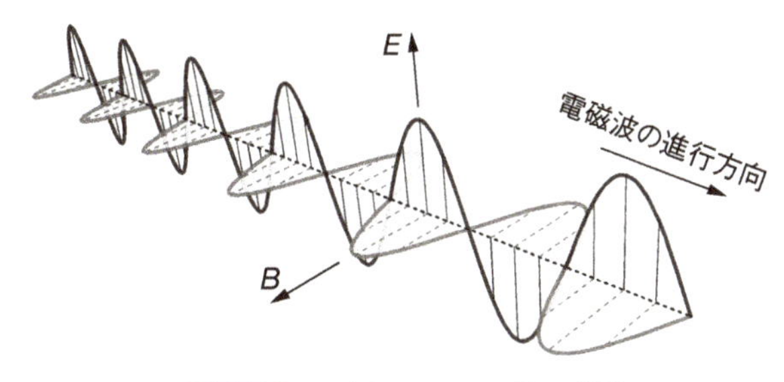

図 1.11 電磁波における電界と磁界

しかも，マクスウェルがその波の速度を計算したところ，驚くべきことに当時測定されていた光の速度と非常に近い数値になりました．そこで，光の本質は電磁波ではないかという予測も生まれました．物質に関する物理学とは独自に発展していた光学の分野が，電磁気学の法則によって突然つながったのです．

それならば電気振動によって空間を伝わる波が発生するはずだ，という動機で実証実験が開始され，最後に解答を得たのがヘルツ（Heinrich Hertz）です．ヘルツは1887年に，火花放電を起こすと離れた場所で電磁現象が起こることを見出しました．このヘルツの実験を契機に電磁波（電波）の応用研究が開始され，それから10年も経たない間にマルコーニによる電信実験が行われました．これは，今日の携帯電話につながる通信技術の幕明けです．マクスウェルやヘルツが現在の携帯電話やスマートフォンの普及を見たらどう思うことでしょう．

1 8 その後の発展

電磁気学という学問体系の探求は，マクスウェルの方程式の完成をもって完了です．ニュートンの運動方程式で記述される力学は，20世紀に入って，相対性理論，量子力学などと発展していったのですが，電磁気学はほぼそのままです．量子力学との親和性のための修正はありましたが，逆に電磁気学の枠組みを壊さないようにすることが1つの必要条件になりました．特に重要なのは，アインシュタイン（Albert Einstein）の相対性理論により，真空中の電磁波の進行速度，光速度が絶対性をもち，すべての物理学における基本定数になったことです[7]．

【火花放電】
（spark discharge）
空気中で非常に高い電圧を加えると，空気分子中の電子が分子の外に出て，自由に移動する現象が起こる．これを放電という．放電の際に発生する高温により，瞬間的に光を発生する場合，「火花放電」とよばれる．

【相対性理論】
（theory of relativity）
互いに等速運動する座標系の間では物理学の法則が不変な形を保つという原理（相対性原理）と，どのような座標系でも光速度は不変であるという原理を基本法則とした運動理論．

【量子力学】
（quantum mechanics）
原子レベルの微小な世界で成り立つ力学理論．

7）真空中の光速度は 299,792,458 m/s．これは測定値ではなく定義値なので，誤差はない．約 3×10^8 m/s と覚えよう．

しかし，電気工学という応用分野から見れば，20 世紀は大きな進歩の時代でした．まず，電灯の発明により，ローソクや行燈（あんどん）のような照明道具がすべて電気器具に置き換わりました．特に，発電所から各家庭に電気が供給されて電灯が自由に使えるようになったことが大きかったと思います．電気照明のおかげで，夜中でも昼と変わらない仕事ができるようになりました．電気照明については第 7 章で説明します．

電気照明以外にも，洗濯機，冷蔵庫，炊飯器といった便利な電気製品が次々生み出されて，家庭の仕事を助けるようになっていきました．これも，家庭で大量の電気が使えるようになったためです．家庭に供給されている電気の発生と供給については第 2 章で説明します．また，携帯用電気器具に欠かせない電池については第 6 章で説明します．

電気エネルギーを力に変えるモータは，スイッチ 1 つで動作を切り替えることができる動力源として開発が進み，ひげそり器用の小さなものから新幹線用の大きなものまで，さまざまな分野で使われています．電気自動車がもっと安くなれば，近い将来ガソリン車が消える日が来るかもしれません．モータについては第 3 章で説明します．

電気の応用に重要な役割を果たしているのが電子回路です．電流は負電荷である電子の流れですが，この流れを電気信号で制御する機能をもった部品（能動素子）を加えることで，電気回路に多彩な動作をさせることができます．これが電子回路です．電子回路を使った技術を指す「エレクトロニクス」という言葉は，電子（electron）という単語から派生したものです．電子回路については第 8 章で説明します．

電子回路に欠かせないのが半導体です．半導体は，作製条件を変えることで，電気的性質を制御できる物質であり，この性質を組み合わせることで，さまざまな機能をもった材料をつくり出すことができます．たとえば，半導体に流れている電流を別途加えた電圧や電流に応じて変化させれば増幅器になり，電流のオン・オフに使えばスイッチになります．

半導体の最大の特徴は，その微小なサイズにあります．特に，指先サイズの半導体に膨大な数の電子回路を埋め込んだ集積回路技術が開発されると，回路の微細化による機能向上を目的として半導体加工技術が急速に進化しました．ナノテクノロジーとはナノメートル（10^{-9} m）スケールの IC 製作技術のことで，現在もさらなる微細化へと開発が進められています．半導体のしくみや加工技術は第 4 章で説明します．また，第 5 章では半導体の 1 つの応用である太陽電池について説明します．

電子回路の一種に論理回路があります．これはスイッチのオンとオフで表現された信号を入力すると，その信号に応じた論理演算の結果をオンとオフで表現した信号にして出力する回路のことです．この機能を組み合わせて，数値演算を電気信号で行うのがコンピュータです．電子計算機は，特定の計算に限定した装置ではなく，一定の文法にしたがって書かれたプログラムを与えれば，どのような計算でも実行することができます．1 台の電子計算機で大量のデータ処理も複雑な科学技術計算も行うことができるため，さまざまな分野で利用されるようになっていきました．このため，より高速で，より大規模な計算が可能なスーパーコンピュータの開発が進められています．論理回路については第9章で，各種コンピュータのしくみや周辺機器については第10章〜第12章で説明します．

この電子回路技術の発達は，通信分野にも大きな貢献をしています．ここで，「通信」とは電話機のような双方向に情報を交換するしくみだけではなく，ラジオやテレビのような電波を応用した情報伝達技術も含まれます．通信技術の発達には，信号の増幅や電波に信号を乗せて送る電子回路技術が欠かせません．電気通信は，光の速度で信号を送ることができるため，地球上で暮らす我々にとっては，どんなに離れていても瞬時に情報交換をすることが可能です．通信技術に関しては，第13章と第14章で説明します．

スーパーコンピュータへのスケールアップには半導体の小型化・集積化の技術開発が不可欠でしたが，それは同時に小型コンピュータへのダウンサイジングをもたらしました．その成果がスマートフォンやタブレット型コンピュータです．これらはインターネットとドッキングした情報端末機器として広く利用されています．皆さんがポケットに所持しているスマートフォンは，電気・電子・情報・通信といった電気の応用分野すべてを小さな箱に凝集させた，電気技術の粋なのです．インターネットのしくみについては第15章で説明します．

【ダウンサイジング】
装置や設備などを小型化して，消費電力の削減や効率化をはかること．

本章のまとめ

この章では，電気の歴史を振り返りながら，電気の基本法則やエネルギーとの関係などについて説明しました．

(1) 電気や磁気は空間にエネルギーを蓄えた状態です．
(2) 電荷間には力が加わります．磁極間にも力が加わります．
(3) 電圧とは1Cあたりの仕事量のことです．電流は1秒あたりの電荷の通過量です．このため，電圧と電流の積は，1秒間あたりの消費エネルギー，消費電力になります．
(4) 抵抗に電圧を加えると，流れる電流と加えた電圧は比例します．
(5) 電流が流れると磁気作用が起こります．このため，電流と磁石，電流と電流の間には力が加わります．
(6) 磁界が時間的に変化すると電界が発生します．これを電磁誘導といいます．それに対し，電界が時間的に変化すると磁界が発生します．この効果を変位電流といいます．これらの法則を集大成したのがマクスウェルです．

演習問題

❶ 質量 50 kg の物体にかかる重力を計算せよ．ここで，重力加速度 g を 9.8 m/s^2 とする．次に，この結果を使って，50 kg の物体を 2 m 持ち上げるのに必要な仕事を計算せよ．

❷ 0.05 C と 0.02 C の 2 個の点電荷が 5 m 離れて置かれている．両者に加わる力を計算せよ．

❸ 10 V の電位差がある 2 点間で 0.3 C の電荷を移動させたときの仕事を計算せよ．また，移動に 6 秒かかったとする．この移動に相当する電流値を計算せよ．

❹ 3 A 流れている直線電流と 5 A 流れている直線電流が 1 cm 離れて平行に置かれている．電流の流さを 2 m として，電流に加わる力の大きさを計算せよ．

❺ 100 V の電圧を加えると 60 W の電力を消費する電球がある．電球の点灯中に流れる電流を計算せよ．また，この電球を 3 時間使用したときに消費したエネルギーを計算せよ．

(1) 田口 俊弘，井上 雅彦：「エッセンシャル電磁気学」，森北出版（2012）
(2) 中山 正敏：「電磁気学」，裳華房（1986）
(3) 砂川重信：「理論電磁気学 第 3 版」，紀伊國屋書店（1999）
(4) 霜田 光一：「歴史をかえた物理実験」，丸善（1996）

chapter 2 電気をつくって送る

2-1 直流と交流

私たちの暮らしに欠かせない電化製品を使うには，電気エネルギーの源である「電源」が必要です．電源には電圧の加わっている一対の電極（端子）があり，電化製品を動作させるときは，この電極につなぐ必要があります．電源には大きく分けて 2 種類あります．図 2.1（a）のように，電極に加わっている電圧が一定の電圧を**直流電圧**，図 2.1（b）のようにプラスとマイナスが周期的に入れ替わっている電圧を**交流電圧**といいます．乾電池が発生しているのは直流電圧で，テレビや冷蔵庫などを使うための家庭用コンセントから得られるのは 100 V または 200 V の交流電圧です．

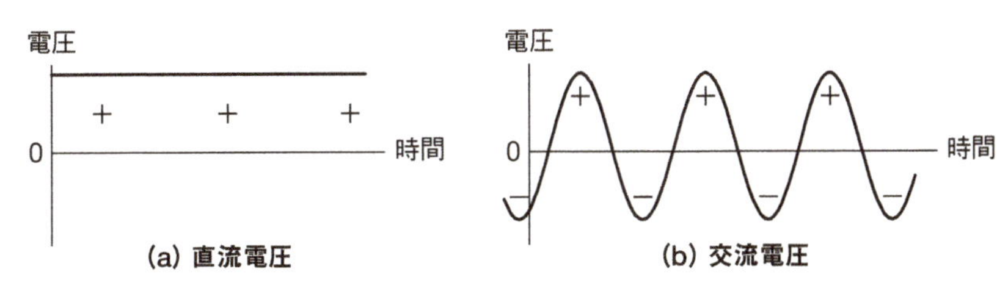

図 2.1 直流電圧と交流電圧

直流電源には，乾電池，太陽電池，燃料電池などがあります．乾電池は容器に入った物質の化学反応を利用しているので，電気エネルギー発生の持続時間に限りがあります．太陽電池は，太陽光を電気エネルギーに変換する装置なので，昼間しか発電できません．燃料電池は，水素ガスなどの化学反応によって直流電圧を発生させる電源で，新型自動車などに応用されていますが，大規模な発電用としては使われていません．本書では，太陽電池のしくみを第 5 章で，乾電池のしくみを第 6 章で説明しています．

これに対し，交流電源は磁石やコイルを回転させて変動磁界をつくり，電磁誘導を利用して定常的に電圧を発生します．これが**発電機**です．コイルから発生する電気エネルギーは磁石の回転エネルギーから生まれるので，発電機とは回転エネルギーを電気エネルギーに変換する装置であるといえます．回転のエネルギー源に水の流れを利用するのが水力発電であり，石炭や石油を燃やした熱で発生させた蒸気の力を使うのが火力発電です．

本章では，電磁誘導とそれを応用した発電機や変圧器のしくみについて説明します．さらに，現在日本で使われている商用発電設備の構造と，発生した電気がどのように家庭まで送られてくるかについて説明します．

2.2 電磁誘導と交流発電機

電磁誘導は，ファラデーが発見した重要な電気的現象の1つです．第1章でファラデーの実験について説明しましたが，本質的には，次のようなコイルと磁石の関係で説明することができます．

(1) コイルに負荷がつながっている時，図 2.2 (a) のようにコイルに磁石を近づけると回路に電流が流れる．図 2.2 (b) のように磁石を遠ざけても電流が流れる．ただし，近づけた時と遠ざけた時では電流の向きは逆である[1]．

(2) 磁石が止まっている時，電流は流れない．

1) 図 2.2 (a) のように，コイルの方に N 極を向けた磁石を近づける時，コイルに発生する電流は，その電流がつくる磁界の向きが磁石の磁界と反対方向になるような方向に流れる．逆にコイルを遠ざける時は磁石の磁界と同方向につくるような電流が流れる．すなわち，コイルには磁界の変動を少なくする方向に電流が流れる．この向きに関する性質は「レンツ法則」とよばれている．

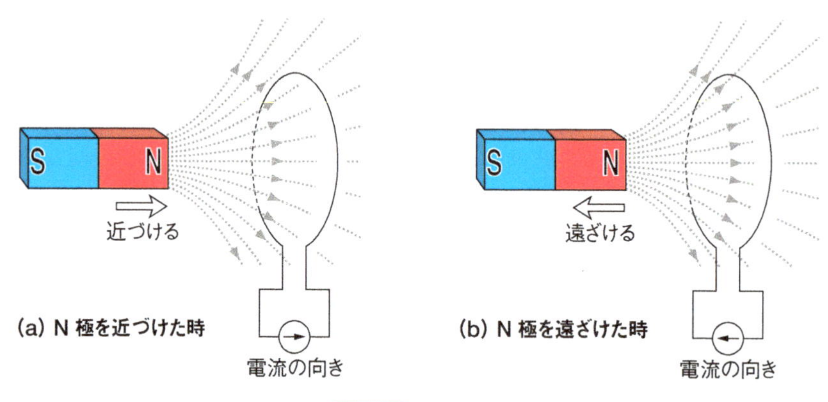

図 2.2 電磁誘導

磁石から出る磁力線は，磁石から離れるにつれて拡がります．このため，図 2.2 (a) のように，コイルに磁石を近づけるとコイルを貫く磁力線の数 (磁束) が時間的に増加し，図 2.2 (b) のように，磁石を遠ざけるとコイルを貫く磁束が時間的に減少します．電磁誘導の重要な点は，電流の発生がコイルを貫く磁束の時間変化に応じて起こることです．また，コイルに電流が流れるのは，コイルに沿って電界が発生し，それによって導線中の電荷が力を受けながら移動するためです．1 C の電荷がコイルの端からもう片方の端まで移動した時の仕事が電圧なので，電磁誘導によりコイルの両端に電圧が発生します．これが**発電**です．

さて，図 2.2 のコイルは1巻きのみですが，N 回巻いたコイルを使えば，1周ごとに発生する電圧が直列に加わるので，電圧が N 倍になります．コイルを貫く磁束が時間的に変化する時，コイルの両端に発生する電圧 V [V] は，コイル1周を貫く磁束 Φ [Wb] の単位時間あたりの変化量 (時間変化率) に比例します．このことから，Δt 秒間に磁束が $\Delta\Phi$ [Wb] 変化した時に発生する電圧は次式で与えられます．

$$V = -N\frac{\Delta\Phi}{\Delta t} \tag{2.1}$$

ここでマイナスがついているのは，磁束の増加を妨げる方向に電圧が発生することを表しています．

たとえば，磁束 Φ が周期 T [s] で周期的に変化する時には $\Phi = \Phi_0 \cos 2\pi ft$ の

ように表されます．Φ_0 [Wb] は磁束の最大値です．また，$f = 1/T$ は周波数で，1秒間に何周期変化したかを示す数値です．単位はHz（ヘルツ）です．この関数を（2.1）式に代入すると，

$$V = 2\pi f N \Phi_0 \sin 2\pi f t \tag{2.2}$$

となります．たとえば，巻き数Nの多いコイルの近くで，Φ_0の大きい，すなわち強力な棒磁石を回転させれば，周期的に変化する高い電圧を発生させることができます．これが交流発電機の電圧発生原理です．この時，1秒間あたりの回転数が，発生する交流の周波数になります．

実際の大規模な発電機では，回転する棒磁石の代わりに強力な電磁石を利用しています．交流発電機の構造の一例を図2.3に示します．回転する電磁石のコイルは界磁巻線とよばれ，これに直流電流を流して電磁石にします．図2.3のように，この界磁巻線を電機子巻線という固定した別のコイルの内側で回転すれば，電機子巻線に交流電圧が発生するというわけです．

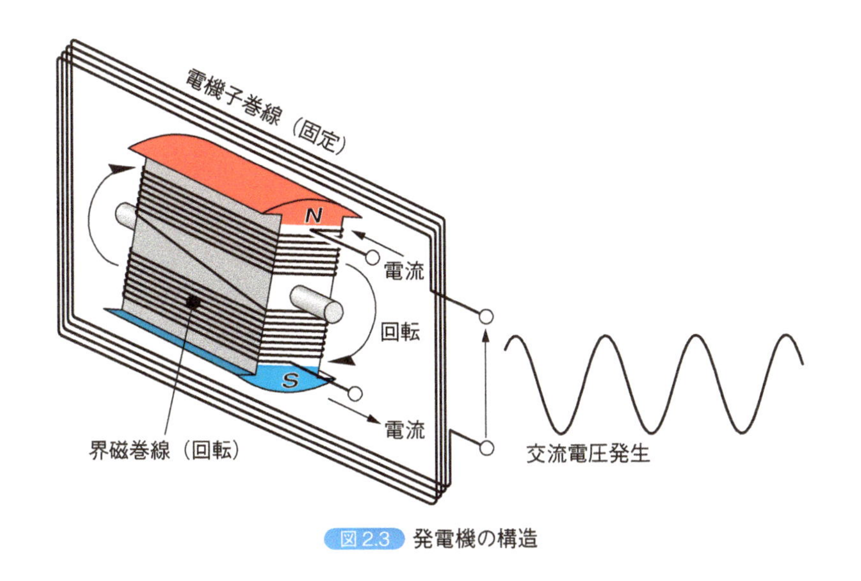

図2.3 発電機の構造

2-3 変圧器

さて，電磁誘導を使えば，交流電圧を上昇させたり，下降させたりすることが簡単にできます．この電圧変換器を変圧器といいます．変圧器は，図2.4のよう

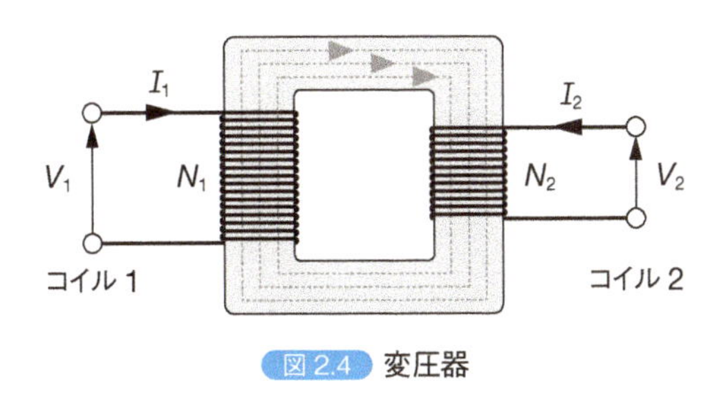

図2.4 変圧器

に2個のコイルを近くに置いて片方のコイルから発生した磁束がもう片方のコイルを貫くような構造になっています．この時，鉄などの磁束を閉じ込める効果のある物質を2個のコイルに通すと，効率よく磁束を伝えることができます．

さて，左側のコイル1に交流電流 I_1 を流すと磁束が発生しますが，コイル1が発生した磁束がすべてコイル2を貫いたとすれば，(2.1) 式より，コイル2に発生する電圧 V_2 はコイル2の巻き数 N_2 に比例します．一方，この磁束はコイル1も貫いているので，コイル1にも電圧 V_1 が発生します．コイル1の巻き数は N_1 ですから，V_1 は N_1 に比例します．よって，コイル1に発生する電圧 V_1 とコイル2に発生する電圧 V_2 の比は

$$\frac{V_1}{V_2} = \frac{N_1}{N_2} \tag{2.3}$$

となります．すなわち，コイル1の巻き数とコイル2の巻き数を調節することで，自由に電圧比を変えることができます．これが変圧器です．実際には磁束の漏れなどにより，N_1 と N_2 の比に一致するとは限りませんが，構造に応じた巻き数比にすれば，任意の電圧比が得られます．

家庭用電源が交流である理由は，変圧器を使うことで比較的簡単に電圧を上下できるという特長にもあります．一般的に，発電所は都市部から離れた場所に設置されていて，発生した電気エネルギーは送電線を通して送られてきます．単位時間あたりに発生したり消費したりする電気エネルギーを**電力**といいますが，発電所で生み出された電力の一部は送電線の抵抗で消費されるため，エネルギーの損失になります．1.5 節で説明したように，送電線の抵抗を R [Ω]，流れる電流を I [A] とすれば送電線で消費される電力は I^2R [W] です．これが損失になります．電力 P [W] は電圧 V [V] と電流 I の積なので，同じ電力を供給する場合，電圧 V を上げて電流 I を減らせば損失が減ります．このため遠方の発電所で生み出された電力は，変圧器で高電圧にしてから送電線で送り，都市部に到達してから低電圧に下げて家庭に供給しています．

【化石燃料】
石油や天然ガス，石炭，メタンハイドレート，シェールガスなどの燃料．地下や海底の堆積層から採掘される．燃焼させると二酸化炭素や窒素酸化物などの燃焼ガスが発生する．

2.4 発電所のエネルギー源

電気エネルギーを発生させるには，元になるエネルギー源が必要です．図 2.5 に，水力発電，火力発電，原子力発電におけるエネルギー源とそれを電気エネルギーに変換する流れを示します．

【ボイラ】
石油や天然ガス，石炭などの燃料を燃焼させ，この燃焼熱で上部に通した配管中の水を高温高圧の蒸気に換える装置．

水力発電は水の位置エネルギーを利用しています．高い位置にある水を低い場所に落とすことで，水の位置エネルギーが運動エネルギーや水圧になって水車を回し，その回転力で発電機を回します．

【タービン】
蒸気や燃焼ガスなどの流体がもっているエネルギーを，回転翼などにより回転運動に変換する装置．

これに対し，**火力発電**は，石油や石炭，天然ガスなどの化石燃料を燃焼させた時に発生する熱エネルギーを利用しています．ボイラを使って発生した熱で水を加熱して蒸気をつくり，その蒸気で蒸気タービンを回し，その回転力で発電機を回します．**原子力発電**では，化石燃料の燃焼の代わりに，ウランなどの核分裂反応によって熱を発生させています．発生した熱で蒸気をつくって発電機を回すし

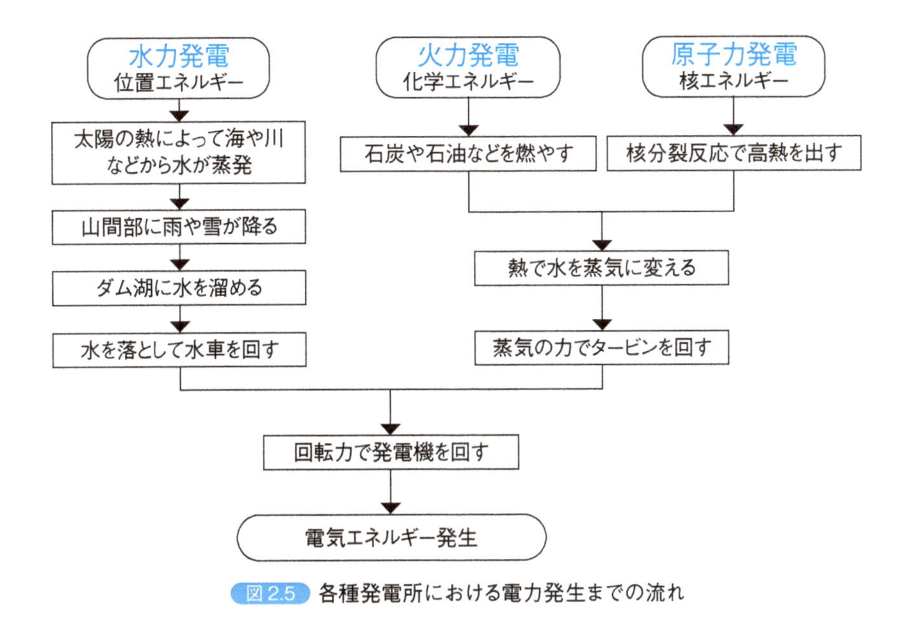

図 2.5 各種発電所における電力発生までの流れ

くみは火力発電と同じです.

2.2 節で説明したように, 発電機は磁石の回転を利用しているため, 交流電圧が発生します. 今日, 世界の国々では周波数が 50 Hz か 60 Hz の交流が使われています. 60 Hz を採用している国は, アメリカ合衆国, カナダ, メキシコ, ブラジル, 韓国, フィリピン, 台湾などです. これに対し, 50 Hz の国は, ヨーロッパ諸国, 中華人民共和国, インド, オーストラリア, ニュージーランド, アフリカ諸国などです. わが国では東日本で 50 Hz, 西日本で 60 Hz という 2 種類の周波数が使われています. これは, 明治時代の文明開化以降, 東日本では 50 Hz のドイツから, 西日本では 60 Hz のアメリカから電力技術を輸入して, 別々に電力系統を拡大させていったためです.

次節以降に各種発電所のしくみについて説明します.

2 5 水力発電所

水力発電所と聞いて思い浮かべるのは, 図 2.6 のようなダム式発電所でしょう. ダム式発電所の構造を図 2.7 に示します. ダム式発電所では, ハイダムとよばれている背の高いダムで河川をせき止めてできたダム湖に水を溜めています. ダム湖の中には取水口があり, ここから鉄管を通して発電所の水車に水を導いて水車を回し, 水車と同じ回転軸につながった発電機を回しています.

水力発電所には, このほかに水路式発電所とダム水路式発電所があります. 水路式発電所は, 図 2.8 のように上流の取水口から取り入れた水を, 勾配のゆるやかな長い導水路で落差の大きくとれる地点まで導き, 水圧管を通して下流の発電所の水車に水を供給して発電します. 水を落とす落差が大きいほど, 大きな電気エネルギーを取り出すことができます. 水路式発電所は, 自然の地形をうまく利用して, 水の落差を大きくしているところがポイントです.

図 2.6 ダムとダム湖(筆者撮影)

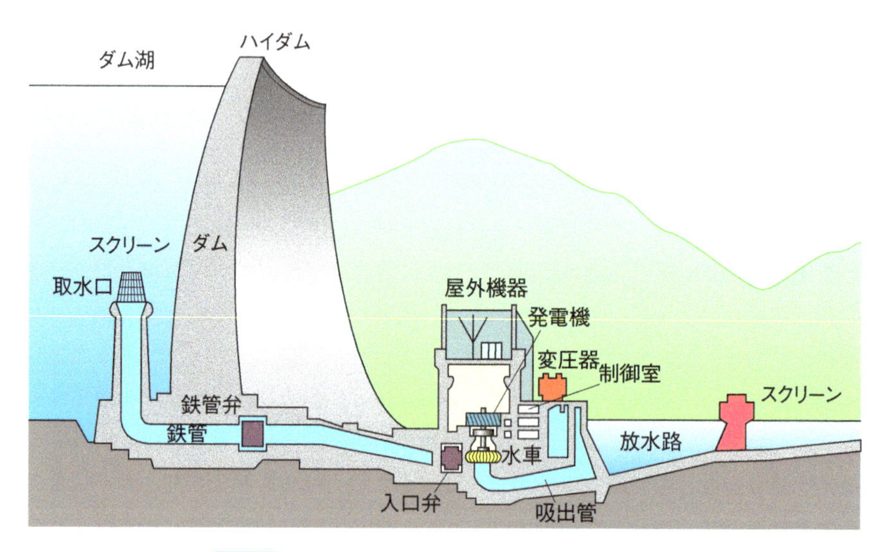

図 2.7 ダム式発電所の構造(東京電力㈱ HP より)

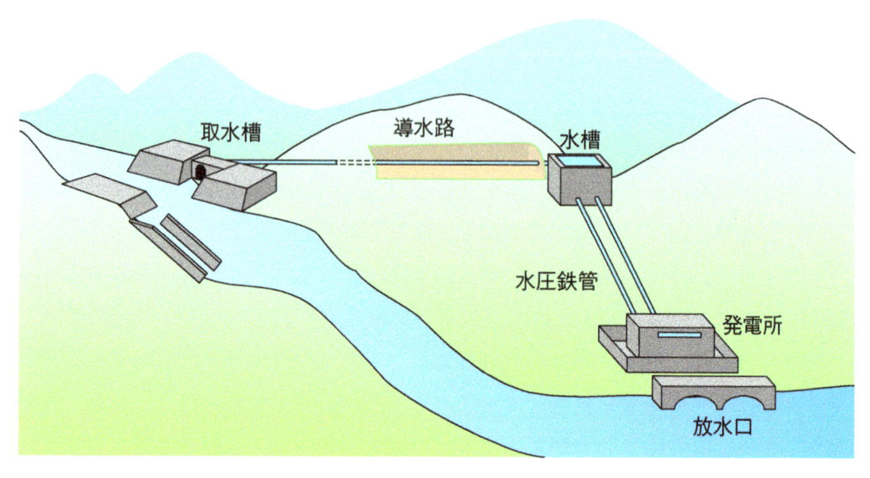

図 2.8 水路式発電所(資源エネルギー庁 HP より)

ダム水路式発電所は，ダム式と水路式を組み合わせた方式で，上流にダムを設け，比較的長い導水路で水を導き，ダムによってつくられた落差を水路により大きく拡大して発電する方式です．この方式も自然の地形をうまく利用したものです．

さて，ここまで説明した水力発電所において，使われている水の供給源は，元をたどれば雨や雪です．すなわち，水をくみ上げるのに使われたエネルギーは太陽エネルギーです．これに対し，人工的にくみ上げるしくみを用意した揚水発電所があります．これは，山間部の地形を利用して高いところに上部貯水池を造り，低いところに下部貯水池を造って 100 m 以上の大きな高低差を設け，下部貯水池から上部貯水池へ電動ポンプで水をくみ上げることができるようにした発電所です．くみ上げるのに必要なエネルギーよりも，水を落として発電したときに発生するエネルギーの方が少ないので，エネルギー的には損です．しかし，電力需要の少ない深夜の電力を利用して下部貯水池から上部貯水池へ水をくみ上げておけば，昼間の電力需要のピーク時に上部貯水池から水を落として発電することで，供給設備の無駄を減らすことができます．これは一部の火力発電所や原子力発電所が，需要に応じて供給電力を大きく変えることができないという欠点があるためです．

2 6 火力発電所

火力発電には，蒸気タービンで発電機を回して発電する汽力発電，ディーゼル機関などの内燃力機関により発電機を回して発電する内燃力発電，ガスタービンにより発電機を回して発電するガスタービン発電，ガスタービン発電と汽力発電を組み合わせたコンバインドサイクル発電（複合サイクル発電）があります．

電力会社の発電所で用いられているのは，主に汽力発電とコンバインドサイクル発電です．汽力発電では，ボイラの燃焼室で石油や石炭，天然ガスといった化石燃料を燃焼させ，発生する熱でボイラ上部に張り巡らせた配管内の水（真水）を高温・高圧の蒸気にして蒸気タービンに送り，蒸気タービンを高速回転させてい

図 2.9 火力発電所の構造（北海道電力㈱ HP より）

ます．石炭を使用する場合は，粉々に砕いた微粉炭にしてから燃焼させています．

蒸気タービンで仕事をした蒸気は，蒸気タービン出口から復水器という装置へ送られ，ここで冷却して蒸気から水（真水）に戻されます．このとき，冷却するために大量の海水が用いられています．火力発電所が海岸沿いに立地しているのは，タンカーなどで運んでくる海外の安価な化石燃料の運搬に便利なことと，復水器で使用する海水を取り入れたり排水をしたりするためです．復水器で戻された水（真水）は，給水ポンプで再びボイラに送られ，循環使用されます．

ボイラの燃焼室で化石燃料を燃焼させると，窒素酸化物（NO_X）や硫黄酸化物（SO_X），ばい塵などの大気汚染物質が発生します．このため，煙突までの煙道の途中に脱硝装置や脱硫装置，電気集じん機を設けて，これらの大気汚染物質を除去しています．

汽力発電で用いる蒸気タービンや発電機は，水力発電の水車や発電機とは異なって高速回転で用いられるため，遠心力の関係から回転する部分の直径を小さく，軸方向に長い円筒形の横軸形を採用しています．

汽力発電では，システム全体の発電効率が低く，化石燃料の燃焼エネルギーを100とすると，取り出せる電気エネルギーは40～50程度しかありません．最新鋭のコンバインドサイクル発電では，取り出せる電気エネルギーが55～60程度まで向上していますが，まだ多くのエネルギー損失があり，その損失の大部分は，海水や大気に熱として放出しているのが現状です．

2.7 原子力発電

原子力発電では，熱エネルギーの発生に**核分裂反応**を利用しています．物質を構成している原子は，その中心部に正電荷をもつ原子核があり，この原子核を取り巻くように負電荷をもつ電子が回っています．中心部の原子核は，正電荷をもつ**陽子**と電荷をもたない**中性子**とが結合して形成されています．図2.10のように，ウランなどの重い原子の原子核に適度な速度の中性子（熱中性子）が当たると，原子核は中性子を捕獲して不安定になり，2～3個程度の軽い原子核に分裂します．これが核分裂反応です．

核分裂後の物質をかき集めて合計した質量は，分裂前の合計質量に比べて軽く

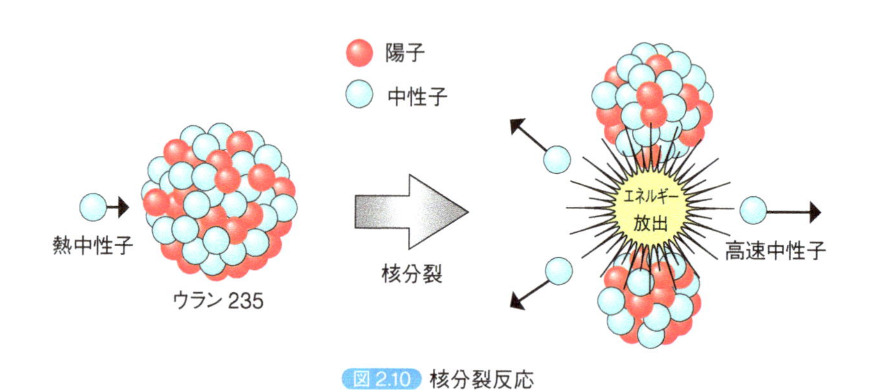

図2.10 核分裂反応

なります．これを**質量欠損**とよんでいます．欠損分の質量を m [kg]，真空中での光の速度を c [m/s] とすると，アインシュタインのエネルギーと質量に関する次の有名な公式が成立します．

$$\text{エネルギー}\ E = mc^2\ [\text{J}] \tag{2.4}$$

このエネルギーの一部が熱エネルギーとして取り出せるのです．たとえば，多くの原子力発電所で使われている質量数 235 のウラン（ウラン 235）の核分裂反応を使えば，たった 1 g のウラン 235 が発生するエネルギーが，約 2000 リットルの石油の燃焼に匹敵します．石炭ならば約 3 トンです．

【質量数】
1 個の原子核内にある陽子数と中性子数の合計．

ウラン 235 の核分裂では，図 2.10 のように原子核 1 個の反応で高速の中性子が 2 〜 3 個飛び出てきます．これを減速材とよばれる物質で減速させて熱中性子にすると，それらが別のウラン 235 に衝突・捕獲されて，新たな核分裂反応が起こります．このように核分裂が次々に広がっていく反応を**核分裂連鎖反応**といいます．核分裂連鎖反応を制御することで，安定して熱エネルギーを取り出す装置が**原子炉**です．原子炉内の核燃料には中性子を吸収する材料でつくられた制御棒が挿入されていて，これを出し入れすることで反応量を制御したり原子炉を停止したりしています．現在，世界で最もよく用いられている原子炉は軽水炉ですが，これは減速材に水を使用しています．

天然ウランでは核分裂を起こしやすいウラン 235 の比率が低いため，燃料にするには数%程度になるまで濃縮をする必要があります．これを低濃縮ウランとよんでいます．この濃縮技術は軍事用の原子爆弾に使用できる高濃縮ウランを製造する技術につながるので，世界的に監視・管理されています．

軽水炉には，沸騰水型原子炉（Boiling Water Reactor；BWR）と加圧水型原子炉（Pressurized Water Reactor；PWR）の 2 種類があります．沸騰水型原子炉は，図 2.11（a）のように，原子炉圧力容器内に送られた水を沸騰させて直接蒸気を発生させる構造になっています．核分裂連鎖反応を制御するための制御棒は，圧力容器下部から突き上げて挿入するため，圧力容器の下部には，配管用の穴が多数

【沸騰水型原子炉】
アメリカの GE（ジェネラルエレクトリック）社が開発した炉で，わが国では，東京電力，東北電力，北陸電力，中部電力，中国電力が採用している．

【加圧水型原子炉】
アメリカの WH（ウェスチングハウスエレクトリック）社が開発した炉で，わが国では，関西電力，四国電力，北海道電力，九州電力が採用している．

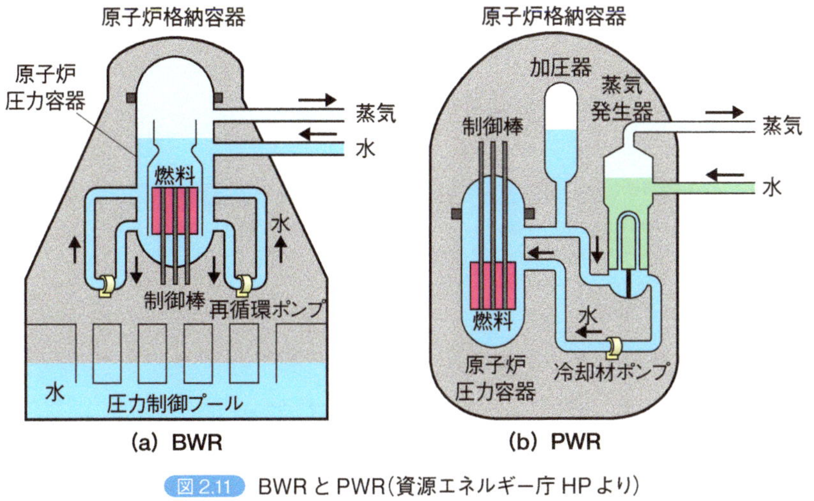

(a) BWR　　(b) PWR

図 2.11 BWR と PWR（資源エネルギー庁 HP より）

設けられています．

一方，加圧水型原子炉は，図 2.11（b）のように加圧器を使って原子炉圧力容器内の水の圧力を 100 ～ 160 気圧程度まで高めて，沸騰しないようにして循環させています．この高温の水を蒸気発生器に通し，蒸気発生器に送られた冷却水（2 次冷却水）を沸騰させて蒸気を発生させています．加圧水型原子炉は，制御棒を圧力容器上部から下方へ挿入する構造になっているために沸騰水型よりも炉心冷却の信頼性が高いのが特長です．原子力空母や原子力潜水艦は，船体が大きく揺れたり傾いたりすることを考慮して，信頼性が高い加圧水型を採用しています．

原子力発電は火力の汽力発電と同様，蒸気タービンを回して発電するシステムで，なおかつ，蒸気の温度や圧力が汽力発電よりも低いため，システム全体の発電効率は汽力発電よりも低くなります．このため，核分裂反応で出てくる熱エネルギーの半分以上が損失となり，海水や大気に熱として放出しています．

また，原子力発電所を稼働すればするほど，放射性廃棄物が次々と出てきます．放射性廃棄物は，非常に長い期間にわたり有害な放射線や熱を発するので，人の近づかない場所で非常に長い年月，安全に管理しなければなりません．このような核のゴミ問題をどう解決するのかは，わが国では処分地も含めて未解決のままです．

2.8 つくった電気を送り届ける

発電所でつくられた交流の電気は，変圧器を使って 275 kV や 500 kV といった高電圧にしてから送電線に乗せて需要地に送ります．これは 2.3 節で説明したように，送電線での損失を小さくするためです．この高電圧で送られた電気から電力消費者へ送り届けるまでには，図 2.12 に示すようにいくつかの変電所を経由します．

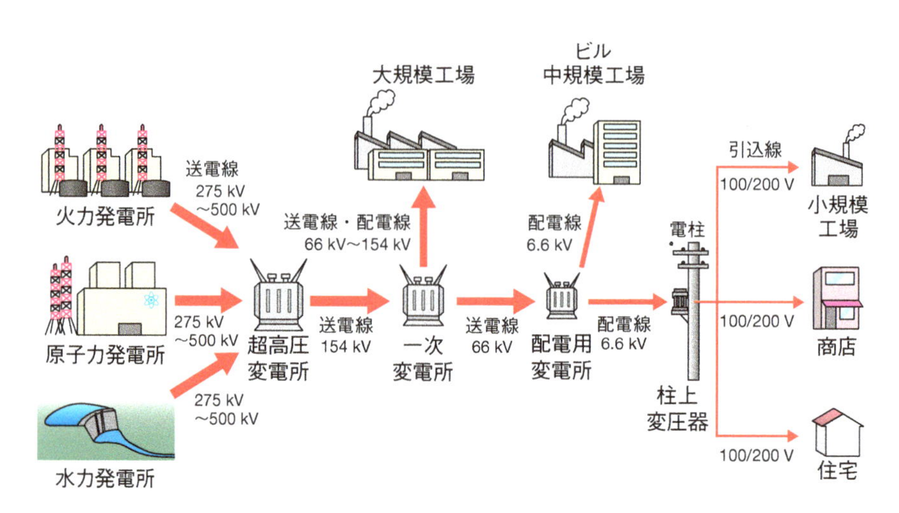

図 2.12 送電，変電，配電（東京電力㈱ HP より）

まず，消費地近郊まで送られた高圧の電気は，超高圧変電所で154 kVなどの電圧に下げてから一次変電所に送られます．一次変電所はこれをさらに66 kVなどの電圧に下げて，住宅地の近くにある末端の変電所，配電用変電所に送ります．ここまでが送電で，これ以降は電気を配るという意味で配電とよばれています．

配電用変電所は66 kVの電圧を配電用の電圧にまで下げ，配電用変電所から出ている配電線で街中へと分配します．家の近くにある電柱に架けられているのが配電線です．配電線の電圧は6.6 kVですが，都市部などではこれよりも高い電圧の配電線もあります．この配電線で配られた電気は，電柱に取り付けられている柱上変圧器で電圧を200 Vや100 Vに下げて，引き込み線を使って住宅や商店，工場などに届けられています．

本章のまとめ

この章では，電磁誘導と，それを利用した発電機・変圧器の原理，および各種発電所のしくみと送電・配電について説明しました．

(1) 電磁誘導を利用すれば，交流電圧を発生させることができます．

(2) 交流電圧は，変圧器を使えば簡単に上げたり下げたりすることができます．

(3) 水力発電では，高いところにある水がもっている位置エネルギーを，水車を使って回転エネルギーに変え，発電機を回して電気エネルギーに変換しています．

(4) 火力発電では，石油や石炭，天然ガスといった化石燃料をボイラで燃焼させて蒸気をつくり，蒸気タービンで回転エネルギーに変え，発電機を回して電気エネルギーに変換しています．

(5) 原子力発電では，ウランなど重い原子の核分裂反応を利用して熱を取り出し，水を蒸気にし，蒸気タービンで回転エネルギーに変え，発電機を回して電気エネルギーに変換しています．

(6) 発電所でつくられた電気は，すぐに変圧器で高い電圧にして送電線で需要地へ送られ，途中，変電所の変圧器で電圧を下げて分配していき，配電線で住宅などに送り届けられます．

演習問題

❶巻き数100のコイルを10 Wbの磁束が貫いている．この磁束が2秒間で18 Wbまで増加したとき，コイルの両端に発生する電圧の大きさを計算せよ．

❷抵抗400 Ωの電線を使って，10 kWの電力を送りたい．抵抗による損失を1 W以下に抑えるためには，何ボルト以上の電圧にしなければならないか．

❸質量欠損が1 kgの場合に発生する核エネルギーを計算せよ．ここで，真空中の

光の速度を $c \fallingdotseq 3 \times 10^8$ m/s とする．

❹高電圧の加わっている送電線にとまっている鳥が感電しないのはなぜか．

❺次の各問いについて正しい選択肢を選べ．（複数選択可）

（a）ダム水路式発電所では，ダムにより得られる水の落差で発電出力が決まる．

（b）ダム式発電所やダム水路式発電所では，ダム湖（貯水池）の中に水を取り入れる取水口が設けられている．

（c）汽力発電では化石燃料の燃焼熱で海水を蒸気に変え，蒸気タービンを回転させて発電機を回している．

（d）火力発電所が海岸沿いに建設されている理由は，海外から安価な化石燃料を運搬するのに便利なことと，復水器で用いる冷却材として大量の海水が必要なことである．

（e）軽水炉では，核分裂を起こしやすいウラン 235 の比率を 90％程度に上げた高濃縮ウランが使用されている．

（f）沸騰水型原子炉 BWR では，核分裂連鎖反応を制御するための制御棒を圧力容器下部から突き上げて挿入するため，圧力容器の下部には，配管用の穴が多数設けられている．

参考図書

（1）赤崎 正則，原　雅則：「朝倉電気・電子工学講座 8　電気エネルギー工学」，朝倉書店（1986）

（2）関井 康雄，脇本 隆之：「改訂新版　エネルギー工学」，電気書院（2012）

（3）伊東 弘一，大岡 五三実，武田 洋次，片山 紘一，町井 令尚：「エネルギー工学概論」，コロナ社（1997）

（4）田口 俊弘，井上 雅彦：「エッセンシャル電磁気学」，森北出版（2012）

参考 URL

図 2.7　http://www.tepco.co.jp/electricity/mechanism_and_facilities/power_generation/hydroelectric_power/index-j.html

図 2.8　http://www.enecho.meti.go.jp/category/electricity_and_gas/electric/hydroelectric/mechanism/structure/

図 2.9　http://www.hepco.co.jp/energy/fire_power/index.html

図 2.11　http://www.enecho.meti.go.jp/category/electricity_and_gas/nuclear/001/pdf/001_02_002.pdf

図 2.12　http://www.tepco.co.jp/pg/electricity-supply/operation/flow.html

chapter

3 モータのパワー

3 1 はじめに

モータとは，電気を使って物体を動かす機械のことです．すなわち，電気エネルギーを力学的エネルギーに変換する装置です．回転形が一般的ですが，直線的に動くリニアモータもあります．モータは，第1章で説明した電磁石を利用して電気で磁気力を発生させ，その力で物体を動かすのが基本です．本章では，まず磁石に働く力や電流から磁界が発生することなどの物理の基本事項を説明し，それを使いながら各種の回転形モータのしくみについて説明します．また，身近なモータの応用として電車のモータを紹介します．

3 2 磁石と磁界

第1章でも述べましたが，磁石にはNとSという2種類の磁極があります．このNとSという記号は，磁石が地磁気により回転するときに，N極が北（North）を向き，S極が南（South）を向くことを表しています．図3.1（a）や（b）の矢印のように，N極とN極，またはS極とS極の間には反発力が働きます．これに対し，図3.1（c）のように，N極とS極の間には吸引力が働きます．これは，2個の電荷の間に働く力が，電荷の正負の組み合わせで方向が異なることと同じです．磁石が受ける力「磁気力」は，電荷間に働く静電気力とは別の力ですが，性質がよく似ていることがわかります．

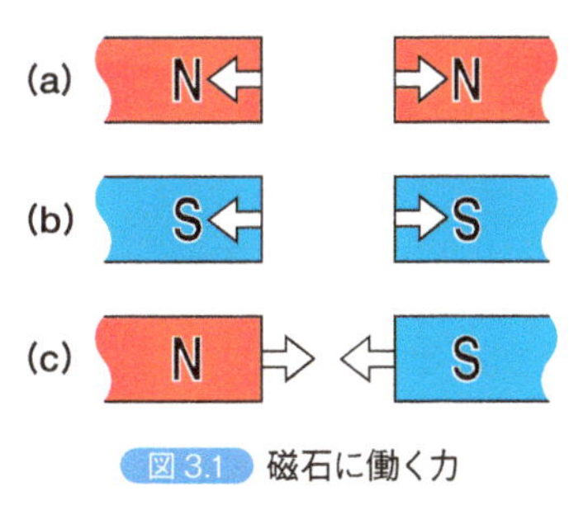

図3.1 磁石に働く力

【地磁気】
地球が発している磁界のこと．現在は北極がS極で南極がN極の巨大な磁石に近い構造をしているが，過去にN極とS極が何度も反転していることがわかっている．

この磁極間に働く力は，片方の磁極の周りの空間「磁界」にもう片方の磁極が反応して生まれると考えられます．この磁界の方向と強さを表す曲線を磁力線といいます．たとえば，棒磁石の周りには，図3.2のような磁力線が発生します．磁力線はN極から出ていき，S極に入ります．また，磁極の強さは磁極から出ていく，または入っていく磁力線量で表します．これを磁束といいます．磁束の単位はWb（ウェーバ）です．2個の磁極の間に働く力は，それぞれの磁極の磁束をm_1，m_2とす

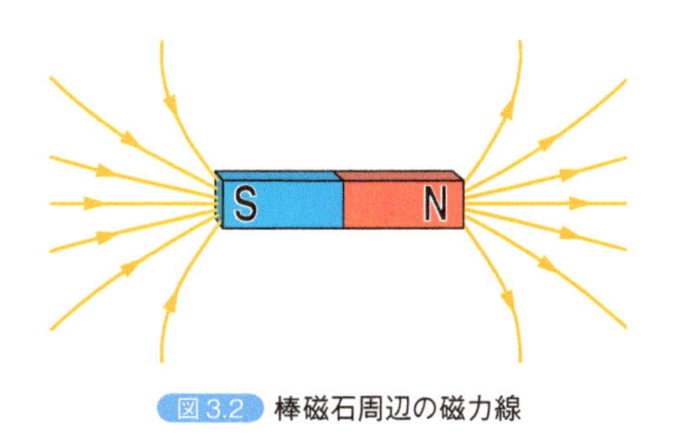

図3.2 棒磁石周辺の磁力線

れば，おおまかにはそれらの積 m_1m_2 に比例します．よって，磁束が大きい磁極ほど大きな力を生み出すことができます．

3 3 コイルがつくる磁界

磁界は，磁石ではなく電流によっても発生します．第1章では，直線電流の周りの磁界の様子を示しましたが，コイルからは図3.3のように磁力線が発生します．図を見るとわかるように，図3.2の棒磁石から発生している磁力線と同じ形をしています．すなわち，コイルに電流を流すと，磁石と同じ働きをします．これが**電磁石**です．このとき，電流の流れている方向と磁力線の向きには**右ねじの法則**があります．これは，ねじを回転する方向に電流を流すと，発生する磁力線はねじが進む方向を向いている，というものです．

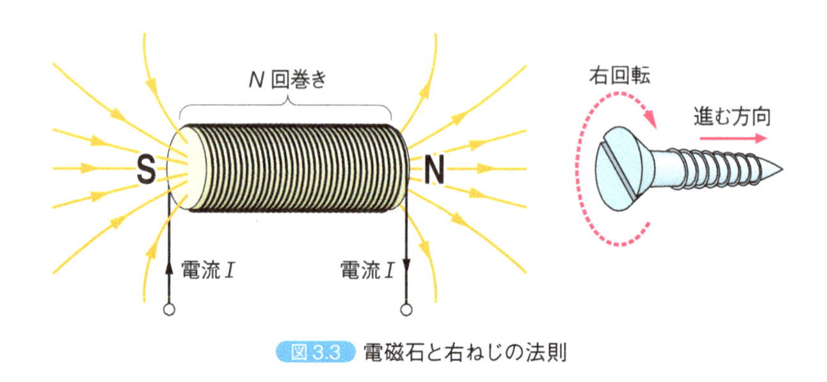

図3.3 電磁石と右ねじの法則

コイルが発生する磁束は，コイルの巻き数 N やコイルに流れる電流 I が増加するほど増加します．また，コイルに鉄心（磁性体）を入れると発生する磁束が増加します．鉄心の内部には小さな磁石が大量に存在し，外部から磁界を加えると，それに反応して磁石の向きがそろって大きな1つの磁石として働くからです．

【磁性体】
外部から加えた磁界に反応して内部に磁界が生じる物質のこと．外部磁界よりも内部磁界の方がはるかに大きな物質を強磁性体という．鉄は強磁性体の一種である．

3 4 モータのトルクと出力

本章で説明する回転形のモータは，電気エネルギーを回転エネルギーに変換するものです．本節では，今後の説明に必要な回転速度や機械的出力に関する項目についてまとめておきます．

（1）モータの回転速度

単位時間あたりの回転数を**回転速度**といいます．単位は s^{-1}（rps）です．ただし，「1分」あたりの回転数 min^{-1}（rpm）もよく使われます．また，1秒あたりの回転角，回転角速度で表すこともあります．毎秒で表す回転速度 n [s^{-1}]，毎分で表す回転速度 N [min^{-1}]，**回転角速度** ω [rad/s] の間には次の関係式が成り立ちます．

$$N = 60n,\ \ \omega = 2\pi n \tag{3.1}$$

【rps と rpm】
rps は rotations per second の略で1秒間あたりの回転数のこと．rpm は rotations per minute の略で1分間あたりの回転数のこと．

(2) トルク

モータの軸を回そうとする力のモーメントをトルクといいます．ある固定された軸を中心として物体が力を加えられて回転するとき，図 3.4 のように固定軸から L [m] 離れた作用点 P に力 F [N] をかけたときの F と L の積 FL がトルクです．単位は Nm です．

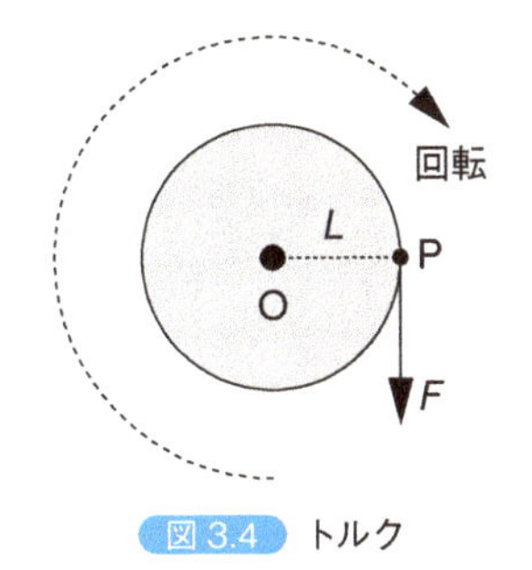

図 3.4 トルク

(3) 機械的出力

モータの回転軸がする単位時間あたりの機械的な仕事を機械的出力といいます．半径 L [m] の円筒軸が 1 秒間に n 回回転すれば，作用点が移動した距離は $2\pi Ln$ [m] です．よって，作用点に加わった力を F [N] とすれば，この力が 1 秒間にする仕事は $2\pi Ln \times F$ [J] になります．$T = FL$ [Nm] はトルク，$\omega = 2\pi n$ [rad/s] は回転角速度なので，1 秒間あたりの仕事は，次式で与えられます．

$$P = T\omega \tag{3.2}$$

これを機械的出力といいます．機械的出力の単位は電力と同じ W（ワット）です．もし，電気的エネルギーが 100% 回転のエネルギーに変換されれば，モータに加えた電圧と電流の積，入力電力は機械的出力と一致します．

3 5 直流モータの回転原理

乾電池のような直流電源で回転するモータ，直流モータを例にとって，モータの回転原理を説明しましょう．直流モータは，図 3.5 のように，界磁磁石とよばれる固定された磁石の中に電機子コイルとよばれるコイルが回転する構造になっています．モータでは，回転する部分を回転子（rotor），固定された部分を固定子（stator）とよびます．直流モータの場合には，界磁磁石が固定子で，電機子コイルが回転子です．回転する電機子コイルに電流を流すしくみが固定されたブラシと回転子に取り付けられた整流子です．2 個のブラシの間に直流電圧を加えると，それに接触している整流子を通してコイルに電圧が加わり，電流が流れます．この結果，電機子コイルが電磁石になって界磁磁石と引き合ったり反発したりして回転します．

ブラシと整流子は接触して回転子側に電流を伝えるとともに，回転角度に応じて電機子コイルの電流を切り替えて回転方向を一定に保つ働きをしています．次ページの図 3.6 に回転の原理を示します．図（a）の状態では，電機子の左側が N 極，右側が S 極となり，固定された界磁磁石と反発して右に回転します．回転が続いて図（b）になれば，吸引力が働

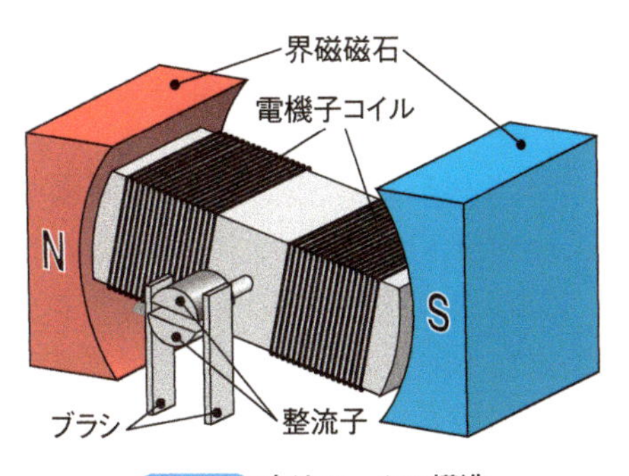

図 3.5 直流モータの構造

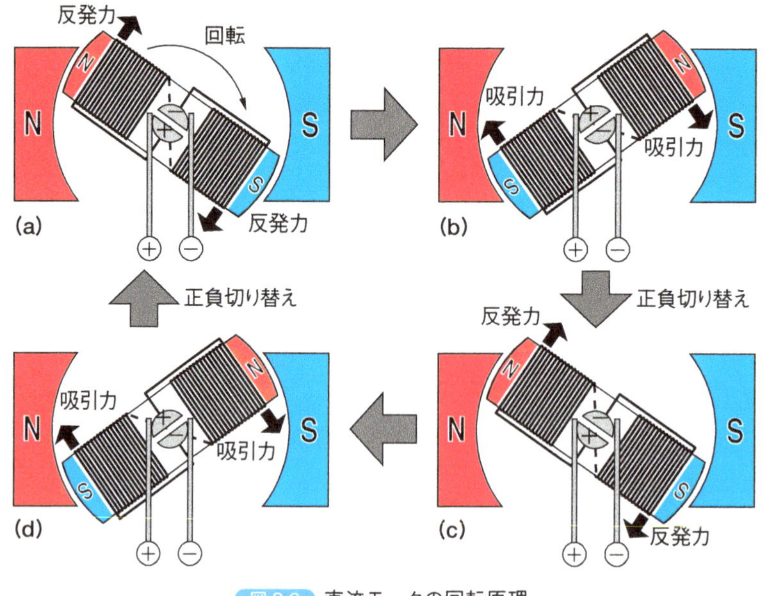

図 3.6 直流モータの回転原理

くのでさらに右に回転します.

さらに回転して，図（c）の位置まで回転すると，ブラシと接触している整流子が切り替わります．このため，電機子コイルに加わる電圧の正負が反転し，電流が反転して，電機子の磁極も反転します．この結果，界磁磁石と反発して，さらに右に回転します．このようにして一定方向に回り続けることができるのです.

3 6 フレミングの法則

3.5 節で述べたモータの回転原理には 1 つ問題があります．第 1 章で述べたように，ニュートンの運動方程式によれば力は加速度に比例します．よって，磁界から電機子コイルが力を受け続ければ，加速し続けて回転速度が無限に大きくなることになります．しかし実際にはそうなりません．これはなぜでしょうか.

答えは，第 2 章で説明した電磁誘導にあります．回転しているコイルは界磁磁石がつくる磁界の中を回転しているので，電磁誘導により，コイルの中に電圧が発生します．この電圧はレンツの法則により，流れている電流を妨げる方向に発生するので，**逆起電力**といいます．この逆起電力は回転速度に比例します．この結果，モータの回転が無限に大きくなることはなく，電源電圧と逆起電力が釣り合うところで回転速度が決まります．よって，直流モータの回転速度は電源電圧にほぼ比例します．これに対し，直流モータのトルクは電流に比例します．電源電圧の調節で回転速度が変えられるのが，直流モータの利点です.

【レンツの法則】
コイルを貫く磁束が時間的に変動するとき，電磁誘導によりコイルに流れる電流は磁束の変化を妨げる方向に流れるという法則.

このように，モータの動作を考えるときには，磁極間の力で考えるだけでは不完全で，同時に電磁誘導による逆起電力も考慮しなければなりません．このような磁界中での電流と力や逆起電力の関係を計算するときに便利なのが**フレミングの法則**です．フレミングの法則には左手則と右手則があります．図 3.7 にフレミ

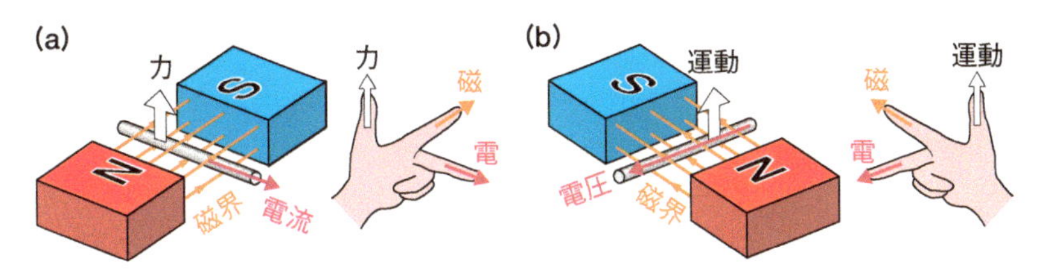

図 3.7 (a) フレミングの左手則, (b) フレミングの右手則

ングの法則を示します.

図 3.7 (a) がフレミングの左手則です. 磁界の中で電流を流すと, その電流には磁界の方向にも電流の方向にも垂直な方向に力が働きます. この力を電磁力といいます. このとき, この向きの関係を表す法則がフレミングの左手則です. 左手の人差し指の方向の磁界の中で, 中指の方向に電流を流すと, 親指方向に力が働きます. この順を力の名称にちなんで「電」「磁」「力」と覚えましょう. このとき, 電流に加わる力 F [N] は, 電流 I [A], 電流の長さ l [m], および磁界の磁束密度 B に比例します.

$$F = IBl \tag{3.3}$$

ここで, 磁束密度とは単位面積あたりを通過する磁束のことで, 磁界の大きさを表す量です. 単位は T (テスラ) です. フレミングの左手則は, 電流が磁界から力を受けるというモータの原理に関する法則です.

これに対し, 図 3.7 (b) がフレミングの右手則です. 導線が磁界に垂直に運動すると, その導線中に電圧が生じます. この向きの関係を表す法則がフレミングの右手則です. 右手の人差し指の方向の磁界の中で, 親指方向に導線を動かすと, 中指方向に電圧が生じます. このとき, 導線に生じる電圧 e [V] は, 導線の速度 v [m/s], 導線の長さ l [m], および磁界の磁束密度 B [T] に比例します.

$$e = vBl \tag{3.4}$$

フレミングの右手則は, 磁界中の運動で電圧を発生することから, 発電機の原理に関する法則です. 磁力線に対して垂直に運動すれば電圧を発生するので, 「磁力線を横切れば, 電圧が発生する」と表現することもあります.

3 7 交流モータ

家庭用コンセントから供給されているのは交流ですが, 交流電源で直接回るモータを交流モータといいます. そもそも, 直流モータの回転を維持するには, 整流子という電圧の正負を切り替えるしくみが必要でした. これを電機子コイルから見れば, 回転半周期ごとにプラスとマイナスが入れ替わっているのですから, 整流子とは, 直流を交流に変換するしくみであるともいえます. よって, 交流を使えば, 整流子で電圧を切り替える必要はなくなります. 整流子はブラシと接触することで電圧を伝えているため, 切り替えるときに火花放電が起こることによる整流子の劣化が問題になります. 交流モータは整流子が不要なので長寿命です. ただし, 交流の周波数が回転周期を決めるため, 回転速度を上げるには, 高い周波

【火花放電】
空気中で非常に高い電圧を加えると, 空気分子中の電子が分子の外に出て, 自由に移動する現象が起こる. これを放電という. 放電の際に発生する高温により, 瞬間的に光を発生する場合, 火花放電とよばれる.

数の交流電源が必要です．また，回転速度を変えるには周波数を変化させることのできる電源が必要になります．交流モータには同期モータ，ステッピングモータ，誘導モータなどがあります．以下に順を追って説明します．

A 同期モータ

同期モータは，交流電源の周波数と同期して回転するモータで，回転速度を一定にしたい場合などに使われます．

同期モータでは，固定子側に電機子コイルを一定角度ごとに配置して，それらにその角度ごとに位相のずれた交流電圧を加えることで回転磁界をつくります．回転磁界とは，あたかも永久磁石が一定の回転速度で回っているように見える磁界のことです．図 3.8 に 3 個のコイルを 120 度ずつずらせた同期モータの概念図を示します．これに，図の右のような，周期が T で，1/3 周期ごとに位相がずれた 3 個の交流電圧，三相交流電圧を加えると，磁石である回転子が位相のずれに合わせて回転します．同期モータは，回転磁界が回転する速度と同じ速度で機械的に回転します．電源周波数とまったく同じタイミングで回転する，すなわち周波数に同期して回転するので同期モータとよばれています．回転子である界磁磁石は，小型機では永久磁石，大型機では電磁石が使われています．

【位相】
周期的な変動において，1 周期内での変動段階を示す量．1 周期を 360 度とした角度で表すことが多い．

【同期】
2 個以上の周期的現象が同じタイミングで変動すること．

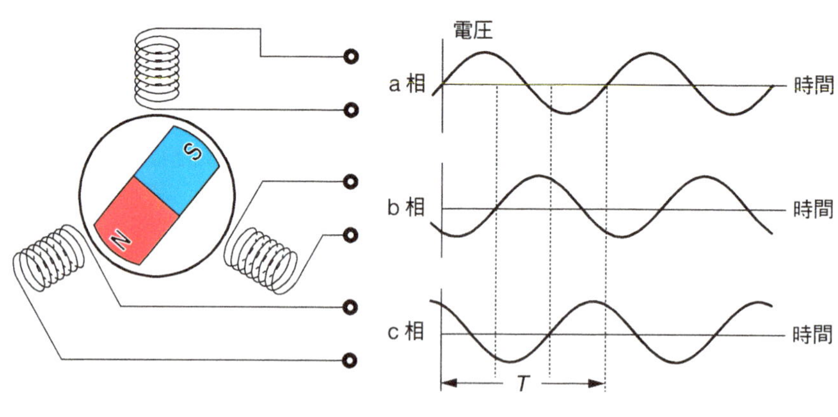

図 3.8 同期モータと三相交流電圧

B ステッピングモータ

ステッピングモータは，交流電圧として方形波（パルス）を利用するモータです．原理は同期モータと同じですが，電気パルスごとに一定角度だけ回転するようにつくられています．コンピュータやデジタル回路から制御するのに便利で，プリンタやロボットなどの情報機器によく利用されています．ステッピングモータの構造例を図 3.9 に示します．リング状の巻線を取り囲む鉄枠の上下から交互に，クロー（claw：爪）が延びています．

固定子上部の A 相巻線に右回り電流を流すと，上側のクローは N 極，下側のクローは S 極になります．この結果，回転子磁石の S，N 極をそれぞれ吸引します．下部の B 相巻線のクローは半ピッチずらせてあり，電流を，A 相右回り→B

【方形波】
時間的に変化するときに，0 またはある特定の電圧 V_p のみを取る電気信号．矩形波ともいう．0 と 1 でデータを処理するデジタル回路で用いられることが多い．

相右回り→A相左回り→B相左回りと切り替えることで，回転子を少しずつ回転させることができます．

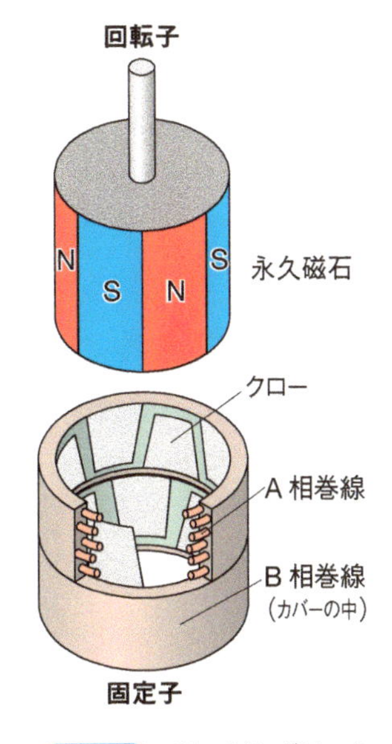

図3.9 ステッピングモータ

C 誘導モータ

誘導モータは，回転子コイルに電磁誘導作用によって電流を発生させて，その電流でコイルを電磁石にするタイプのモータです．回転子に電流を伝えるためのブラシが不要で，機械的にすりへる部分がないため，よく使われています．

誘導モータの回転原理を順を追って説明します．

(1) 固定子に回転磁界をつくります．回転磁界は，同期モータと同様に，空間的に一定角度ごとにずらせた複数のコイルに，時間的にタイミングをずらせた電流を流してできる磁界です．実際に磁石が回転しているのではありませんが，磁界としては，図3.10のように外で回転する磁石がつくる磁界と同じになります．

(2) 機械的に回転できる回転子には，鉄心中にコイルを埋め込み，短絡してあります．回転磁界が回転子導体を横切ると，フレミングの右手則にしたがい，回転子コイルに電圧が誘導されます．回転子コイルはループになっているので電流が流れます．図3.10では⊙が紙面の手前向き，⊗が紙面の裏向きの電流を表します．

(3) 回転子コイルに流れた電流には，フレミングの左手則にしたがって電磁力が加わります．その方向は，回転磁界が回転する向きと同じです．

(4) 回転子は，回転磁界と同じ方向にトルクを受けて回ります．

回転磁界の速度と機械的な速度が完全に一致すると，回転子のコイルが磁力線を横切らないため，フレミングの右手則による電圧が発生せず，回転子コイルに電流が流れないので電磁力は発生しません．このため，誘導モータがトルクを出すには，回転磁界の回転速度よりも，回転子の回転速度がやや遅くなる必要があります．これを誘導モータの**すべり**とよびます．

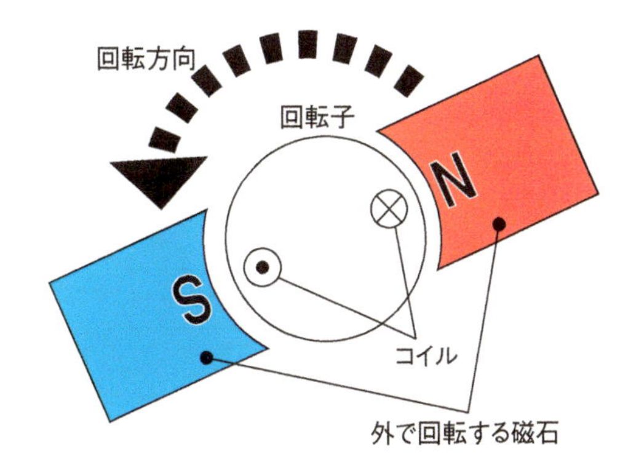

図3.10 誘導モータの回転原理

図3.11 (a) に誘導モータの断面図を示します．固定子に使っている鉄心には溝（スロット）を掘り，スロットに導線（巻線）を

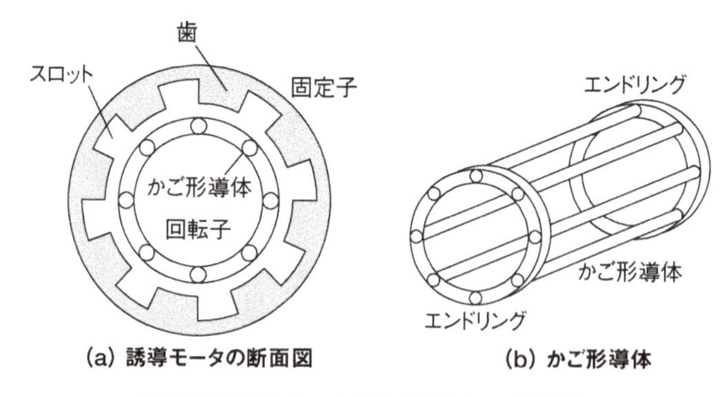

図 3.11 誘導モータの断面構造とかご形導体

埋め込む形で固定子コイルをつくります．スロット間の鉄心突起部を歯（ティース）といい，ここから出た磁力線が固定子内部の磁界になります．一方，回転子は，図 3.11（b）のように複数本の銅あるいはアルミニウムでできた棒を円柱状に並べたものを使用します．これをかご形導体といいます．かご形導体は，両端を導体でできたエンドリングに接続して，2 本の導体棒とエンドリングでループ状の電流が流れるようにしてあります．

誘導モータの回転速度は，基本的には固定子コイルに加える交流電源の周波数で決まります．そこで，必要な周波数の交流をつくり出す**インバータ**を用いれば，誘導モータの速度を調整することができます．インバータは，直流電源から交流をつくり出す装置です．交流から直流をつくる整流回路を**順変換器（コンバータ）**といいますが，その逆の動作をするので**逆変換器（インバータ）**といいます．

インバータは，誘導モータの駆動だけでなく，蛍光灯，電磁調理器（IH ヒータ），太陽光発電等にも使われています．誘導モータを運転するインバータでは，電圧も周波数も可変とするので，VVVF インバータとよびます．これに対して，電圧も周波数も一定な場合を CVCF インバータといいます．

【VVVF インバータ】
可変電圧・可変周波数（Variable Voltage Variable Frequency）インバータのこと．

【CVCF インバータ】
定電圧・定周波数（Constant Voltage Constant Frequency）インバータのこと．

図 3.12 はインバータの原理的な回路図です．スイッチ S1 と S4 を ON にすると出力端子に正の電圧が，スイッチ S2 と S3 を ON にすると出力端子に負の電圧が発生します．これらのスイッチには半導体スイッチが使われ，必要な周波数で ON と OFF をくり返します．半導体スイッチは第 4 章や第 8 章で説明します．

図 3.12 は，半周期に 1 回 ON-OFF させて 1 パルスだけを出す方式です．この方式では出力される交流電圧の波形が階段状になり，モータの回転がなめらかではありません．これを改善するため，**パルス幅変調**（Pulse Width Modulation；

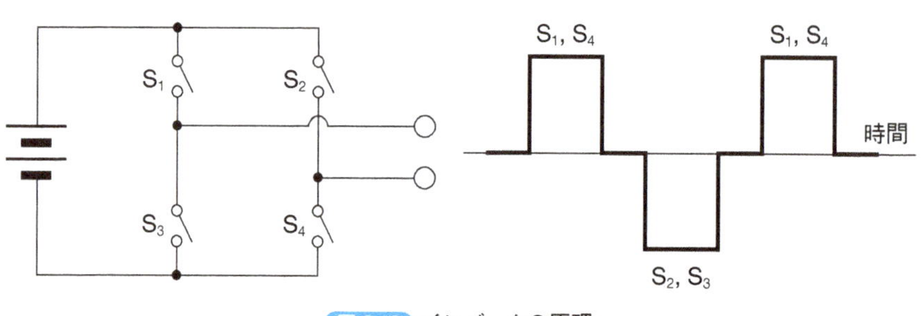

図 3.12 インバータの原理

PWM）を使います．パルス幅とはON状態の時間幅のことです．パルス幅を時間的に変化させることで平均的な出力交流電圧の波形を，より正弦波に近づけることができます．図3.13にPWM波形の例を示します．破線で示した正弦波の振幅にしたがって，パルス幅が増減していることがわかります．

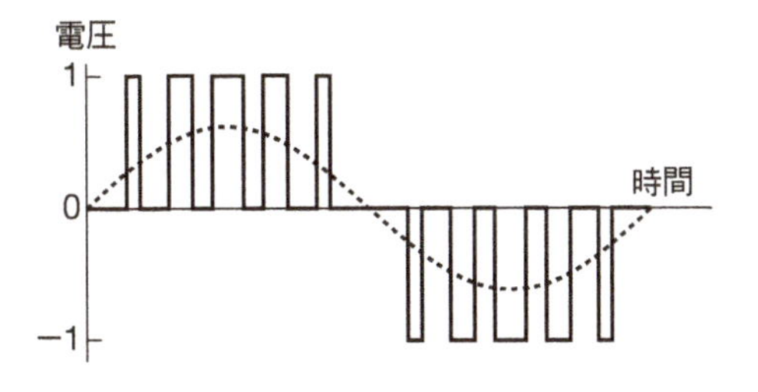

図3.13 パルス幅変調波形

3-8 電車のモータ

最後に，日常生活で重要な役割を担っているモータの例として，電車を走らせるモータを紹介します．電車は，架線とよばれる電線から電力供給を受けて走っています．架線には直流がかかっている直流電化区間と，交流がかかっている交流電化区間があります．ここでは，直流電化区間を走る電車を例に，電車のモータを説明します．

直流を利用している電車のモータは，1990年代を境として，直流モータから誘導モータに置き換わりました．古い時代の電車は直流モータを抵抗制御していました．抵抗制御とは，抵抗とスイッチを組み合わせた簡単な回路でモータにかかる電圧を変え，電車の速度を変える方式です．しかし，劣化したブラシの交換など保守の手間がかかることと，電気エネルギーの一部を抵抗で熱にするために効率が悪い，という問題がありました．

半導体パワーエレクトロニクスの技術が発達した現在では，新造される電車はほとんどVVVFインバータ制御された誘導モータを採用しています．効率がよくなり，保守の手間がかからなくなりました．最近では永久磁石同期機を用いる電車もあり，さらに効率が高くなっています．ただし，鉄道車両は30～40年の寿命があるので，線区によっては直流モータの電車もまだ現役で走っています（2016年現在）．

電車のモータは，回路を切り替えることで発電機として使うことができます．多くの電車はブレーキをかけるときに発電し，架線に電力を送り返す**回生ブレーキ**を採用しています．省エネにも貢献しているのです．

本章のまとめ

この章では，電気エネルギーで物体を動かすのに使う回転形モータについて説明しました．

(1) モータは電磁石の磁気力で回転します．

(2) 直流モータは電磁石に加わる電圧の正負を整流子を使って切り替えることで，一定方向の回転力を生み出します．そのとき，逆起電力が発生し，この電圧と電源電圧の釣り合いで回転速度が決まります．

(3) 電磁石の力は，磁界から電流が受ける力，電磁力で説明することができます．また，磁界中で導体が運動すると電圧が発生します．これらは，フレミングの左手則と右手則としてまとめられています．

(4) 交流モータは，位相がずれた交流電源から生まれる回転磁界を利用しています．回転磁界の回転速度は交流の周波数で決まります．交流モータには，同期モータ，ステッピングモータ，誘導モータなどがあり，さまざまな応用があります．直流を交流に変換するインバータを使えば，回転速度を自由に変えることができます．

(5) 昔の電車は直流モータを使っていましたが，最近はインバータを使った誘導モータで置き換えられつつあります．

演習問題

❶磁束密度 0.5 T の磁界の中で，磁界に垂直に 3 A の電流が流れている．このとき，電流に加わる力を計算せよ．ただし，電流の長さを 20 cm とする．

❷右図は直流モータの断面を示し，電機子コイルには ⦿（紙面の裏から表），⊗（紙面の表から裏）に向かう電流が流れている．電機子にできる磁極は，{a が N，b が S}，{a が S，b が N} のいずれか？ 電機子は時計回り，反時計回りのどちらに回転するか？

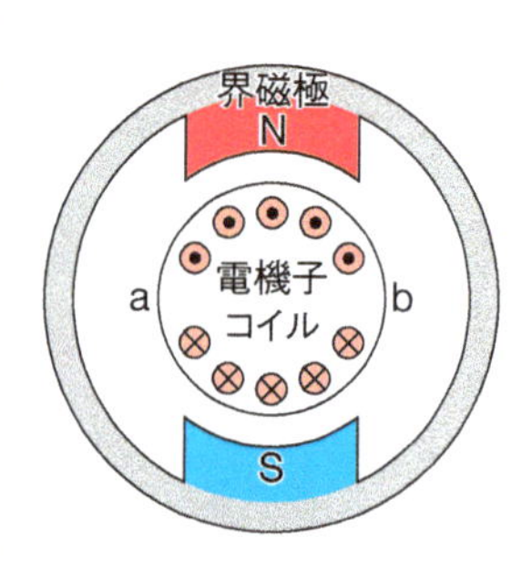

❸直径 10 cm の円筒にワイヤーを巻き，質量 10 kg のおもりを一定速度で巻き上げる．巻き上げ軸に必要なトルクを Nm 単位で求めよ．なお，重力加速度 $g = 9.8\ \mathrm{m/s^2}$ とすると，質量 m [kg] の物体に働く重力は mg [N] である．

❹回転速度 $N = 1800\ \mathrm{min^{-1}}$ を n [$\mathrm{s^{-1}}$] 単位に換算せよ．また，回転角速度 ω [rad/s] を求めよ．

参考図書

(1) エレクトリックマシーン編纂委員会：「エレクトリックマシーン & パワーエレクトロニクス」，森北出版 (2010)

(2) 森安 正司：「実用電気機器学」，森北出版 (2000)

(3) 高橋 秀俊：「電磁気学」，裳華房 (1959)

(4) 田口 俊弘，井上 雅彦：「エッセンシャル電磁気学」，森北出版 (2012)

4 半導体による技術革新

4-1 暮らしの中の半導体

携帯電話，テレビ，冷蔵庫，エアコン，照明器具，太陽電池など，今日私たちが日常生活で使用しているほとんどすべての電化製品にはトランジスタやICなどの半導体素子（半導体でできた電子部品）が使われています．しかし，その多くはブラックボックス化され，私たちが中身を直接見る機会はほとんどありません．これら半導体素子はどのような原理・しくみで機能しているのでしょうか．本章では，半導体とはいったいどういうものなのか，その基本的性質に加え，スイッチとしての機能，エネルギー変換機能などについて説明し，それがどのような技術革新をもたらしてきたかについて紹介します．

4-2 半導体とは

物質を電気的性質の観点で分類すると，電気を通す導体（金属など），電気を通さない絶縁体（セラミックス，プラスチックなど）およびその中間体である半導体に大きく分けられます．半導体とは，電気抵抗などのような電気的特性が，温度変化，光照射，機械的衝撃，不純物の濃度変化などによって大きく変化する物質であり，この性質を利用してさまざまな機能を実現するため，インテリジェントマテリアル（知的物質）とよばれています．代表的な半導体であるシリコン（Si）を例にとって説明しましょう．

すべての物質は原子の集合体です．原子は正電荷をもつ原子核のまわりを負電荷をもつ電子がとりまいた構造となっています．原子が集合して物質となるとき，原子の一番外側の電子（価電子）が原子から離れて物質内を自由に移動できるようになった場合，その物質は電気を通すことができます．このように電気を通す物質は内部に移動可能な電荷（キャリア）をもっています．半導体中のキャリアには，負電荷をもつn形キャリア（伝導電子：移動できる電子）と，正電荷をもつp形キャリア（正孔／ホール：束縛された電子の抜け穴）の2種類があります．Si原子は一番外側に4個の価電子をもっていますが，純粋なSi結晶ではこれらの価電子がSi原子間で共有されることで原子どうしが結合し，ネットワークを構成しています．これを結晶格子といいます．このため価電子はSi原子から離れて移動することができず，純粋なSi結晶は絶縁体です．

図4.1（a）のように，このSi結晶にヒ素（As）を微量不純物として混ぜる（ドープする）と，As原子の価電子は5個でSi原子より1個多いため，As原子がSiの格子に組み込まれた際に電子が1個余ります．これが移動可能な電子（伝導電子）となってn形キャリアが発生し，電気を通すようになります．ドープするAs原

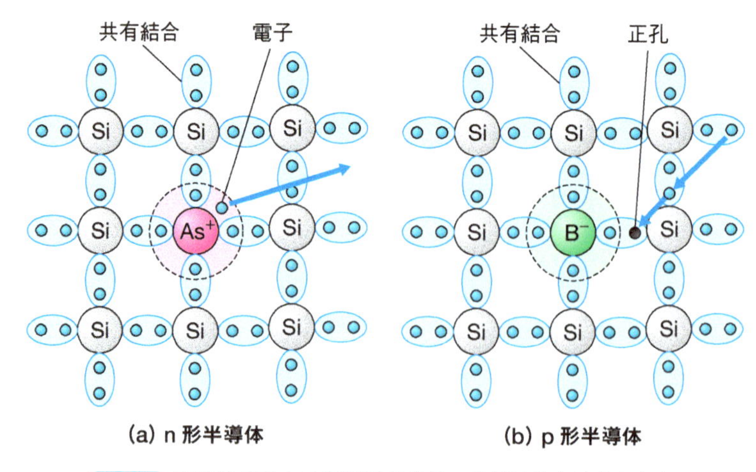

図 4.1 半導体結晶中の価電子の様子．楕円は共有結合を表す．

子と同数のキャリアが発生するため，不純物のドープ量によりキャリアの数をコントロールすることができます．

同様にホウ素（B）を微量不純物としてドープすると，図 4.1（b）に示すように，B 原子の価電子は 3 個で Si 原子より 1 個少ないため，B 原子が Si の格子に組み込まれた際に電子が 1 個足りず，電子の抜け穴，すなわち正孔（ホール）が発生します．これが移動可能な p 形キャリアとなって，やはり電気を通すようになります．n 形キャリアのみをもつ半導体を n 形半導体，p 形キャリアのみをもつ半導体を p 形半導体とよびます．このように半導体を利用すれば電気的性質の異なる物質を自在につくり分けることができ，それらを組み合わせることによってさまざまな機能を実現することができます．

4.3 半導体で実現できる機能

4.2 節で述べたように，半導体には p 形と n 形の 2 種類が存在します．これらを組み合わせることによっていろいろな機能をもった部品（素子）を作製することができます．以下にそれぞれの機能について説明します．

A pn 接合と整流作用

組み合わせの代表的な例として，pn 接合ダイオードを次ページの図 4.2 に示します．p 形半導体と n 形半導体を接合すると，接合面付近では図 4.2（a）に示すように伝導電子と正孔が合体消滅して，キャリアの無い領域（空乏層）が形成されます．この領域は電気を通さない絶縁体となります．この pn 接合に対して図 4.2（b）のように電圧をかけると，正孔は電源の負極に引きつけられ，伝導電子は正極に引きつけられるので絶縁性の空乏層が広がるだけで電流は流れません．これを逆バイアスとよびます．図 4.2（c）のように電源の正負を逆転すると正孔と伝導電子は空乏層に流れ込み，合体消滅をくり返しますが，これによって電荷の流れは持続するので電流が流れます．これを順バイアスとよんでいます．このよう

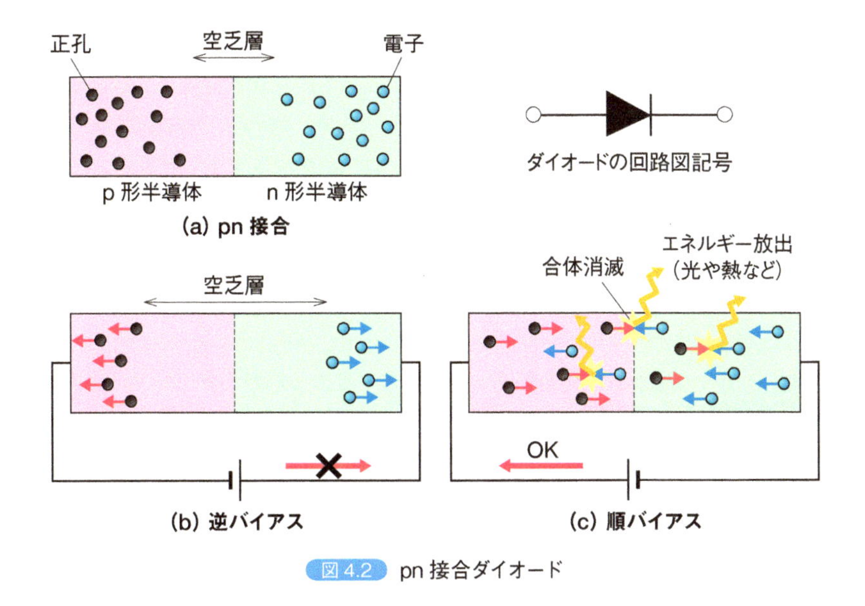

図 4.2 pn 接合ダイオード

に pn 接合は電流を一方向にしか流しません．この現象を整流作用とよび，整流作用をもつ素子をダイオードとよんでいます．

B 増幅作用

pn 接合にさらに n 形を接合した npn 構造，あるいは p 形を接合した pnp 構造をもつ半導体素子はバイポーラトランジスタとよばれ，電流増幅を行うことができます．

図 4.3 は npn 形のバイポーラトランジスタの構造を示しています．3 つの領域はそれぞれ，エミッタ，コレクタ，ベースとよばれています．中間の p 形領域がとても薄くつくられているのがポイントです．ここでベースとコレクタに注目すると pn 接合になっていて，逆バイアスがかかっています．この状態ではコレク

【エミッタ・コレクタ・ベース】
(emitter・collector・base)
エミッタは「キャリアの放出源」，コレクタは「キャリアの収集器」，ベースは「基盤，土台」という意味をもつ．最初につくられたトランジスタは，ゲルマニウム半導体を土台(ベース)にし，これにエミッタとコレクタの半導体を接続した構造だったのである．

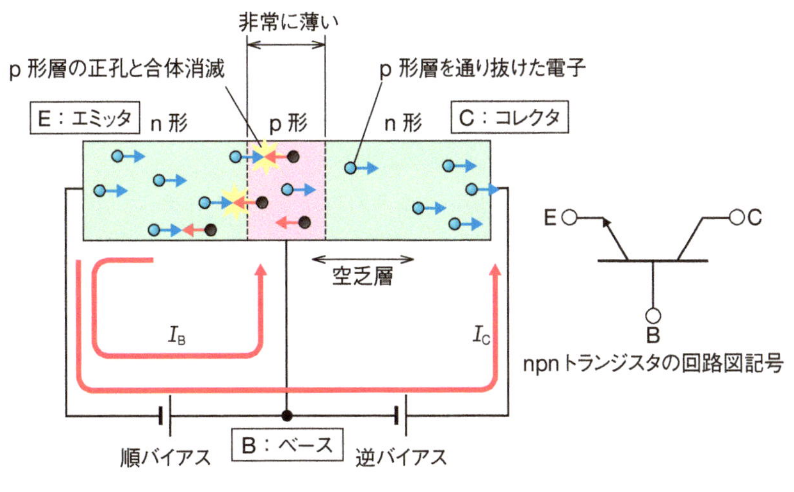

図 4.3 npn 形バイポーラトランジスタの電流増幅作用

タ電流 I_C は流れません．ところがエミッタとベースの pn 接合に順バイアスをかけてベース電流 I_B を流すと，エミッタからベースへ流れ込んだ電子の一部が薄いベースの層を通り抜けてコレクタへ流れ込み，コレクタ電流 I_C が流れるようになります．一般に I_C は I_B に比例し，I_B より大きな値となります．これを**電流増幅作用**とよび，信号の増幅などに利用されます．トランジスタを用いた増幅回路については第 8 章で詳しく説明します．

C 半導体スイッチ

半導体を使って超小型の高速スイッチを構成することができます．半導体スイッチは，ON/OFF をデジタル信号の 1 と 0 に対応させるとコンピュータの要素である論理回路を構成することができます（第 9 章参照）．半導体スイッチの一例として電界効果トランジスタ（Field Effect Transister；FET）のスイッチ特性について紹介します．図 4.4 は接合形電界効果トランジスタの断面構造です．バイポーラトランジスタと同様に 3 つの領域があり，それぞれソース，ドレイン，ゲートとよばれています．ゲートとソース間が pn 接合となっています．このソースとドレインの間に電圧をかけると n 形領域内の伝導電子が移動することで電流が流れます．ところがゲート電極に負の電圧（pn 接合に対して逆バイアス）をかけると p 形と n 形の境界の空乏層が広がっていき，これが絶縁性基板に到達すると，空乏層は絶縁性であるため，もはやソース－ドレイン間に電流が流れなくなります．このようにゲート電圧によってスイッチ動作が実現できます．

【ソース・ドレイン・ゲート】
（source・drain・gate）
ソースは「キャリアの源」，ドレインは「キャリアが流れ込む」，ゲートは「キャリアの移動を制御する門」という意味をもつ．

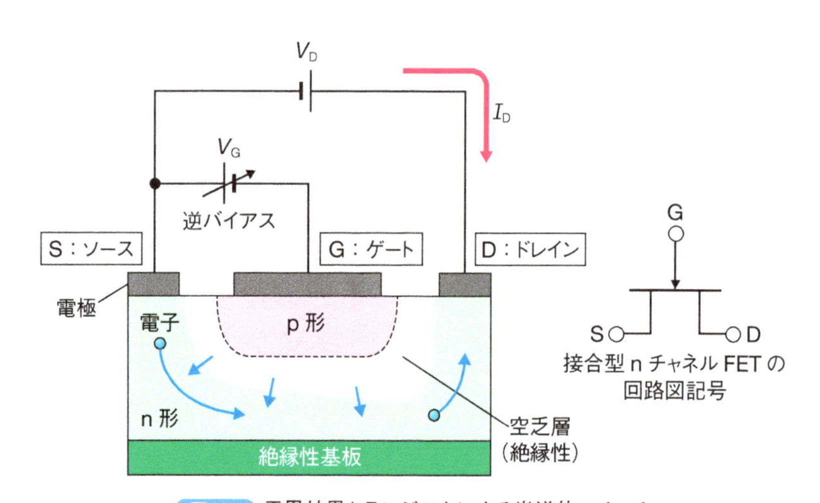

図 4.4 電界効果トランジスタによる半導体スイッチ

半導体素子は後の 4.5 節で述べるように，フォトリソグラフィなどの微細加工技術を使えば集積化が可能です．最新のパーソナルコンピュータの CPU（中央処理装置）は 50 億個を超えるトランジスタを 25 × 25 mm^2 くらいの基板に埋め込んでいます．

【CPU】
（Central Processing Unit，中央処理装置）
コンピュータにおいて中心的な処理装置として働く電子回路（集積回路）．

4-4 半導体デバイスの略歴

表 4.1 に半導体デバイスの略歴を示します．第二次世界大戦後，アメリカでトランジスタが発明され，開発が進みました．初期に半導体材料として使用されたのはゲルマニウム（Ge）ですが，熱的安定性の問題があり，1956 年には現在主流のシリコン（Si）が使用されるようになりました．トランジスタが実用化されて 5 年後にトランジスタラジオ，また 10 年後にはトランジスタテレビが市販されるに至っています．4.6 節で説明するフォトリソグラフィの手法を使ってトランジスタを集積化する技術もほぼ平行して進化していき，1962 年には構造が非常に簡単で集積化に有利な電界効果トランジスタを使った集積回路（IC）が開発されています．インテル社が世界で最初の CPU である「4004」の開発に成功したのは 1971 年で，トランジスタが実用化されてから 20 年後のことでした．

表 4.1 半導体デバイスの歴史

トランジスタ	
1947 年	点接触型 Ge トランジスタの発明 米国ベル研　ショックレー，バーディーン，ブラッデン （→ 1956 年　ノーベル物理学賞）
1949 年	接合型 Ge トランジスタの発明　（ショックレーら）（→ 1952 年　量産開始）
1955 年	東京通信工業（現ソニー）によるトランジスタラジオ
1956 年	Si トランジスタの登場
1957 年	FET（電界効果トランジスタ）の改良
1960 年	Si トランジスタを使ったテレビの市販
集積回路（IC）	
1952 年	デュマーが IC の概念を発表
1958 年	キルビー特許（1 つのチップ上に受動素子や能動素子をつくり込む IC の基本技術）

4-5 半導体によるエネルギー変換

半導体を使うとエネルギーを変換することができます．以下にいくつかの例を紹介します．

A 熱から電気へ，電気から熱へ

図 4.5（a）は熱エネルギーを電気エネルギーへ変換する原理の説明図です．p 形半導体の両端で温度差がある場合，低温部に比べて高温部の方がキャリア（正孔）の圧力が高くなって低温部に移動します．この結果，低温部は正に，高温部は負に帯電することになり，両者の間に電位差が発生します．これをゼーベック効果とよんでいます．n 形半導体の場合も同様にキャリア密度の偏りができますが，キャリアが伝導電子で負の電荷をもつため，p 形半導体とは逆に低温部は負に，高温部は正に帯電し，発生する電位も p 形とは逆になります．これらを図のように直列に接続すれば両端に発生する電圧を大きくすることができます．この

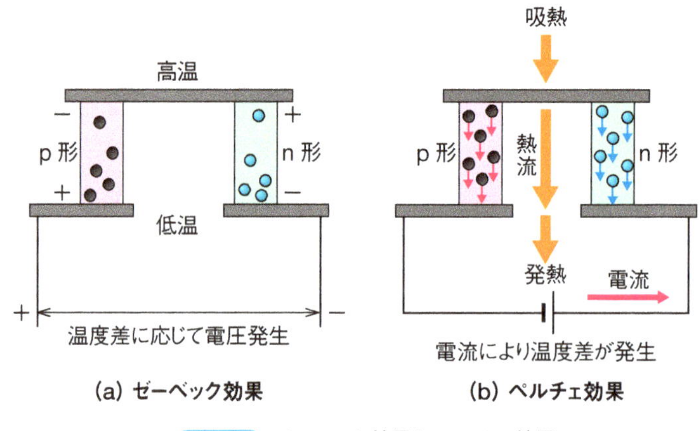

図 4.5 ゼーベック効果とペルチェ効果

原理が温度センサーや，体温による携帯発電機などに応用されています．

ゼーベック効果とは逆に，電気エネルギーを使って冷却と加熱を同時に起こすこともできます．図 4.5 (a) の素子に図 4.5 (b) のように電圧をかけると，p 形半導体中の正孔は負極側へ，n 形半導体中の伝導電子は正極側へ移動しますが，それぞれのキャリアはエネルギーも運びます．このため図 4.5 (b) では，上部から下部へ向けて熱が移動して，上部と下部の間に温度差が生じます．これをペルチェ効果とよんでいます．ペルチェ効果を利用した半導体素子は，冷却装置としても加熱装置としても使用されています．図 4.5 (b) において，電流を流す方向を逆転すると，吸熱と発熱が逆転します．車載用の温冷蔵庫では，このことを利用して，スイッチ 1 つで温蔵庫と冷蔵庫を切り替えています．

B 光から電気へ

4.3A で述べた pn 接合ダイオード (図 4.2) を用いると光エネルギーを電気エネルギーへ変換することができます．pn 接合の境界面付近では n 形へ移動した正孔は電子と再結合し，p 形へ移動した電子は正孔と再結合してそれぞれ消滅し，境界面付近にキャリアのない空乏層が形成されます．この形成過程で p 形はマイナスに，n 形はプラスに帯電するため，空乏層では n 形側から p 形側へ向かう電界が存在します．空乏層に光が照射されると，結合していた電子が光エネルギーを吸収して，結合部から飛び出します．これにより伝導電子とその抜け穴である正孔のペアが生成されます．これを電子－正孔対生成といいます．通常，伝導電子と正孔はすぐにまた結合するのですが，空乏層に電界が存在するため，正孔は p 形領域へ，伝導電子は n 形領域へと引き寄せられ，これによって p 形と n 形の間に電圧が発生します．これを光起電力効果といいます．光起電力効果は太陽電池の基本原理です．太陽電池とその応用は第 5 章で説明します．

C 電気から光へ

pn 接合ダイオード (図 4.2) に順方向 (ダイオードに電流の流れる方向) バイアスをかけると，p 形領域の正孔は空乏層を通過して n 形領域へ，また n 形領域の伝導電子は空乏層を通過してp形領域へと移動します．途中，一部の正孔と伝導電子は空乏層で出会い，合体消滅します．このとき，ちょうど太陽電池と逆のプロセスで光エネルギーが放出されます．これが発光ダイオード（Light Emitting Diode；LED）です．発光ダイオードでは電気エネルギーが非常に効率よく光エネルギーに変換されます．ただし，発光色がダイオードの材料物質によって異なるので，必要とする色の光を発生できる半導体結晶を人工的につくることができるかどうかが問題となります．発光ダイオードの詳細は第7章で説明します．

4-6 半導体集積回路技術の進化

多数のトランジスタ，ダイオード，抵抗，コンデンサなどの回路素子がチップとよばれる1つの半導体基板上に，それぞれが分離できない形でぎっしりと詰め込まれた超小型電子回路を集積回路（Integrated Circuit；IC）といいます．半導体デバイスはこの集積回路技術により小型・軽量化，高速化，低消費電力化，低コスト化されてきました．この集積回路技術について概説します．

A フォトリソグラフィ

フォトリソグラフィとは，写真製版技術を利用した微細加工技術で，半導体微細加工において基幹をなす技術です．図4.6にその基本工程を示します．フォトリソグラフィの工程の中で，シリコン酸化膜の形成は欠かせません．酸化シリコン SiO_2 はガラスの主成分です．ガラス容器が酸やアルカリなどの薬品の保存に使われていることからわかるように，非常に安定で電気抵抗も大きく，良質な絶縁体です．半導体の代表的な材料であるシリコンを酸素中あるいは水蒸気中で加熱すると，シリコン表面に容易に酸化膜を形成することができ，その膜厚も加熱

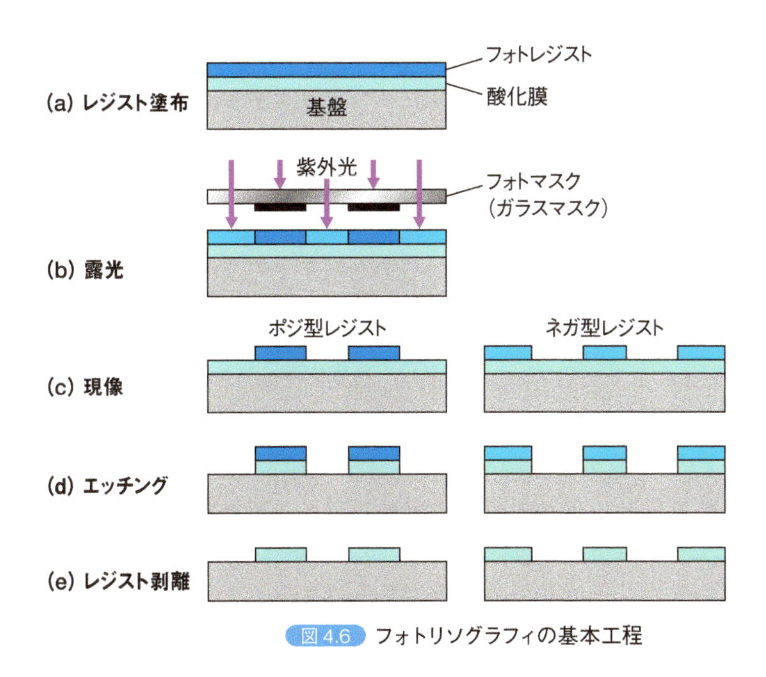

図4.6 フォトリソグラフィの基本工程

温度と時間によって簡単に制御することができます．このためシリコン酸化膜は「神様からの贈り物」といわれています．

図 4.6 にそって加工工程を順に説明しましょう．まず図 (a) のようにシリコン基板表面全体に酸化膜を形成し，その上にフォトレジストを薄く塗布します．この上からガラスにパターンを描いたフォトマスクを置きます．図 (b) のようにフォトマスクを通して紫外光を露光すると，フォトレジストのマスクされていない部分が感光し，化学変化を生じます．このあと薬品を用いて処理を行うと，図 (c) のように感光した部分が除去されます (現像)．この後，フッ化水素酸 (ガラスを溶かす酸) を用いて，シリコン酸化膜のレジストが除去された部分を溶かし，下地のシリコンを露出させます．これが図 (d) のエッチングです．このフォトリソグラフィ技術に，不純物ガスの拡散や金属の蒸着などの技術を組み合わせることでさまざまな半導体素子をつくることができるのです．この方法による最小加工線幅は，集積回路が登場した頃は 10 μm 程度でしたが，その後どんどん微細化が進み，現在 (2016 年) では 14 nm を切るほどになってきました．

【フォトレジスト】
(photo resist)
光や電子線等によって物性が変化する物質．露光後，現像処理によって露光されていない部分が溶解するネガ型と露光された部分が溶解するポジ型がある．フォトリソグラフィに使用する．

【フォトマスク】
(photo-mask)
ガラスや石英などでつくられた半導体集積回路のパターン原版．フォトリソグラフィで使用される．

B ステッパー(縮小投影型露光装置)

フォトリソグラフィの加工精度は，フォトマスクの加工精度でおおよそ決まってしまいます．レンズを使えばフォトマスク上のパターンを縮小してより微細なパターンを露光することができます．そのための装置がステッパー (縮小投影型露光装置) とよばれるものです．図 4.7 にステッパーの構造を示します．ステッパーは正確な位置合わせと露光をくり返し行うことで，シリコンウェハ上に同じパターンを描画していく装置です．シリコンウェハを大きくして IC のサイズを小さくすると，一度に多くの IC を作製できるので 1 個あたりの価格が安くなります．

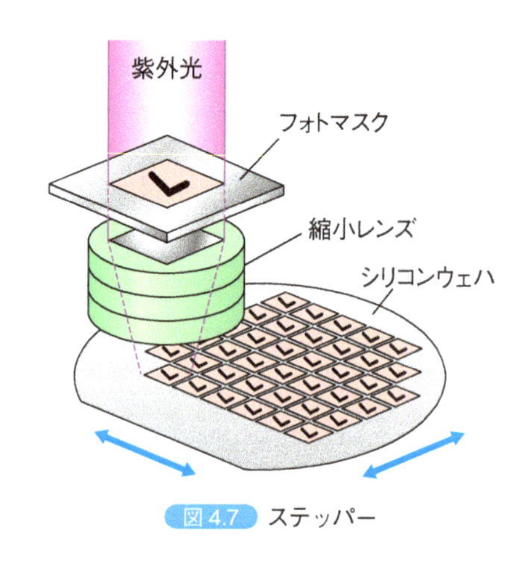

図 4.7 ステッパー

C 研磨法の進化

半導体素子の材料となるシリコンの単結晶は，製造直後は円筒状の塊で，これをハムのように厚さ 1 mm 程度の輪切りにスライスし，片面だけを鏡面に磨き上げます．これをシリコンウェハとよび，その鏡面側に IC をつくりこんでいきます．図 4.8 は IC をつくりこんだ後のウェハの写真です．これを IC ごとに切り離し，結線，パッケージングして完成となります．IC の単価を安くするため，ウェハの大口径化が進み，現在では 12 インチ (約 30 cm) のウェハも使われています．

ウェハ全面にわたって正常に IC を作製するためには，12 インチウェハ内でウェハ面内での最大高低差を100 nm以下に抑える必要があります．これは，もしウェハが直径30 mの円板だったとすると，高低差10 µmに相当しています．髪の毛の直径が100 µm程度であることを考えると，極めて平坦度の高い表面が要求されていることがわかります．このような超平坦面が基板研磨技術の進化によって実現されています．

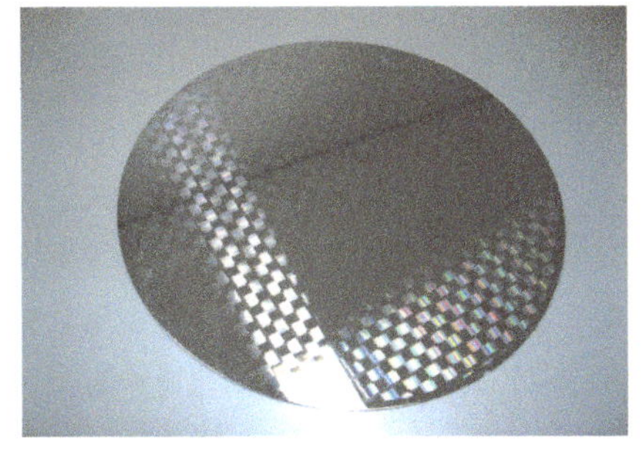

図4.8 8インチ(約20 cm) シリコンウェハ

【nm(ナノメートル)】
長さの単位．1 nm = 10^{-9} m．水素原子の直径が約0.1 nmである．n(ナノ) は，10^{-9}を示す接頭語．

【µm(マイクロメートル，ミクロン)】
長さの単位．1 µm = 10^{-6} m．髪の毛の直径が約100 µmである．

4-7 スマートフォンからウェアラブルコンピュータへ

コンピュータが小型化し，低消費電力化することは，バッテリー駆動によってモバイル化できることを意味しています．スマートフォンやタブレット端末が一般的に使われるようになり，私たちはコンピュータを持ち歩き，いつでもインターネット上の情報にアクセスすることができるようになってきました．さらに最近では，身につけられるコンピュータ，すなわちウェアラブルコンピュータが普及しはじめています．スポーツやフィットネスなどで利用される，歩数，心拍数，体温，位置情報などの記録装置（ロガー）は，時計，リストバンド，アクセサリのような形態をとり，ウェアラブルデバイスとしてすでに一般的なものとなっています．これらは機能が限定されていますが内部にはもちろんCPUやメモリ等が搭載されています．ウェアラブルコンピュータは形態としてはこれらに近くなるはずですが，ディスプレイ装置として眼鏡や腕時計を利用したものが当面主流となると思われます．

【ウェアラブル】
（wearable）
身につけて持ち歩くことができる，という意味をもつ．

私たちが持ち歩いているスマートフォンは，10年前のスーパーコンピュータを越える処理能力をもっています．いったい微細化はどこまで進むのでしょうか？これまでにも物理的限界や技術的限界が指摘されてきましたが，すべて突破されてきました．現時点（2016年）でもシリコンが半導体でなくなる限界11 nmとか，絶縁体が絶縁体でなくなる限界45 nmなど，いくつかの限界が指摘されていますが，これらも新しい技術革新によってクリアされるのかもしれません．皆さんも限界への挑戦に参加してみませんか？

本章のまとめ

本章では半導体の基本的性質や機能を説明し，それを用いた技術革新について紹介しました．

(1) 4価のシリコン結晶に5価の元素を微量不純物として混ぜることで

n形半導体（キャリアは電子）を，また3価の元素を混ぜることでp形半導体（キャリアは正孔）をつくることができます．

（2）p形およびn形半導体，金属，絶縁物を組み合わせることで整流素子，増幅素子，高速スイッチ素子，高効率エネルギー変換素子（発光素子，発電素子，各種センサー等）をつくることができます．

（3）フォトリソグラフィを中心とした半導体微細加工技術の進歩はコンピュータの小型・軽量化，高速化，低消費電力化をもたらしました．

演習問題

❶次の文章の（　　）を選択肢の用語で埋めよ．

純粋なSiは室温では電流を通さない．これに5価の元素である（ 1 ）を微量不純物としてドープすると不純物の原子数と同数の（ 2 ）が発生し，これがキャリアとなって電流を通すようになる．これを（ 3 ）形半導体とよぶ．Siに3価の（ 4 ）をドープすると（ 5 ）が発生し，これがキャリアとなって電流を通すようになる．これを（ 6 ）形半導体とよぶ．

【選択肢】 p，n，B（ホウ素），As（ヒ素），伝導電子，正孔

❷次の文章の（　　）を選択肢の用語で埋めよ．

電気エネルギーを使って加熱や冷却を行う半導体素子を（ 1 ）素子とよぶ．逆に熱エネルギーを電気エネルギーに変換する半導体素子は（ 2 ）素子とよばれ，熱発電等に利用されている．（ 3 ）は電気エネルギーを光に変換する素子であり，逆に（ 4 ）は光エネルギーを電気エネルギーに変換する素子である．

【選択肢】 LED，ゼーベック，ペルチェ，太陽電池

❸シリコン酸化膜はなぜ「神様からの贈り物」とよばれるのか．

参考図書

（1）片岡　巌：「初歩の工学　はじめての半導体　しくみと基本がよくわかる」，技術評論社（2009）

（2）麻蒔 立男：「トコトンやさしい超微細加工の本」，日刊工業新聞社（2004）

chapter 5 太陽電池と家庭用発電システム

5 1 再生可能エネルギー

再生可能エネルギーという言葉を最近よく聞きますが，再生可能とはどういうことなのでしょう？　これは，使ってなくなりかけても，すぐ元に戻るという意味です．つまり，なくならないエネルギー，枯渇しないエネルギーです．いくら使っても，自然界からエネルギーが補充されるので枯渇しないのです．再生可能エネルギーによる発電としては，太陽光発電や太陽熱発電，風力発電，水力発電，波力発電，潮汐発電，海洋温度差発電，地熱発電，バイオマス発電などがあります．

一方，使うとなくなってしまうエネルギーを枯渇性エネルギーといいます．石油や石炭，天然ガスなどの化石燃料を燃焼させるのが代表的な枯渇性エネルギーです．原子力発電で用いられるウラン燃料も枯渇性エネルギーの一種です．

今日の発電用エネルギー源は，枯渇性エネルギーが主流です．わが国では，枯渇性エネルギーによる発電比率が約 90％を占めています．先進国において再生可能エネルギーへの取り組みが進んでいるドイツでさえ，枯渇性エネルギーによる発電比率が大きなウェイトを占めています．将来，中華人民共和国やインド，ブラジルなど人口の多い国々が，先進国並に 1 人当たりのエネルギー消費量を増加させると，世界的に枯渇性エネルギーの使用量が急増するので，燃料価格の高騰や二酸化炭素排出量の増加などが危惧されています．いずれはその名のとおり枯渇してしまうかもしれません．

持続可能な社会をつくるには，枯渇性エネルギーの輸入先の多様化とともに，枯渇性エネルギーに頼らない社会へと，少しずつ変えていく必要があります．

本章では，再生可能エネルギーの代表ともいえる太陽光発電をテーマに取りあげて，太陽電池のしくみと，それを用いた家庭用発電システムについて説明します．

【二酸化炭素排出量】
ある国における二酸化炭素の 1 年間の排出量のこと. 二酸化炭素は地球の温暖化を引き起こす温室効果ガスの代表であるため，排出量の削減が求められている. 二酸化炭素は石炭や石油，天然ガスを燃やしたときに排出されるため，火力発電の比率が多い国ほど多量に排出する. エネルギー・産業部門だけでなく運輸や業務，家庭などでも排出がある.
全国地球温暖化防止活動推進センター（http://www.jccca.org/）によれば，2013 年の排出量のトップは中国で約 94 億トン，2 位はアメリカで約 52 億トン，日本は 5 位で約 12 億トンである.

5 2 太陽エネルギーと太陽電池

地球に届く太陽エネルギーは，たった 1 秒間に 1.73×10^{17} W という莫大な量です．ただし，地表面での太陽エネルギー密度は低く，夏至の頃の日射の強い季節でさえ，1 m^2 あたり最大 1.38 kW です．太陽電池ではその 10 ～ 20％程度のエネルギーしか電気として取り出せないため，多くのエネルギーを取り出すには，広大な面積が必要になります．

太陽電池の基本的な構造と発電のしくみを図 5.1 に示します．第 4 章で説明したように，シリコンなどの半導体材料に不純物を添加すると p 形半導体と n 形半導体をつくることができます．太陽電池はこの 2 種類の半導体で pn 接合を形成

【負荷】
電気関係では，電気を消費するものを総じて負荷という．電灯，家電製品，モータ，電熱器など多種多様な負荷がある．

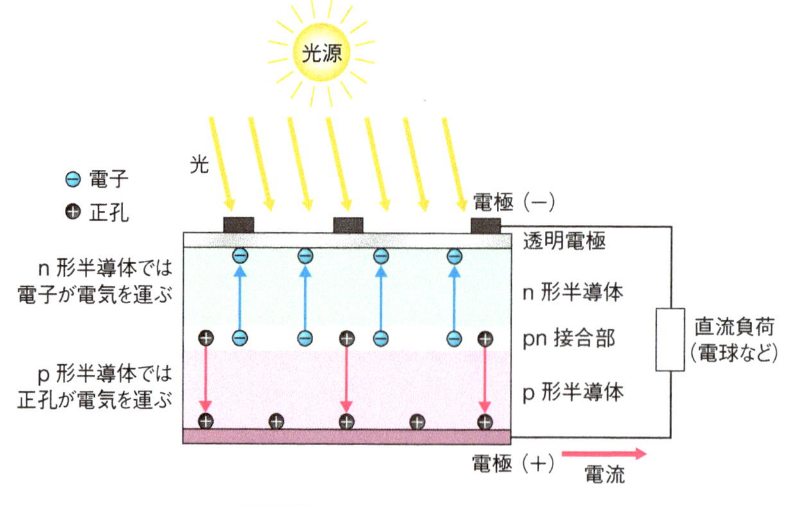

図 5.1 太陽電池が発電するしくみ

します．

図 5.1 において，光が上部の透明電極や半導体を透過し，pn 接合部に到達すると負の電子と正の電荷をもった正孔（ホール）が発生します．また，pn 接合部には電位差が生じ，電子はマイナス電極へ，正孔はプラス電極へ運ばれます．プラス電極とマイナス電極との間に導線で電球やモータなどの負荷を接続すると，プラスからマイナスへと直流電流が流れます．

図 5.2 に代表的な太陽電池の種類と主な用途を示します．半導体を用いてつくられた太陽電池は，シリコン半導体系のものと，化合物半導体系のものに大別されます．さらに，シリコン半導体系の太陽電池は，結晶シリコン系とアモルファスシリコン薄膜系に分類されます．

【シリコン】
ケイ素 Si．鉱物に多く含まれる元素で，半導体の材料に使われる．ガラスやレンズなどの材料にもなる．

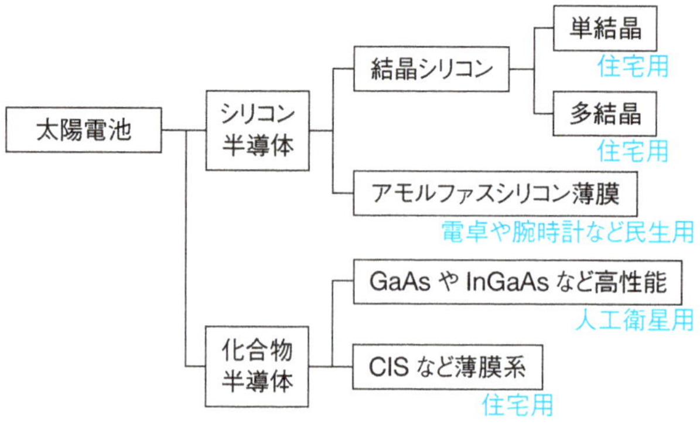

太陽電池
- シリコン半導体
  - 結晶シリコン
    - 単結晶　住宅用
    - 多結晶　住宅用
  - アモルファスシリコン薄膜　電卓や腕時計など民生用
- 化合物半導体
  - GaAs や InGaAs など高性能　人工衛星用
  - CIS など薄膜系　住宅用

図 5.2 代表的な太陽電池の種類と主な用途

【プラズマ】
気体を高温にすると，気体原子から電子が飛び出してイオンになり，イオンと電子が自由に動き回る状態になる．この状態をプラズマという．プラズマは気体に高電圧を加えることでも発生する．これを放電という．プラズマは高温状態であるため，さまざまな化学反応を起こすことができる．シリコンを含んだガス材料で放電を起こせば，薄膜の半導体が作製できる．

アモルファスとは非晶質という意味で，結晶状態ではない物質です．図 5.3（a）のように結晶ではシリコン原子が規則正しく並んでいますが，図 5.3（b）のアモルファスでは不規則な状態になっています．アモルファスシリコン薄膜系の太陽電池は，プラズマを用いた薄膜製造技術でつくられます．このような薄膜太陽電

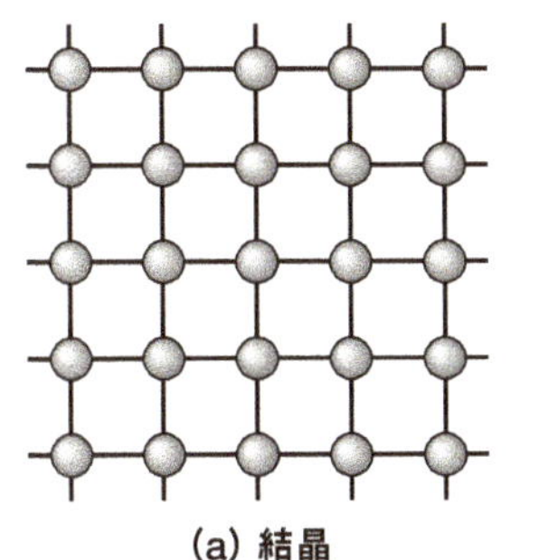
(a) 結晶

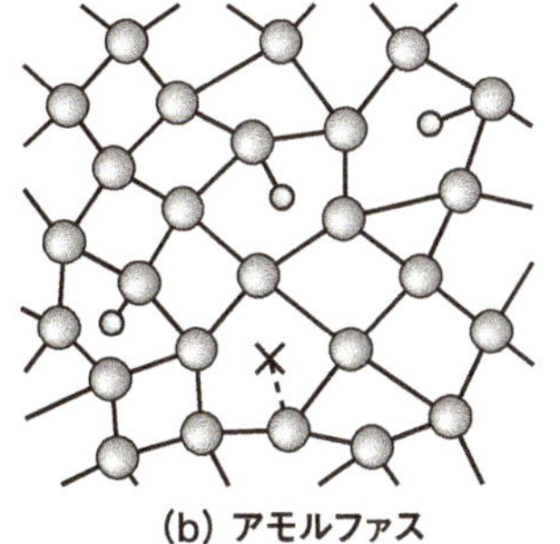

(b) アモルファス

図 5.3 結晶シリコンとアモルファスシリコン

池は，結晶シリコン系に比べて発電効率が低くなりますが，大量生産に向く製造方法でつくられるので，コストが安く，電卓や腕時計などの民生用機器や道路表示灯などに広く用いられています．

結晶シリコン系は単結晶シリコン太陽電池と多結晶シリコン太陽電池に分類され，今日，住宅用太陽光発電やメガソーラに用いられる主流の太陽電池となっています．単結晶シリコン太陽電池は 145 ～ 172 W/m^2 と発電効率が比較的高く，長期間の使用に対して安定した信頼性が期待できます．多結晶シリコン太陽電池は 130 ～ 139 W/m^2 と単結晶に比べると発電効率がやや劣りますが，国産品で比較すると単結晶より安価です．ただし，多結晶の太陽電池はもろくて破損しやすいという短所があります．また，単結晶，多結晶シリコン太陽電池のいずれも，夏季の昼間に太陽電池の温度が上がると発電効率が低下するという短所があります．

一方，化合物半導体系には GaAs（ヒ化ガリウム）などの特殊な材料を用いた高性能太陽電池があります．非常に高価な太陽電池ですが，過酷な環境である宇宙空間において，高い効率と高信頼性が要求される人工衛星の電源などで使用されています．

また，化合物半導体系には CIS（銅・インジウム・セレン）を材料にした薄膜太陽電池があり，比較的安価で，住宅やメガソーラなどで使用されています．CIS 太陽電池は，温度が上がっても発電効率が低下しないことと，太陽電池パネルの一部が陰になっても出力低下が少ない長所をもっています．しかし，CIS 太陽電池は 101 W/m^2 と発電効率が比較的低く，同じワット数では結晶シリコン系太陽電池よりも設置面積が大きくなってしまいます．このため，設置可能面積を大きくとれない場所には適していません．

このほか，住宅やメガソーラなどで使用されている太陽電池に HIT 太陽電池があります．これは，結晶シリコンとアモルファスシリコンを組み合わせたハイブリッド構造で，より広い波長帯域の光を電気に変えて発電効率を向上させるとともに，夏季の温度上昇時の発電効率低下を少なくしています．価格は少し割高ですが，設置可能面積を大きくとれない場所に適しています．

さらに，将来期待されている太陽電池としては，植物色素や人工色素などを用いる色素増感太陽電池やフレキシブルな薄い膜である有機薄膜太陽電池，小さな玉状の単結晶シリコン球を多数個並べてフレキシブルな板にした球状シリコン太

【単結晶シリコン】
シリコン原子が規則正しく配列した状態で，1つの大きな結晶状態となっている．

【多結晶シリコン】
数ミリ程度の小さなシリコン結晶粒塊が多数寄せ集まった固体．結晶と結晶の間にグレインバウンダリーとよばれる結晶配列が乱れた不連続な境界がある．

【GaAs】
ヒ化ガリウム．半導体の材料に使われる．人工衛星用などの高性能太陽電池材料にも使用される．この業界では「ガリウムヒ素」とよぶ場合が多い．

【CIS 太陽電池】
シリコンの代わりに，銅 Cu，インジウム In，セレン Se などからなるカルコパイライト系とよばれる化合物を用いた太陽電池．薄膜でさまざまな形状に加工できて，大面積，大量生産に向く．

【HIT 太陽電池】
結晶シリコンとアモルファスシリコンを組み合わせたハイブリッド構造の太陽電池．HIT は Heterojunction with Intrinsic Thin-layer の略語でパナソニック㈱の登録商標．Heterojunction はアモルファス（非晶質）と結晶との接合を表す．

陽電池などがあります．

5 3 太陽光発電システム

太陽電池を用いた太陽光発電システムについて，それぞれのシステムの特徴やシステムを構成する各種装置を以下で説明します．

A 太陽電池アレイと太陽電池モジュール，太陽電池セル

単結晶や多結晶シリコン太陽電池では，図5.4のように最小単位である太陽電池セルを複数個，直列接続と並列接続にして，所定の電圧・電流を取り出す1枚の太陽電池モジュールを構成しています．一般的に太陽電池パネルやソーラパネルとよんでいるのは，この太陽電池モジュールのことです．太陽電池モジュールは，多様な寸法，発電電力［W］，電圧［V］，電流［A］のものが各メーカから市販されています．そして，住宅用やメガソーラなどでは，太陽電池モジュールを多数枚並べて架台上に組んで使用している場合が多く，この状態を太陽電池アレイとよんでいます．

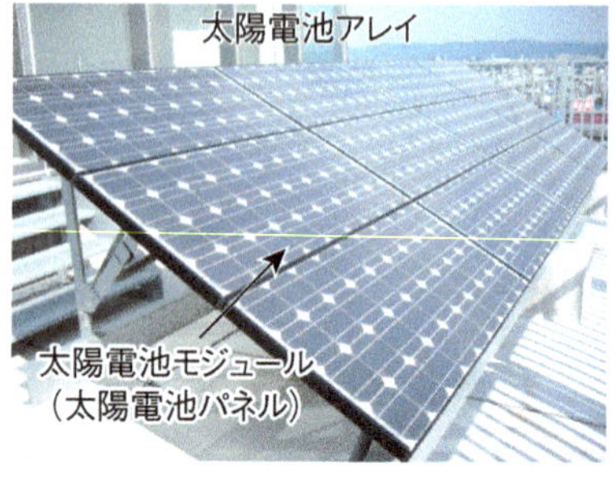

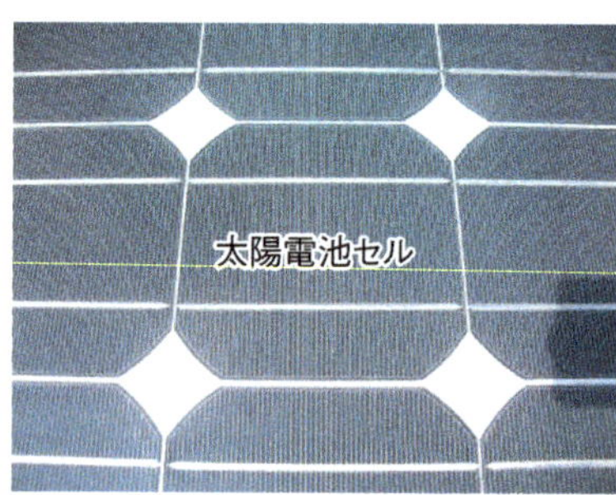

図5.4 太陽電池アレイの構成

B 独立型と系統連系型

太陽光発電システムは，電力会社の配電線とつながずに独立して使用する独立型と，つないで使用する系統連系型に分けられます．電力会社の送配電システムのことを電力系統とよび，この電力系統につなぐという意味で系統連系とよんでいます．一般的な住宅用太陽光発電やメガソーラは系統連系型です．

図5.5は独立型太陽光発電システムの構成を示しています．独立型では配電線とつながっていませんので，雨天や夜間などの発電できない状態でも安定して電気を取り出すためにバッテリーに蓄電するシステムとなっています．使用されるバッテリーは，深放電（残量が少ない状態）でも劣化しにくいディープサイクルバッテリーという種類のものが用いられます．

独立型は，米国やヨーロッパ，中国などで配電網が整っていない地域でよく用いられています．わが国ではあまり見かけませんが，自分で組み上げる小型の発電システムとしてDIY（Do It Yourself）ショップなどで販売されています．また，山間部に設置した無線基地局用電源などにも使用されています．

独立型システムの特徴は次のとおりです．

【メガソーラ】
発電出力1 MW（1000 kW）以上の太陽光発電所のこと．系統連系型であり，発電した電力を電力会社に売電している．住宅用太陽光発電が低圧配電線（100～200 Vの2次配電線）と連系しているのに対し，メガソーラは高圧配電線（6.6 kVなどの1次配電線）または22kVなどの特別高圧配電線と連系している．

【系統連系】
発電設備を電力会社の電力系統とつなぐこと．連系の「系」の字を「携」や「係」と間違って書いている本やパンフレットなどが多数存在するので注意．

【ディープサイクルバッテリー】
充電・放電のくり返しに強く，残量が少なくなるまで電池を使用する「深放電」を考慮した蓄電池．

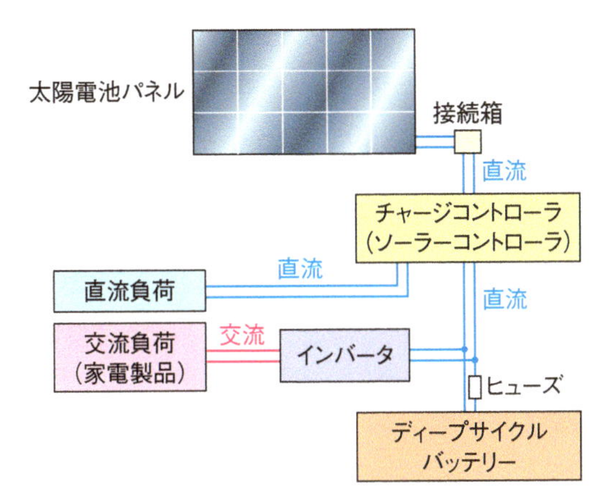

図 5.5 独立型システムの構成

【チャージコントローラ】
バッテリーに充電するために電圧などの制御をする装置.

【インバータ】
直流の電気を交流の電気に変換する装置.

・設置に申請等は不要.
・余剰電力を販売できない.
・バッテリー容量に余裕を見込んでおく必要がある.
・バッテリーに蓄えた電気がなくなると停電する.
・バッテリーはコストが高く，また使用に伴い劣化するため，数年ごとに取り替えが必要.
・配電線の停電に関係なく自由に電気を使えるので，自然災害等に強い.

図 5.6 は系統連系型太陽光発電システムの構成を示しています．連系型では，設置に電力会社への申請が必要ですが，次のような優れた特長を有しています.

・余剰電力を電力会社に販売できる.
・太陽光発電電力が不足した時間帯や夜間，雨天などは電力会社から電気を購入できるので，常に安定した電力が得られる.
・バッテリーが不要になる.

一方，系統連系型システムで電力会社の電気が止まった場合は，次のような挙動となるので，災害時などでは独立型ほど使い勝手が良くはありません.

・保護装置が働き，太陽光発電は強制的に停止（停電）する.

【パワーコンディショナ】
太陽光発電などで発生する直流の電気を，住宅などで使えるように交流の電気に変換するインバータが入っている装置．配電線と連系するため，配電線側の交流と電圧や位相を合わせる制御をしているので，連系インバータとよばれることがある．停電や異常に対する保護装置なども入っている．屋内型と屋外型がある.

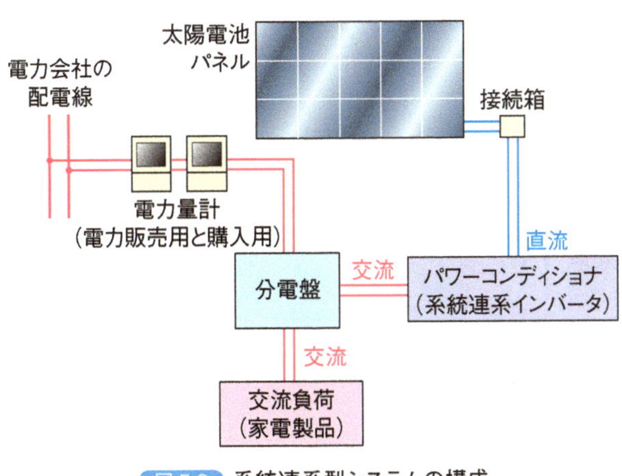

図 5.6 系統連系型システムの構成

・通常の系統連系型では非常用バッテリーがないので，停電時は晴天の昼間に手動で自立運転に切り替えて使う．ただし，最大 1.5 kW までしか使えない．
・電気の必要な早朝や夕刻，夜間に電気が得られない．

図 5.7 は住宅用太陽光発電システムの概要図です．太陽電池から出力される電気は直流ですので，パワーコンディショナとよばれる機器で直流から交流に変換され，家屋内の分電盤のところで交流の屋内配線とつながれています．

電力会社の配電線とは引込線でつながっていて，引込線と分電盤との間に積算電力量計（電気メータ）が設置されています．わが国では今のところ，販売用と購入用の 2 つの積算電力量計を設置することになっていますが，海外ではスマートメータを 1 つ設置しているところもあります．

【スマートメータ】
通信機能を備えたデジタル式の電力量計．

図 5.8 は 4 kW の系統連系型太陽光発電システムを設置した場合の 1 日の発電

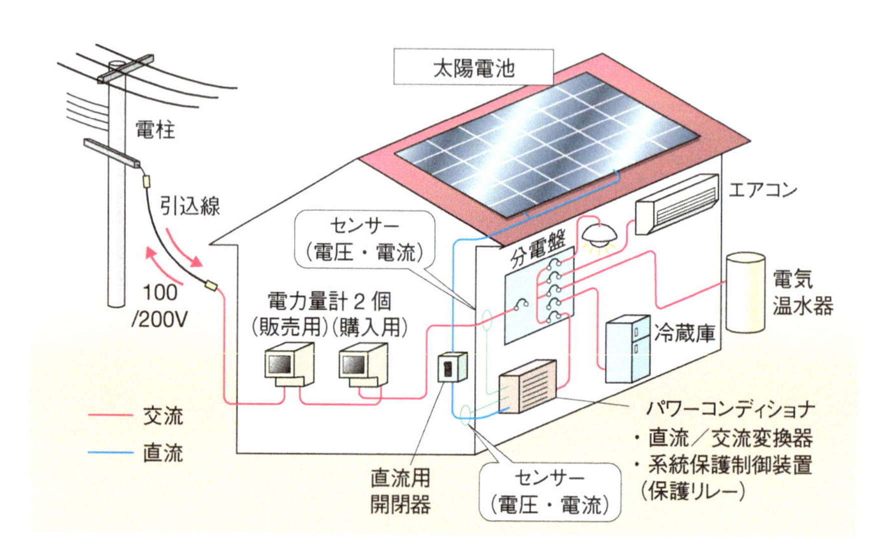

図 5.7 住宅用太陽光発電（系統連系型システム）

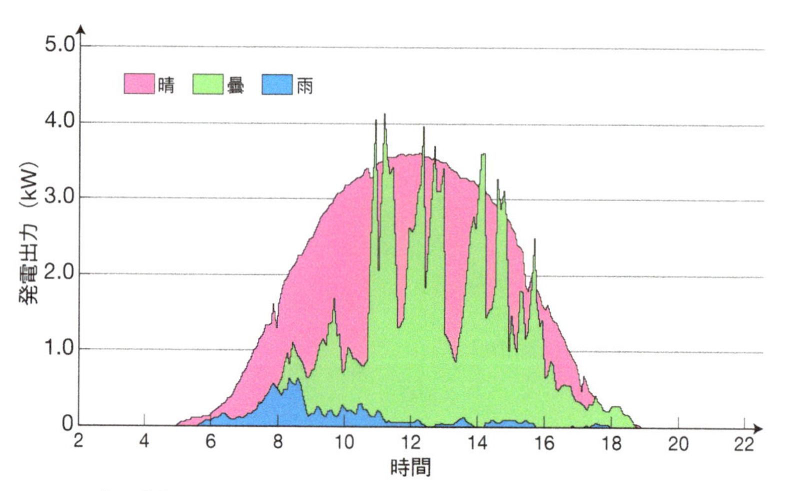

4 kW の太陽光発電システムを設置すると，晴天の 1 日の発電電力量は約 12 kWh となる．
（発電電力量＝発電出力 × 発電時間）．一般家庭の 1 日の平均使用電力量は約 10 kWh.

図 5.8 太陽光発電の 1 日の出力変化

出力例です．快晴の日は日の出とともに出力が上がり，正午近くで最大になり，その後出力低下して日没とともに出力がゼロになります．曇り時々晴れの天気では，雲間から太陽が現れた時だけ出力が急上昇し，雲に隠れると急に出力が下がります．雨天でも一応発電しますが，かなり小さな出力です．このシステムでは，快晴日の1日の積算発電電力量は約12 kWhで，一般家庭の1日の平均使用電力量10 kWhを上回ることになります．ただし，昼間しか発電しませんので，電力会社の配電線との間で電気のやり取りをして，昼間の余剰電力を電力会社に販売し，不足している時間帯は電力会社から購入することになります．

【Wh（ワットアワー）】
電力量の単位．1Wの電気を1時間使うと1 Whの電力量を消費したことになる．hは小文字．1 kWh = 1000 Wh.

C 住宅用太陽光発電（系統連系型）におけるパワーコンディショナの役割

住宅用太陽光発電システムにおいて，パワーコンディショナは次の重要な役割を担っています．

- 太陽電池の直流電力を交流電力に変換する．
- 日の出とともにシステムを自動起動し，日没後に自動停止する．
- 配電線の電圧を計測し，配電線の電圧低下や停電で自動停止する．
- 配電線の電圧が規定値以上（100 V連系で電圧管理基準の上限107 Vを超える場合）は，発電していても自動停止する[1]．
- システム全体の運転を管理し，事故時の保護をする．
- 配電線停電時に手動で自立運転モードに切り替えるスイッチと非常用コンセント（1.5 kW）が付いている．

1）近所に太陽光発電の住宅が多いと，電圧が規定値以上になり，停止してしまう場合がある．

D 太陽電池の電気的特性とパワーコンディショナのMPPT制御

図5.9は太陽電池の電気的特性を表す電流・電圧カーブで，I-Vカーブとよぶこともあります．動作点Pは，この太陽電池に負荷をつないだときの太陽電池出力（電流，電圧）のことで，I-Vカーブ上の1点になります．この点Pを頂点とする図中の四角の面積部分が取り出せる電力になります．電力［W］は，電流［A］と電圧［V］の積です．この面積が最大になる動作点を**最適動作点**，あるいは最大電力点とよんでいます．この最適動作点は日射強度などの条件で時々刻々と変化しますので，パワーコンディショナは最適動作点を追い求める制御を逐次，自動的に実施しています．この制御を最大電力点追従制御（MPPT制御，MPPT；Maximum Power Point Tracking）とよんでいます．

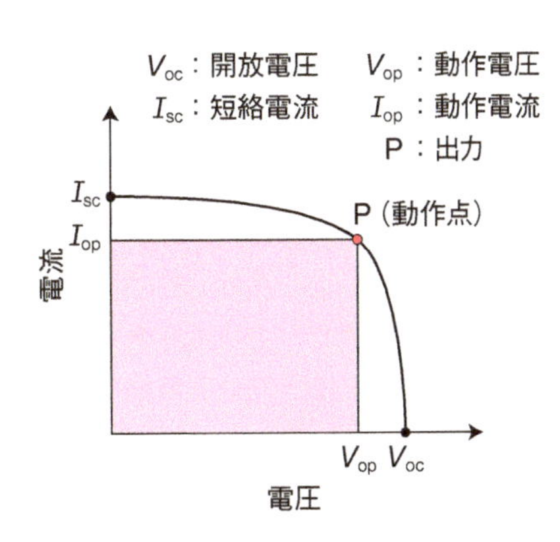

図5.9 太陽電池のI-V特性とMPPT制御

E ペイバックタイム

太陽光発電に関しては,「何年で元がとれるのか？」という質問がよく出ます.製造に要したエネルギーを発電によりエネルギー的に回収できる年数をエネルギー・ペイバックタイムとよびます.また,設備投資に要した費用を売電により金銭的に回収できる年数をコスト・ペイバックタイムとよんでいます.太陽電池のエネルギー・ペイバックタイムを試算した結果が産業技術総合研究所から出されており,単結晶シリコン太陽電池で 2.0 ～ 2.7 年,多結晶シリコン太陽電池で 1.5 ～ 2.4 年,アモルファスシリコン太陽電池で 1.1 ～ 1.5 年となっています.これらの数値は太陽電池単体で計算したもので,架台やパワーコンディショナなどの設備や機器は含まれていません.

コスト・ペイバックタイムについては,著者らが過去に設置費用を含めたシステム全体の試算をしました.一般住宅に系統連系型システムを設置し,1 kWh あたり 42 円という 2012 年時点の高い売電価格で継続販売できる契約であれば,9.2 ～ 12.5 年でペイバックできるという試算結果でした.設置費用は,助成措置である補助金を差し引いて計算しています.しかし,売電価格は政府により毎年見直され,年々安くなってきています.もちろん,太陽光発電システムのコストも安くなっていますが,現状の売電価格でコスト的にペイバックできるかどうかは慎重に判断する必要があります.また,電力会社との売電に係る契約期間は,住宅用太陽光発電で 10 年間ですので,10 年後に新たな売電価格で契約を締結しなおす必要があります.

5 4 スマートハウス,スマートグリッド

太陽光発電の発電出力は天候に左右され,風力発電は風の状況に左右されます.このような不安定な発電システムを多数,電力会社の配電線につないでいくと,やがてコントロールできる限界に達するので,それ以上つなぐことができなくなります.これでは将来,再生可能エネルギーを増やしていくことができません.また,エネルギーの安定供給という点でも問題があります.そこで,蓄電池などの電力貯蔵装置と,このような不安定な発電システムをそれぞれ多数配電線につなぎ,各所の発電状況や蓄電池の充放電状態,同じ配電線につながった住宅や商店,ビル,工場などでの消費電力をスマートメータとインターネット等の通信回線を使って逐次検出し,うまくコントロールしようとするのがスマートグリッドです.各所に設置されるスマートメータは,通信機能を備えたデジタル式の電力量計で,その箇所での消費電力データを通信できるようになっています.

一般家庭では,太陽光発電だけではなく蓄電池や燃料電池なども備えて,HEMS（Home Energy Management System）とよばれる制御装置で電気の使用状況を把握し最適化が図られます.このようなスマートハウスが住宅メーカ等から販売されはじめています.商用ビルでは BEMS（Building Energy Management System）,工場では FEMS（Factory Energy Management System）,地域全体では CEMS（Community Energy Management System）といった制御装置によりエネルギー

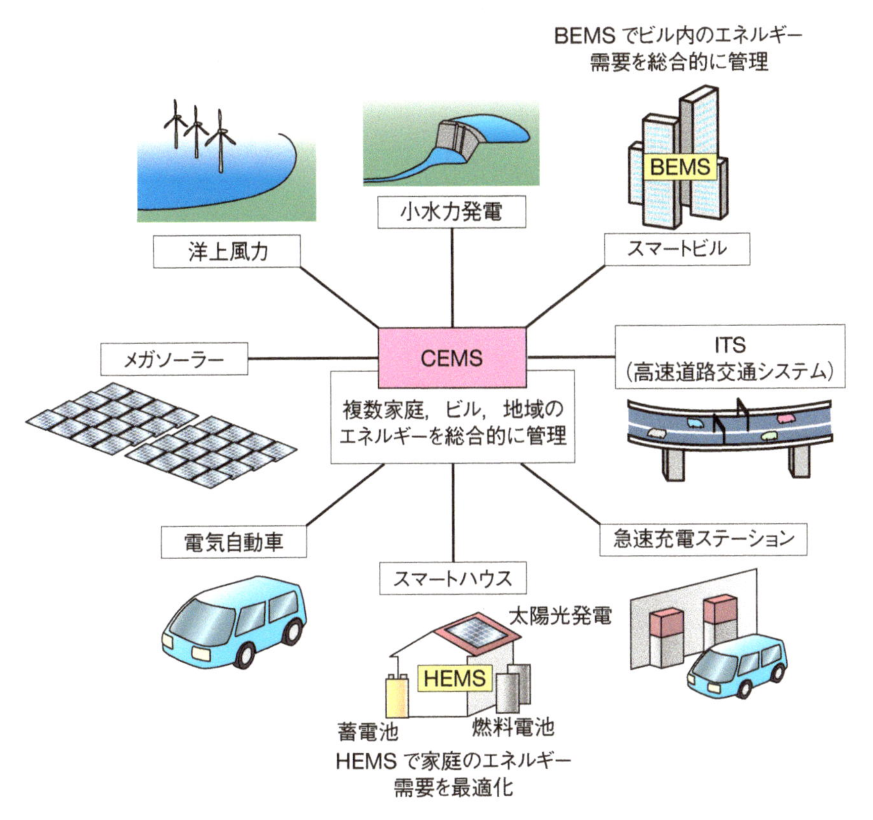

図 5.10 スマートグリッドの概念図(経済産業省 HP より)

が運用管理されることになります．電気自動車や電気バスなどの交通システムもエネルギーが総合的に管理され，最適化が図られます．

本章のまとめ

第 5 章では太陽電池の構造と家庭での利用について解説しました．

(1) 今日の発電用エネルギー源は，約 90%が化石燃料などの枯渇性エネルギーです．一方，自然界から恒常的あるいは断続的に補充されるため，枯渇することがないエネルギーを再生可能エネルギーとよんでいます．将来，再生可能エネルギーを有効活用し，枯渇性エネルギーに頼らない社会へと，少しずつ変えていく必要があります．

(2) 太陽電池にはいくつかの種類があり，住宅用太陽光発電やメガソーラで使用されているのは，単結晶シリコン太陽電池や多結晶シリコン太陽電池，CIS 太陽電池などです．電卓や腕時計などの民生用に使用されているのは主にアモルファスシリコン太陽電池です．

(3) 再生可能エネルギーの 1 つである太陽光発電システムには系統連系型と独立型があり，一般に販売されている住宅用太陽光発電は系統連系型です．メガソーラも系統連系型です．

(4) 太陽光発電でつくられる電気は直流です．一方，家庭内の家電製品は交流の電気を使用しています．このため，パワーコンディショナという装置で直流を交流に変換しています．

(5) スマートグリッドは，太陽光発電や風力発電，燃料電池や蓄電池などを配電線につなぎ，住宅や商店，ビル，工場などでの消費電力をスマートメータとインターネット等の通信回線を使って逐次検出し，HEMS や BEMS，FEMS，CEMS でエネルギーを総合的にうまくコントロールしようとする将来のエネルギー供給システムです．電気自動車などもこの中に組み込まれます．

演習問題

❶太陽電池に関する次の各問いのうち，正しい選択肢を選べ．（複数選択可）

(a) 太陽電池は乾電池と同じように電気を蓄えることができる．

(b) 太陽電池は電気を蓄えることができない．

(c) 太陽電池でつくられる電気は直流である．

(d) 太陽電池でつくられる電気は交流である．

(e) 半導体の pn 接合の太陽電池では，p 型半導体の方がプラス（正極）になる．

(f) 半導体の pn 接合の太陽電池では，n 型半導体の方がプラス（正極）になる．

(g) 一般に太陽電池パネルとよばれるものは，太陽電池セルのことである．

(h) 一般に太陽電池パネルとよばれるものは，太陽電池モジュールのことである．

❷縦，横とも 50 cm で正方形の太陽電池パネルがある．太陽光のエネルギー密度を 1.3 kW/m^2，このパネルのエネルギー変換効率を 20%とする．太陽光はパネルの表面に垂直に入射しているものとする．

(a) このパネルで得られる電力 [W] を計算せよ．

(b) このパネルで 2 時間発電した場合，得られる電力量 [Wh] を計算せよ．

(c) このパネルに負荷をつないだとき電圧が 20 V であった．負荷に流れる電流を求めよ．

参考図書

(1) 桑野 幸徳：「アモルファス」，講談社（1985）

(2) 佐藤 政次：「太陽光発電システムの設計と施工　改訂第 2 版」，オーム社（2000）

(3) 山田 興一，小宮山 宏：「太陽光発電工学」，日経 BP 社（2002）

(4) ㈳日本セラミックス協会編：「環境調和型新材料シリーズ　太陽電池材料」，日刊工業新聞社（2006）

chapter 6 電池のしくみ

6-1 はじめに

第2章で説明したように，家庭用コンセントから供給されている電気は，遠方にある発電所から送電線を経由して送られていて，電力会社に使用電気量に応じた料金を支払えば，いつまでも使い続けることができます．

しかし，コンセントは固定されているので，利用する電気機器の移動範囲が限られています．そこで，自由に移動可能な電気機器で使われているのが**電池**です．電池にはさまざまな種類があり，私たちが日常使っているものだけでも，腕時計用の小さな電池から，懐中電灯に入っている電池，車のバッテリー等々，多種多様に存在します．

本章では，電池における電気エネルギー発生の原理，さまざまな電池の構造，およびそれらの長所と短所などについて説明します．

6-2 1次電池と2次電池

電気エネルギーを利用するには電源から電気機器を通って，再び電源に戻るという**電気回路**を構成する必要があります．基本的な電気回路を図6.1に示します．

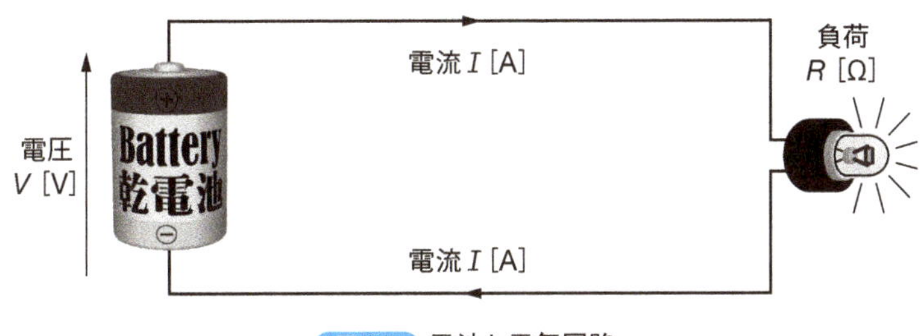

図6.1 電池と電気回路

図で左にある電池がこの回路の電源であり，ここから電気エネルギーが発生します．このエネルギーは，右側の電気機器（負荷，ここでは電球）に供給されて消費されます．電池は家庭用コンセントから供給される交流電源とは異なり，プラスとマイナスが一定の**直流電圧**を発生します．また，家庭用コンセントの電源は電圧100 Vで固定されていますが，電池はその構造に応じて異なる電圧を発生します．そこで，用途に応じて使い分けるために形状もさまざまです．

第1章で説明したように，電気回路の基本的要素は3つあります．電圧 V [V]，電流 I [A]，抵抗 R [Ω] です．消費電力は $P = VI$ [W] で与えられます．消費電力 P は，1秒間あたりに使用したエネルギーのことなので，P に使用時間 t [s] を

【直流と交流】
直流（Direct Current, DC）は，プラス（＋）とマイナス（－）の方向が一定の電圧や電流のこと．電池が発生するのは直流電圧で，DC 12 V のように標記される．これに対し，交流（Alternating Current, AC）はプラスとマイナスが周期的に入れ替わる電圧や電流のこと．家庭用コンセントで利用するのが交流電圧で，AC 100 V のように標記される．

かけた Pt [J] が消費エネルギー（電力量）になります．家庭用コンセントは発電機が止まらないかぎり使い続けることができますが，電池が保持している電気エネルギーは有限なので，使い続けるといつかは使用できなくなります．これが「電池切れ」です．このとき，使い切ったら捨てるしかない電池と，充電可能な電池（蓄電池）があります．前者を**1次電池**，後者を**2次電池**といいます．電池1個あたりの含有エネルギーは決まっているので，持続時間は電気機器の消費電力で決まります．消費電力が少ない機器は長く使うことができますが，消費電力が多い機器はすぐ電池切れになります．一般的に，電池のサイズが大きい方が蓄えているエネルギーも大きくて長持ちします．

このため，電池を使用した機器を小型化するには，単に電池を小さくするだけではなく，機器の消費電力も少なくするような改良が必要です．携帯電話やスマートフォンのような通信端末は，常に通信会社と交信しなければならないし，使っている途中で電池が切れると困るので，電力消費を極力抑える必要があります．また，電池が切れるたびに買い換えるのは費用がかかるので，2次電池が必須です．これに対し，懐中電灯は頻繁に使うものではないので，高価な2次電池を使う必要はなく，安い1次電池を使うことの方が多いのです．

電池を利用している身近で大きなものは自動車です．自動車を動かしているのはエンジンですが，エンジンの回転を開始するときはモータ（セルモータ）を使って回転力を加える必要があり，電池が必ず必要です．自動車のモータは消費電力が大きいので，電池も大型です．また，走っている間に電池が切れては困るので，2次電池を使用して，車が走っている間はエンジンの動力で発電機を回し，常に充電をしています．半電気自動車であるハイブリッド車にはもっと容量の大きな2次電池が使われています．これに対し，電池だけで動く電気自動車の充電は外部から行うので，ガソリンスタンドに相当する電気ステーションが十分設置されるまで，普及は難しいと思われます．

【ハイブリッド車】
エンジンと電動モータを組み合わせて，必要に応じて切り替えることでガソリンの消費量を抑え，燃費を向上させている車．

6 3 電池の種類

私たちが最もよく使う1次電池は，マンガン電池やアルカリ電池です．マンガン電池は1.5 Vの電圧を発生させる円筒型の電池で，昔から使われていました．アルカリ電池はマンガン電池と同じサイズで同じ電圧ですが，マンガン電池より容量が大きく，長持ちしたり，大きな電力を取り出せるのが特長です．最近は価格も下がってきたので，アルカリ電池を使う方が多いのではないでしょうか．このほか，電卓によく使われているボタン電池はリチウム1次電池であり，腕時計などに使われている酸化銀電池や補聴器に使われている空気電池も1次電池です．リチウム1次電池はボタン型ですが，電圧が3 Vと高いのが特長です．これに対し，酸化銀電池や空気電池は1.5 V程度の電圧ですが，かなり小型のボタン型です．

【電池の容量】
電池を使いはじめてから電池が切れるまでに取り出せる電気量のこと．電池使用時の電流と使用時間の積になる．

2次電池は最近のパソコンやスマートフォンなどでの利用のために多様化しています．最も古くからあるのは鉛蓄電池ですが，車載用として現在でも大量に使われています．また，ニッケルカドミウム電池やニッケル水素電池はマンガン電池と同じサイズなので，マンガン電池に置き換えて使うことができます．ただし，後で述べるメモリ効果という欠点があるため，スマートフォンのように頻繁に充電する機器には向きません．これらの機器用にはリチウムイオン電池が使われています．リチウムイオン電池は容量が大きくメモリ効果も少ないのでスマートフォンやノートパソコンに最適です．この他，病院の非常用バックアップ電源には，ナトリウム硫黄（NaS）電池がよく使われています．

電池にはこのほかに太陽電池や燃料電池があります．太陽電池は第5章で詳しく説明したように，光を電気エネルギーに変換する装置です．また，燃料電池は，最近発売されている新型自動車に使われているものですが，水素などを燃料として，その燃焼エネルギーを電気エネルギーに変換する装置です．すなわち，これらは「エネルギー変換器」に分類される電池です．本章では，容器に密封された化学物質の反応によって電気エネルギーを発生させる器具，すなわち「エネルギー貯蔵器」としての電池について説明します．

6 4 電池における電圧の発生原理

電池が電圧を発生する原理について説明しましょう．金属をある種の液体（電解液）に浸すと，その液体中に金属原子の一部が溶け出しますが，このとき原子内に含まれる電子の一部が飛び出る現象が起こります．これをイオン化または酸化といいます．図6.2にイオン化の概念図を示します．

【電解液】
電解質が溶けた液体のこと．電解質溶液ともいう．電解質とは，液体に溶かすとプラスイオンとマイナスイオンに分離する物質のことである．

【酸化と還元】
化学的には，原子から電子が飛び出るのを「酸化」，飛び出ていた電子が原子に加わるのを「還元」という．電池では，負極で酸化し，正極で還元して電位差を得る．

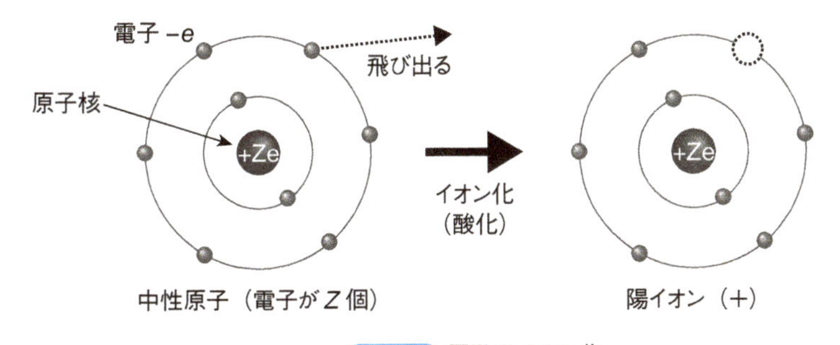

図6.2 原子のイオン化

原子の中心にある正電荷の原子核と，その周りを回っている負電荷の電子は静電気力で結びついているので，イオン化するにはエネルギーが必要です．このイオン化エネルギーは原子の種類によって異なります．イオン化エネルギーが小さければイオンになりやすく，大きければイオンになりにくいのです．このイオン化の度合いを計る指標をイオン化傾向といい，イオン化傾向は標準単極電位とよばれる電圧値で与えられます．図6.3に金属の代表的な標準単極電位を示します．図6.3の標準単極電位は水素を基準にしているので，水素より溶けやすい金属はマイナス値であり，水素より溶けにくい金属はプラス値です．すなわち，上の方にいくほどイオン化しやすい（溶けやすい）金属であり，下にいくほどイオン化しにくい（溶けにくい）金属です．図6.3は金属の標準単極電位のみを示していますが，酸化物などの化合物でも反応に応じた標準単極電位をもっています．

電池は，2 種類の物質のイオン化傾向の違いを利用して電圧を発生させます．図 6.4 のように，イオン化傾向の異なる 2 種類の金属を電解液に浸して両者を導線で結んだとします．このとき，左側のイオン化しやすい金属 M が溶けるときに出た電子が，導線を通って右側のイオン化しにくい金属の方へ移動し，電解液中の陽イオン R^+ を中性化（還元）して消滅します．この電子の流れが電流になります．電子は負電荷なので，電子が出るイオン化しやすい金属が負極（マイナス）になり，イオン化しにくい金属が正極（プラス）になります．このとき，2 種類の金属の標準電極電位の差が電池の発生電圧の最大値を決めます．たとえば，アルミニウムと銅を組み合わせて電池をつくった場合，銅の 0.34 V からアルミニウムの −1.67 V を引いた 2.01 V が発生可能な最大電圧になります．また，銅が正極，アルミニウムが負極になります[1]．

1）電極での反応は電解液の選択などにより異なり，発生する電圧は最大電圧になるとは限らない．

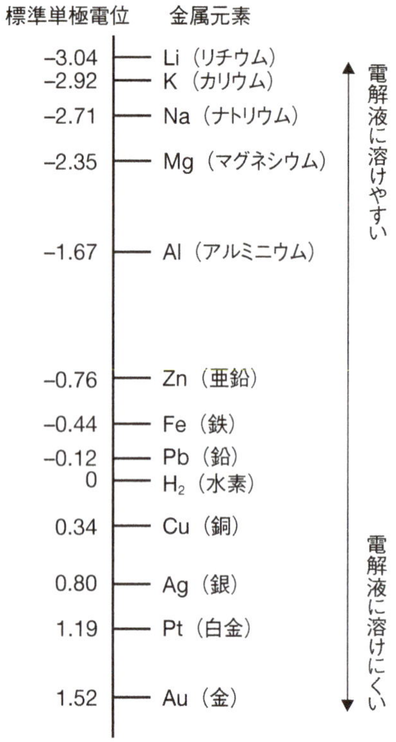

標準単極電位
金属元素
−3.04
Li（リチウム）
−2.92
K（カリウム）
−2.71
Na（ナトリウム）
−2.35
Mg（マグネシウム）
−1.67
Al（アルミニウム）
−0.76
Zn（亜鉛）
−0.44
Fe（鉄）
−0.12
Pb（鉛）
0
H2（水素）
0.34
Cu（銅）
0.80
Ag（銀）
1.19
Pt（白金）
1.52
Au（金）
電解液に溶けやすい
電解液に溶けにくい

図 6.3 金属のイオン化傾向

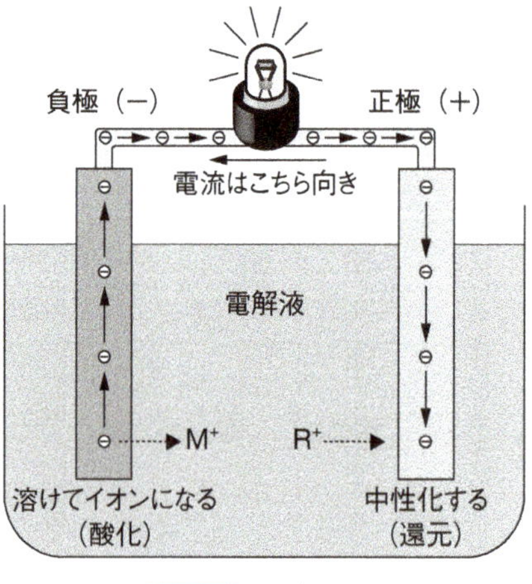

負極（−）
正極（+）
電流はこちら向き
電解液
M+
R+
溶けてイオンになる
（酸化）
中性化する
（還元）

図 6.4 電池の原理

6 5 電池の歴史

電池を発明したのはイタリアの物理学者ボルタ（Alessandro Volta）で，1800 年頃のことです．ボルタは，負極に亜鉛を，正極に銅を使って電池をつくりました．電解液には硫酸などを使っていました．ボルタは 2 種類の金属を液体に浸すのではなく，亜鉛板と銅板で電解液のしみこんだ紙を挟んで電圧を発生させました．金属の間に電解液の層があったので「亜鉛→紙→銅→亜鉛→紙→銅→…」という順で直列に積み上げることができ，電圧を高めることができました．電池を積み上げるという意味で，この装置はボルタの電堆（でんたい）とよばれています．

ただし，ボルタの電池は寿命が短いという欠点がありました．ボルタの電池において，正極で還元するのは硫酸中の水素です．このため，正極である銅の表面に中性化した気体の水素が付着し，これが水素の還元を阻止することで反応が進まなくなるのです．この現象は**電池の分極**とよばれています[2]．

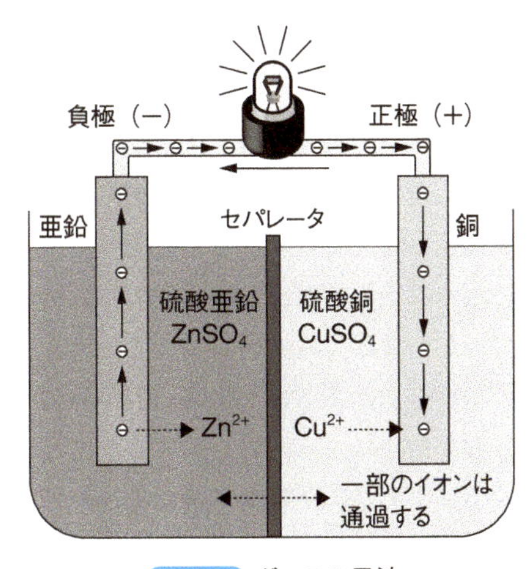

図 6.5 ダニエル電池

これを改良したのがダニエル（John Daniell）です（1836年）．ダニエルは，図6.5のように正極と負極を**セパレータ**という仕切りで分離した異なる電解液（硫酸亜鉛と硫酸銅）に浸るようにしました．セパレータは素焼き板でできていて，銅イオンは通過できませんが，その他のイオンは通過できるという性質があります．このため，負極側の亜鉛が硫酸亜鉛に溶け出るところはボルタの電池と同じですが，正極側は硫酸銅中の銅イオンが還元します．銅イオンはセパレータを通過できないので，負極で銅イオンが還元することはありません．このため，水素が発生しにくく，分極の少ない長寿命の電池として使われました．セパレータを通したイオンの出入りはあるので，電解液中での電気的中性は保たれます．

現在よく使われているマンガン電池の原型を考案したのはルクランシェ（Georges Leclanché）です（1866年）．ルクランシェは，二酸化マンガンと炭素粉末の混合物に炭素棒を突き刺して正極とし，これを素焼きの壺に入れて，亜鉛棒とともに電解液である塩化アンモニウムに浸した電池を作製しました．しかし，ルクランシェ電池はダニエル電池と同様に液体の電解液を使っていたので取り扱いが不便でした．まず，液体は容器の密閉が不完全な場合には持ち運びに注意しなければなりません．また，寒冷地では温度が下がると溶液が凍るために使えません．この電池の改良に取り組んだのが日本の屋井先蔵です．彼が苦心の末に完成したのが「乾電池」で，1885年のことでした．乾電池は電解液をペースト状にして封じ込めているので液体のようにこぼれることが少なく，凍りにくい性質をもっていました．

屋井先蔵が作った乾電池は，開発当時はあまり注目されませんでしたが，日清戦争（1894年）のときに冬季の満州での通信機器の使用に役立ったことで有名になりました．乾電池の発明により，本格的な電池の利用がはじまったといってもいいでしょう[3]．

ここまでは1次電池の歴史ですが，最初の2次電池である鉛蓄電池を発明したのはプランテ（Gaston Planté）で1860年のことでした．これはルクランシェ電池より前のことです．その後，ユングナー（Waldemar Jungner）によりニッケルカドミウム電池が発明されています（1899年）．

2）科学用語としての電池を英語で表すとcell（セル）．日本語でも電池として使われるbattery（バッテリー）は，「一連の」という意味があり，厳密にいえば，複数のcellを直列につないだ電池のことを指す．

3）屋井先蔵は特許を取る費用がなかったため，発明してすぐには特許を取れなかった．このため，公式には少し後に乾電池を発明して特許を取ったドイツのガスナー（Carl Gassner）などが乾電池の発明者になっている．

6.6 1次電池の構造

身近にある代表的な1次電池として，円筒型乾電池の構造を説明します．図6.6は，安価でよく使われている**マンガン電池**の構造です．この電池は正極材料に二酸化マンガンを使っていて，電池全体の約4割を占めているため，マンガン電池とよばれています．負極材料は亜鉛で，これを缶状にすることで，電池全体の容器を兼ねています．缶が電極を兼ねることで，電池がコンパクトになりました．電解液は，現在では塩化亜鉛溶液が使われていて，二酸化マンガンと混合させて正極材料になっています．正極材料には炭素棒が突き刺されていて，これが正極として缶の上方の突起につながれています．

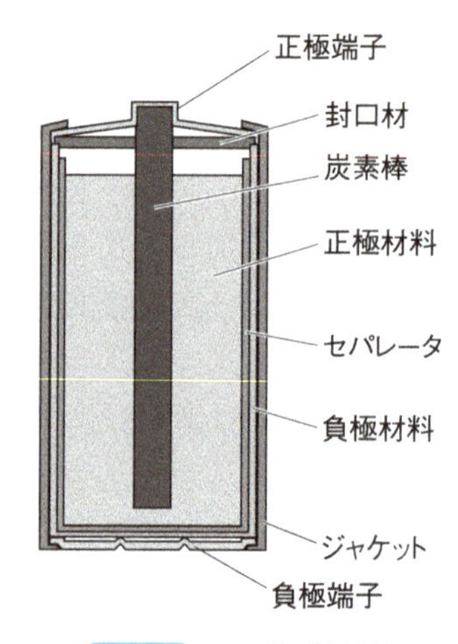

図6.6 マンガン乾電池

マンガン電池は，電圧が1.5 Vで，時計，リモコン，懐中電灯などの小さな電力で動く機器に適しています．欠点としては，電池を使っていくうちに電池缶の亜鉛が溶け出すので，使い切った電池を機器に入れっ放しにしておくと，缶に穴が開いて液が漏れ出してしまうことがあげられます．

最近では，マンガン電池より多少価格が上でも，長持ちするということで，**アルカリ電池**（アルカリマンガン電池）の方がよく使われているのではないでしょうか．アルカリ電池は，正極に二酸化マンガン，負極に亜鉛を使っているところはマンガン電池と同じで，マンガン電池とほぼ同じ電圧が発生します．異なるのは，負極の電解液に水酸化カリウムを使っていることです．水酸化カリウムを使うことで，負極の亜鉛が溶けやすくなり，マンガン電池より2～3倍の長時間使用が可能になりました．アルカリ性である水酸化カリウムを使っているのがアルカリ電池とよばれている理由です．

アルカリ電池は，同じ電圧をもつマンガン電池と置き換えられるように形状を同じにしてありますが，内部構造は図6.7のようにかなり異なります．マンガン電池とは逆に，円筒の中央部が負極材料で，その周りが正極材料です．負極材料は亜鉛粉末で，ここで水酸化カリウムと反応します．正極は二酸化マンガンですが，セパレータより外側にあります．正極と負極の配置が逆なので，正極の突起が容器の缶につながっていて，負極は亜鉛粉末に突き立てられた集電棒（黄銅）によって，缶の底につながっています．アルカリ電池は，長持ちするだけでなく，マンガン電池より大きな電流を取り出すことが

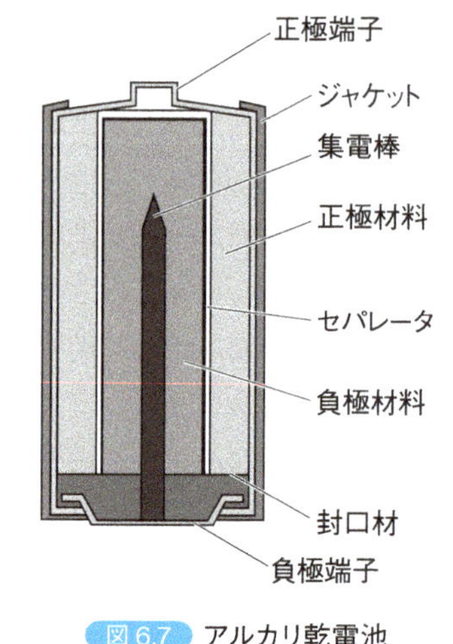

図6.7 アルカリ乾電池

できるので，ラジカセ，ラジコン，強力ライトなどの大電力使用機器に適しています．ただし，内部のアルカリ水溶液が漏れると危険なので，誤った使用方法による過大電流が流れないように注意しなければなりません．

6-7 2次電池

スマートフォンやノートパソコンの普及などにより，充電可能な2次電池を使う機会が増えてきました．6.4節で説明したように，電池では，負極で酸化された原子から発生した電子が正極側に流れて，正極でイオンを還元することで電流が発生します．この過程を放電といいます．充電は放電の逆過程です．

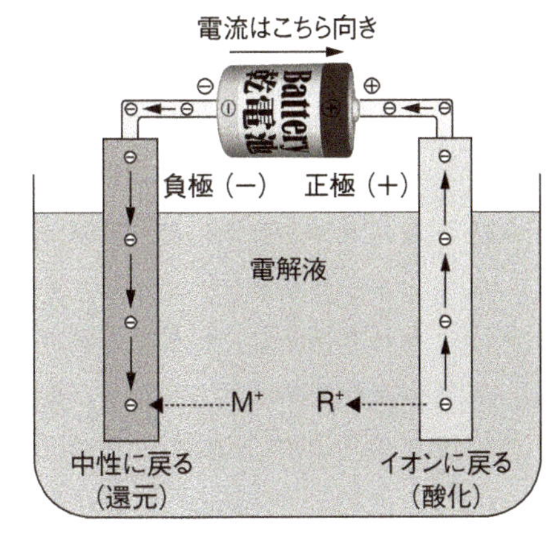

図6.8 充電の原理

充電をするには，図6.8のように，別の直流電源（外部電源）を用意して，電池の正極に外部電源のプラス端子をつなぎ，電池の負極に外部電源のマイナス端子をつなぎます．すると，電子が正極から負極へ強制的に移動するので，酸化されていたイオンが負極で還元し，還元されていた原子が正極で酸化します．この状態を一定時間続けて，電池を元の状態に戻すのが充電です[4]．

4）昔は充電する電源に電池を使っていたため，外部電源を1次電池，充電する電池を2次電池とよぶようになった．

いくつかの身近な2次電池のしくみを説明しましょう．まず，プランテが発明し，今でも自動車に使われている鉛蓄電池は，正極に二酸化鉛，負極に金属の鉛を使い，電解液には希硫酸が使われています．1個の鉛蓄電池の電圧は2.1 Vですが，自動車用は，これを直列につないで，12 Vまたは24 Vの蓄電池にしています．鉛蓄電池は，他の蓄電池に比べて大型で重く，希硫酸を使うために漏洩時や破損時に危険が伴いますが，電極材料の鉛が安価なため，自動車用として広く使われています．鉛蓄電池の長所は，大電流を安定して長時間取り出すことができ，比較的安価なことです．短所としては，重量に対する容量が小さいので，小型の機器には向かないことなどがあります．

ニッケルカドミウム電池は，小型で比較的安価な2次電池として，古くからよく使われていました．電圧が1.2 Vなので，1.5 Vの乾電池とほぼ同じです．このため，マンガン電池用の電気機器でも使うことができるのが利点です．しかし，カドミウムが有害なため，最近はニッケル水素電池に置き換わっています．ニッケル水素電池は，正極に水酸化ニッケル，負極に水素を使って，電解液として水酸化カリウムを使っています．水素は気体なので，そのままでは小型の電池に使用することはできませんが，水素吸蔵合金を利用することで大量の水素を小さな電池の中に閉じこめています．

【水素吸蔵合金】
希土類金属とニッケルなどの合金で，水素を吸収させて保持することができる．吸蔵量は水素吸蔵合金の体積の1000倍にもなり，液体水素よりも濃縮である．

ニッケル水素電池の利点は，大電力・大電流時の放電特性に優れていること，急速充放電が可能であることなどです．最大の欠点は，メモリ効果が大きいことです．メモリ効果とは，充電した電池を完全に使い切る前に充電すると，次第に充電できる量が減ってくるという効果です[5]．このため，ニッケル水素電池を使うときには，完全に使い切ってから充電する必要があり，電気機器を使わないときに常に充電しておくような使い方はできません．ちなみに，鉛蓄電池にはメモリ効果がないので，自動車ではエンジンの回転を使って発電し，走行中に常時充電しています．

5）たとえば，60%使った状態で充電することをくり返すと，60%使った段階で発生電圧が下がって使えなくなる．60%を記憶しているように見えるので，メモリ効果とよばれる．

ニッケル水素電池のようにメモリ効果がある2次電池は，スマートフォンやノートパソコンのような，使用しないときに充電しておきたい機器には不向きです．これらの機器にはリチウムイオン電池が使われています．リチウムイオン電池は，正極にリチウムを含む酸化物，負極に黒鉛などを使い，電解液には高濃度のリチウム塩を溶かした有機電解液を使用しています．リチウムイオン電池は，3.6 V以上の高い電圧が得られ，軽量で容量が大きいので，コンパクトな2次電池として広く使われています．メモリ効果が小さいので，ノートパソコンやスマートフォンなどの携帯用機器に最適で，急速に開発が進みました．

リチウムイオン2次電池の欠点は，エネルギー密度が高いため，取り扱いに注意がいることです．特に，過放電や過充電をすると劣化して，場合によっては，発火や破裂を起こすことがあります．図6.9は，筆者が長い間使用していなかったリチウムイオン電池です．図のように，電池が膨張して容器を押し上げているのがわかります．このようなことが起きないように，高温環境を避けたり，衝撃を与えないなどの注意が必要です．航空機用のリチウムイオン電池が発火して大問題になったこともあります．このため，リチウムイオン電池の使用には過充電や過放電を避けるための制御回路が不可欠で，通常は機器に付属した形で売られています．

図6.9 膨張したリチウムイオン電池

6 8 これからの電池利用

携帯電話やスマートフォンを持つのが普通になった現在，電池，特に2次電池は日常生活に不可欠なものといえます．これからの2次電池における大きな需要はやはり自動車ではないでしょうか．すでに，ハイブリッド車はかなり普及しています．これからは，エンジンのない純粋な電気自動車も普及していくので，その用途はますます広がっていくでしょう．ハイブリッド車や電気自動車には，ニッケル水素電池やリチウムイオン電池が使われています．ニッケル水素電池はメモリ効果が最大の欠点でしたが，技術開発が進んで現在ではメモリ効果のほとんどないものが開発されています．リチウムイオン電池よりもサイズが大きいですが，安全性の面や価格の面では優れています．電気自動車用 2 次電池は，これからの大きな市場が見込まれているため，電池産業の盛んな日本国内メーカは，大容量かつ低価格でコンパクトな 2 次電池の開発において，韓国・台湾・中国などと激しい競争をしています．

さらに，我々の日常生活にも 2 次電池が欠かせない時代が来るかもしれません．現在普及しはじめているスマートハウスは，太陽光発電と 2 次電池を組み合わせることで，家庭内の電気使用量の効率化を進めようというものです．現在，屋根の上に設置した太陽電池パネルで発電した場合，家庭内で使い切れずに余った電気は電力会社に売ることができます．スマートハウスは，この太陽光による自家発電と電力会社からの電気の供給を蓄電池と組み合わせることで，「スマートに」家庭内の電力供給をする家のことです．

太陽光発電は昼間しか電気を発生しないので，発生した電気の一部を大容量の 2 次電池に充電しておいて夜間に使用します．このとき，専用の蓄電池を設置することはもちろんですが，図 6.10 のように家の乗用車が大容量の 2 次電池をもつハイブリッド車や電気自動車の場合には，その蓄電池に蓄えることも考慮します．

スマートハウスでは，太陽電池からの電力供給，電力会社との電力のやりとり，蓄電池への充放電，電気製品での電力消費などを総合的に管理して最適なエネルギーの授受を行うよう調整する装置が必須です．この装置を含むシステムは HEMS とよばれています．これから新しく家を建てるときにはスマートハウスにすることも検討してはいかがでしょうか．

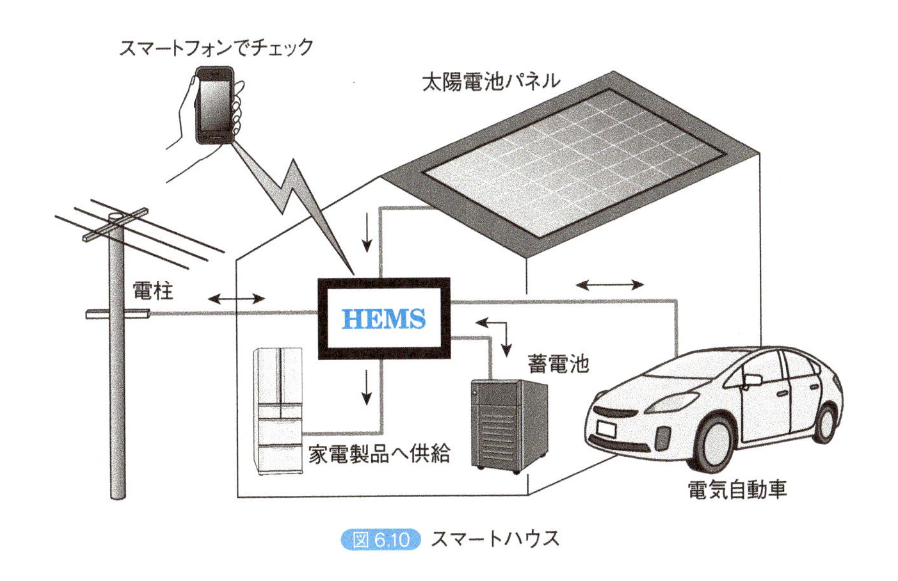

図 6.10 スマートハウス

【HEMS】
（Home Energy Management System）
発電設備や蓄電設備をもった家庭（スマートハウス）用のエネルギー管理システムのこと．家庭内のネットワークを利用して電気機器を集中管理し，発電量と消費電力量をリアルタイムで監視しながら最適な電力使用になるように調節する．現状では，太陽光発電量や蓄電池の充電状態，および電気製品での電力消費量などをモニタで表示して，むだな電気が使われている箇所をチェックし，節電・省エネを実践しやすくしている．さらに，インターネットを介して，外部からスマートフォンなどを使って管理したり，電力会社からの電力供給も含めて最適になるようコントロールすることも可能である．

本章のまとめ

この章では，電池の種類とその歴史やしくみ，応用分野について説明しました．

（1）電池には，使い捨ての1次電池と，充電可能な2次電池があります．

（2）電池は2種類の金属または金属化合物の電解液に対する溶けやすさの差を利用して電圧を発生させています．

（3）マンガン電池とアルカリ電池は，形は同じですが，内部の構造は大きく異なります．マンガン電池は安価ですが，アルカリ電池はマンガン電池より長持ちします．

（4）ニッケル水素電池は安価な2次電池で，マンガン電池と置き換えることができますが，メモリ効果があります．

（5）リチウムイオン2次電池はメモリ効果がなく，コンパクトで大容量の2次電池ですが，安全性に問題があるため，過放電などが起きないように制御する必要があります．

（6）2次電池の利用分野は増えていくので，開発競争が激化しています．

演習問題

❶電圧3 V，容量1500 mAhの電池が発生可能なエネルギー量を計算せよ．ここで，容量1 mAhは，1 mAの電流を1時間流すことができることを意味する．また，電池が切れるまで電圧は保たれるとする．

❷リチウムと銅を使った電池を作ったとする．発生可能な最大電圧を計算せよ．また，どちらが正極でどちらが負極になるかを示せ．

❸陰極が亜鉛である電池を使ったところ，20 mAの電流が10分間流れたとする．亜鉛イオンが2価のZn^{2+}であるとすれば，何個の亜鉛イオンが発生したことに相当するかを計算せよ．電子の電荷量は$-e = -1.6 \times 10^{-19}$ Cとする．

❹身近な電化製品で，1次電池を使っているものと2次電池を使っているものをそれぞれ3個以上記せ．

参考図書

（1）泉 生一郎，石川 正司，片倉 勝己，青井 芳史，長尾 恭孝：「基礎からわかる電気化学　第2版」，森北出版（2009）

（2）松田 好晴，岩倉 千秋：「第2版　電気化学概論」丸善出版（2014）

（3）三洋電機㈱監修：「よくわかる電池」，日本実業出版社（2006）

（4）日本化学会編：「化学便覧 基礎編 II　改訂5版」，丸善出版（2004）

（5）日本化学会 編：「化学便覧 応用化学編 II　第7版」，丸善出版（2014）

chapter 7 地球にやさしい照明技術

7-1 はじめに

私たちの身近にある代表的な照明は，図 7.1 のように移り変わってきました．電気照明は約 130 年前，この世に誕生しました．その後，人々の生活は大きく変わっていきました．生活時間が長くなり，夜中でも働けるようになったおかげで，産業の発達がずいぶん進みました．また，夜中でも娯楽を楽しめるようになり，さまざまな文化や思想も生まれました．このように，電気照明はさまざまなものを生み，人間生活になくてはならないものとなりました．

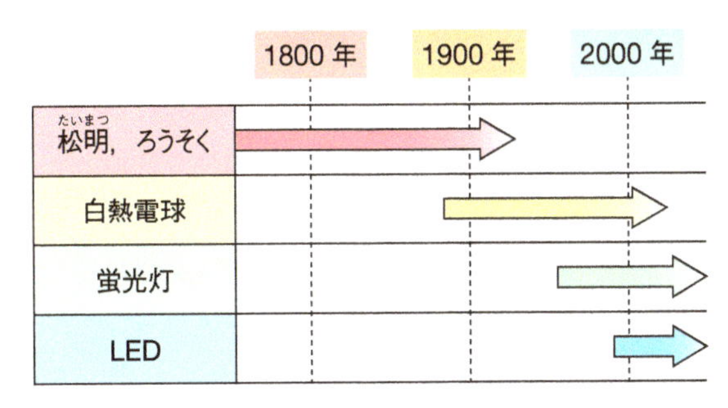

図 7.1 照明の移り変わり

近年，私たちは環境問題について考えざるを得ない時代になっています．この 130 年間で人々の生活レベルは向上し，産業は発達しましたが，今度は地球と一緒に生存していく手段を考えなければなりません．ごみのリサイクル問題，地球温暖化問題，原発問題等，さまざまな課題があります．照明にも環境問題は大きく関係しており，近年，国家レベル・企業レベルでさまざまな動きがあります．

本章では，私たちの生活の身近にある電気照明の歴史，構造，用途について説明します．また，近年盛んに行われている電気照明の技術を使ったシステムについても紹介します．

7-2 光のスペクトル

図 7.2 に電磁波の波長による分類を示します．この中で，赤外放射と可視放射（私たちが見ることができる光）および紫外放射の総称を光とよんでいます．光の成分を波長の順に並べたものを光のスペクトルといいます．太陽光，電球・電灯の光は，光源の種類によって性質は異なりますが，どれも波長が 380 ～ 780 nm の範囲の光を含んでいます．物体がどの光を吸収・反射するかによって，見える

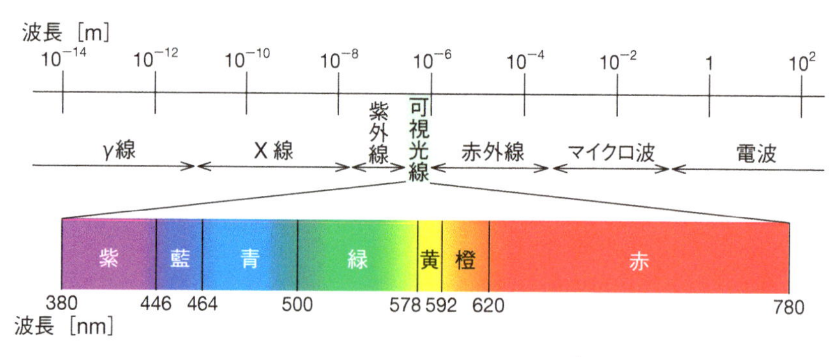

図 7.2 電磁波の波長による分類[1]

1）図 7.2 において，赤外線より長い波長の電磁波に関しては大まかな分類を示している．正確な分類については第 13 章参照．

色が変わります．たとえば，赤い物体は短い波長の光を吸収し，長い波長の光を反射するので，目には長い波長の光が多く入って，赤色に見えます．

光源の種類によって，照らされた色が物体本来の色（物体色）と違って見えることがあります．このような物体色の見え方を決定する光源の性質を**演色性**といいます．演色性の基準は一般的に自然光と比較し，近いものほど「良い」「優れる」，かけ離れたものほど「悪い」「劣る」と評価されます．古くから照明として使われていた松明（たいまつ）やろうそくなどの「炎」は，主として黄色より長い波長の光が発生するので，緑色や青色の物体は実物と異なるように見えます．これに対し，電気照明，特に蛍光灯や LED などは白色光を出すことができるため，演色性が高いという利点をもっています．

7.3 エジソンと白熱電球

【フィラメント】
（filament）
白熱電球や蛍光灯の内部に設置されている金属の細い線で，電流を流すことで光や熱電子を放射する．

エジソン（Thomas Edison）が京都の竹を炭化させたフィラメント（発光体）を開発し，白熱電球の実用化に成功したのは 1879 年のことです．この電球は，1000 時間以上という画期的な連続点灯記録をつくり，エジソンに「電球の発明者」という栄誉をもたらしました．

白熱電球は，図 7.3 に示すように，ガラス球内にフィラメントとガスが封印された構造です．フィラメントに電流が流れる際に発生する摩擦熱から光（熱放射）が発生するしくみになっています．フィラメントは熱放射によって徐々に蒸発してやせ細ってしまうので，電球内部に不活性ガスを封印して蒸発を抑制しています．現在，フィラメントには融点が高いタングステンが使用されています．

【不活性ガス】
（inert gas）
ヘリウム，ネオン，アルゴンなど，化学反応を起こしにくい気体のこと．

図 7.3 白熱電球の構造

白熱電球は実用化から 100 年以上も私たちの生活を支えてきた歴史の長い光源ですが，地球温暖化や東日本大震災後の原発事故の影響から，経済産業省と環境省は，白熱電球の製造業や家電量販店など関係する業界に製造や販売の自粛を要請しました．これに伴い，すでに生産を終了している電機メーカも多く，その歴史が閉じられようとしています．

7 4 ハロゲン電球

ハロゲン電球は不活性ガスのほかにハロゲンガス（ヨウ素，臭素，塩素等の有機ハロゲン化物）を微量封入しているため，タングステンによる管壁の黒化現象を防ぎます．これにより，白熱電球よりも明るく，長寿命・小型化を実現しています．主な用途としてはスタジオ写真撮影・テレビ照明用，飛行機の標識灯・自動車の前照灯，漁業用の船上灯・水中灯，医療用として手術時の光源と，多岐にわたっています．近年では急速にLED化が進んでいますが，ハロゲン電球は演色性が高く，照明器具のコストが低いため，需要は高いです．さらに，クリーンでかつ急速な温度調節が可能であるため，赤外線加熱装置の熱源としても使用されています．

7 5 蛍光灯

白熱電球は電気エネルギーの大部分を熱エネルギーに変えてしまうため，2～3%程度しか光になりません．これに対して，蛍光灯はエネルギー効率の良い光源であり，電球の5～10倍の寿命をもち，同じ明るさに対する消費電力が少なくてすみます．

蛍光灯は，図7.4に示すように，ガラス管の両端にフィラメント電極があり，管内にはアルゴンガスと水銀が封入されています．電極に高電圧をかけるとフィラメントに塗られたエミッタ（電子放出物質）から勢いよく電子が飛び出し，水銀と衝突します．その際に水銀原子から放射された紫外線が，ガラス管内壁に塗布された蛍光体に反応して可視光に変換されるという構造になっています．

蛍光灯は，ガラス管に塗布する蛍光体の種類や組み合わせによって発光色を決定することができるため，家庭用だけでなく業務用などに幅広く使われています．たとえば，リビングでは電球色，書斎や勉強室は昼白色，飲食店では温白色といったように，目的や用途に合わせて使い分けることが可能です．また，近年では人間心理と色温度に関する研究が報告されており，購買意欲をかき立てる目的や犯

【エミッタ】
（emitter）
蛍光灯のフィラメントに塗布されている物質の1つであり，電流が流れ電極が温められると，電子が放出される．

【蛍光体】
（fluorescent material）
外部からのエネルギーを可視光に変換する物質のこと．

【色温度】
（color temperature）
光の色を定量的な数値で表現する尺度のこと．単位はK（ケルビン）．寒色系の色は色温度が高く，暖色系の色は色温度が低い．

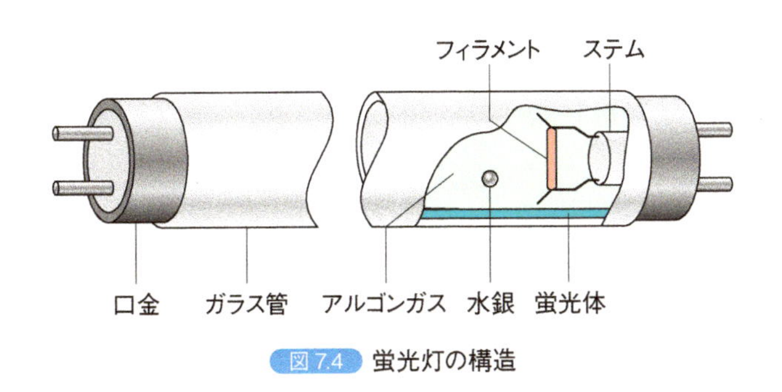

図7.4 蛍光灯の構造

罪を抑制する目的に照明の色温度が利用され，注目が高まっています．

【国連環境計画】
（UNEP：United Nations Environment Programme）

蛍光灯に関する環境問題に水銀対策があります．国連環境計画（UNEP）は，地球規模の水銀汚染防止に関する活動を進めてきました．その結果，2013年に開催されたUNEPの外交会議において，国際的な水銀規制に関して「水銀に関する水俣条約（Minamata Convention on Mercury）」が採択されました．照明に関する水俣条約の主な内容は，高圧水銀ランプの製造・輸出・輸入を2021年以降禁止するほか，蛍光灯の水銀封入量を規制するなどがあります．現在，日本のメーカが製造・販売する蛍光灯は，水銀封入量についてすでに大幅な削減努力がなされており，ほぼすべてのものが規制値以下であるため，これまでと変わりなく使用することができます．

7 6 LED（Light Emitting Diode）

LEDは電流が流れると発光する半導体素子「発光ダイオード」のことです．LEDの発光原理を図7.5に示します．第4章で説明しましたが，LEDは，電圧を加えるとp形半導体とn形半導体の接合部で正孔（ホール）と電子（伝導電子）が結合し，その際に発生するエネルギーが光となって放射されます．発光する色は半導体の材料，電圧によって，赤，黄，緑，青の他にもさまざまな色を生み出すことができます．特に，青色LEDは20年近く実用化が困難とされてきましたが，1993年に中村修二・赤﨑勇・天野浩らによって発光が可能となりました．この功績がみとめられ，中村らは2014年にノーベル物理学賞を受賞しました．ノーベル賞のホームページでは，この発明に関して「New light to illuminate the world “新しい光が世界を照らす”」と表現しています．これはどういうことなのでしょうか．実はLEDを照明として利用可能にするためには，青色LEDが必要不可欠となります．図7.6に白色光源の原理を示します．光の三原色は「赤・緑・青」であり，これがそろって初めて白色になります．つまり，青色LEDの発明によって白色光源を可能にしたことがノーベル賞受賞の理由なのです．また，ノーベル賞のホームページには，「Incandescent light bulbs lit the 20th century; the 21st century will be lit by LED lamps. “20世紀は白熱灯が照らし，21世紀はLEDが照らす”」とあります．このような名誉ある日本人を誇りに思います．

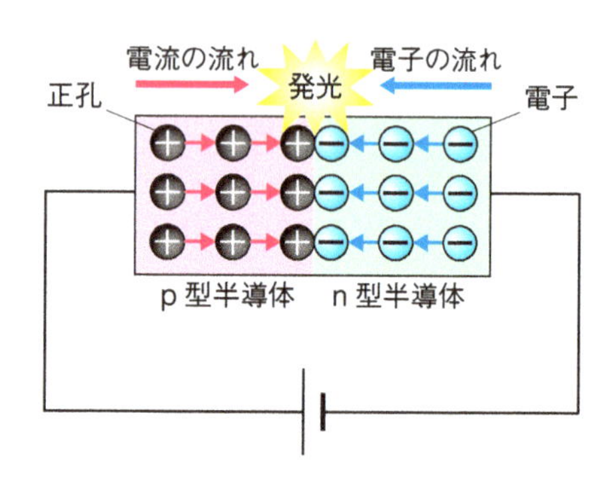

図7.5 LEDの発光原理

【光の三原色】
（RGB：red-green-blue）
赤（レッド）・緑（グリーン）・青（ブルー）の3つの色の光．割合を変えて混合することにより，さまざまな色を表すことができる．色を重ねるほど明るくなり，すべてを同じ割合で混合すると白色光になる．

さて，光の三原色を利用した方式は演色性が高いですが，放射エネルギーのない波長域があるため，対象物の見え方が不自然になることがあります．そこで，現在市販されているLEDの多くは図7.7に示すように「黄」と「青」を利用しています．この方式では，電気エネルギーによる発光は青色LEDのみです．青色LED

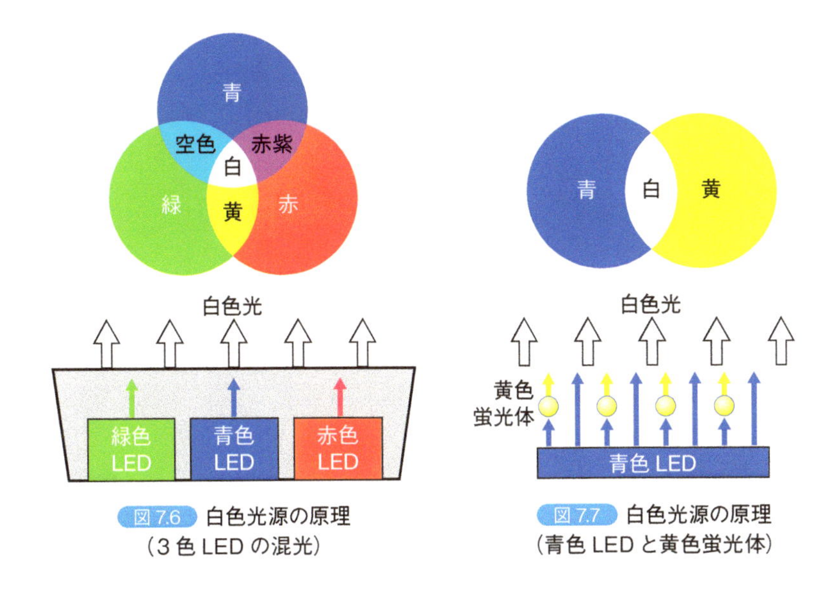

図 7.6 白色光源の原理
（3 色 LED の混光）

図 7.7 白色光源の原理
（青色 LED と黄色蛍光体）

の光は黄色の蛍光体（YAG）を含んだ領域を通って外部に放出されますが，その一部は黄色の蛍光体に吸収されて黄色の光を出します．このため，外部からは青色と黄色の混合である白色が見えるのです．この方法が採用されているのは，発光効率が高いことも理由にあります．

LED は白熱電球や蛍光灯と比べて長寿命であり，定格寿命は白熱電球の約 40 倍です．消費電力も約 20％以下と少なく，経済的にも優れているため，家庭用照明器具への搭載が盛んになりました．LED には電源を入れてから点灯するまでの時間や，電源を切ってから消灯するまでの時間が非常に短いという特長があります．このため，人間の目では識別できないほどの短時間で電源の ON と OFF をくり返しても，人間には連続的に発光しているように見えます．そこで，1 周期あたりの点灯時間と消灯時間の比率を変えれば広範囲の調光が可能となります．さらに，電流値を変化させることでも調光ができるため，蛍光灯では難しかった 0 ～ 100％の調光が可能です．また，LED は蛍光灯と同様に電球色，昼白色，温白色等の色温度が選択できます．

近年では，信号機（図 7.8）が LED に取って代わられるようになり，都市部から徐々に交換工事が進められています．これまでに使用されていた電球の信号機は，内部に反射板を設けており，これに夕日が差し込むと色が判別しにくいという欠点がありました．LED の信号機には反射板はなく，LED を並べているだけの構造なので，このような心配もありません．また，見やすさから車のヘッドライト（図 7.9）や電光掲示板（図 7.10）にも多く使用されています．東京スカイツリーの照明にも LED が使用されています．省エネで長寿命であるため，電球の交換が少なくてすみます．

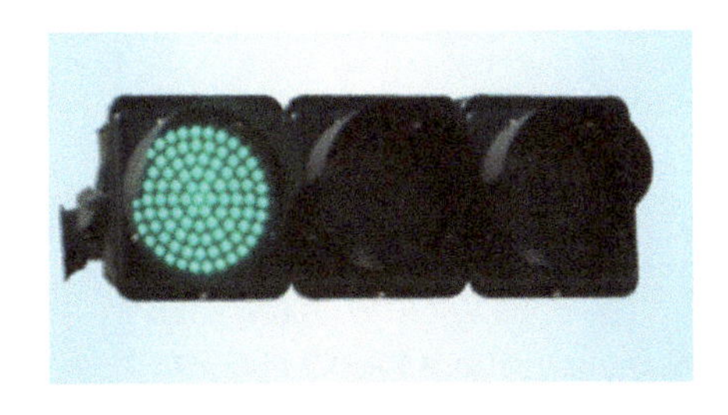

図 7.8 LED 信号機（画像提供：日本信号㈱）

図 7.9 LED ヘッドライト

図 7.10 LED 電光掲示板

7.7 道路における照明

道路における照明は，「道路照明施設設置基準」によって設置が計画，実施されています．道路照明は，“夜間において，あるいはトンネルのように明るさの急変する場所において，道路状況，交通状況を的確に把握するための良好な視覚環境を確保し，道路交通の安全，円滑を図ることを目的とする”とあります．実際，自動車の運転者は刻々と変化する状況下で，予測と判断をくり返しながら運転を行っています．この際に主に情報源となるのは視野からの情報であり，道路照明の目的は的確に視野情報を与えることであるといえます．また，道路照明ランプの交換は時間や手間が多くかかるため，交換頻度を少なくすることが求められます．以上のことから，道路照明用の光源は次の要件が求められています．

・周囲温度の影響を受けにくいこと

・光色と演色性が適切であること

・効率が高く，寿命が長いこと

このような要件を満たす光源として，道路照明には HID（High Intensity Discharge）ランプが採用されています．HID ランプの一例を図 7.11 に示します．HID ランプとは，メタルハライドランプ，高圧ナトリウムランプおよび高圧水銀ランプの総称です．HID ランプは，発光長（ランプが光る部分の長さ）当たりの効率が高く，演色性も高いです．また，電極間の放電を利用しているためフィラメントがなく，高効率，長寿命であることが特徴です．

(a) メタルハライドランプ

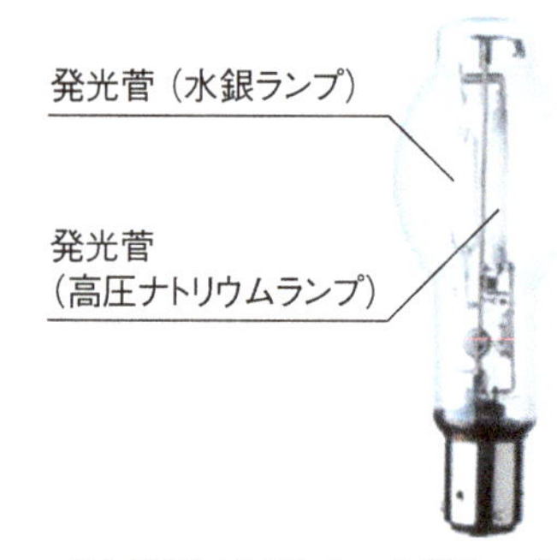

(b) 高圧ナトリウム・水銀ランプ

図 7.11 HID ランプ（画像提供：岩崎電気㈱）

7-8 消費電力の低減

1997年，第3回気候変動枠組条約締約国会議（COP3）が京都で開かれ，地球温暖化に対して条約が結ばれました．この会議において採択されたのが，「気候変動に関する国際連合枠組条約の京都議定書」（通称：京都議定書）です．この会議をきっかけとして，地球温暖化をはじめとする地球環境に対し，見直しとその保全に関するさまざまな取り組みが世界レベルで行われはじめました．

このような地球環境の保全に関する取り組みは，私たちの周りでも日常にあふれているのではないでしょうか．使わない電気は消す，エレベーターより階段を使う，印刷の時は両面印刷にする，スーパーマーケットの照明が一部オフになっている，クールビズの実施，エコカーの普及，省エネ家電製品の普及…．その中でも，電気照明に関しては，万人が日常に欠かすことができないため，消費電力の低減が求められています．特に日本では，消費電力のうち照明が，家庭では約16%，オフィスでは約21%も占めています．省エネルギーを念頭において，これからも環境に配慮した電気照明が提案され続けていくでしょう．私たちもそれらを選択していかなければなりません．

電気照明の中で近年注目されているのは，やはりLED照明です．白熱電球の約40倍，蛍光灯の約5倍の寿命をもち，同じ明るさの白熱電球と比較して約80%以上の消費電力を削減できます．さらに，無水銀であるという特徴も加わって，環境保全の面でも非常に優れた照明です．2015年，プロ野球チーム「横浜DeNAベイスターズ」のホームグラウンドである横浜スタジアムは，6基ある照明塔の光源をLED（図7.12）に交換しました．これまで，ナイターの照明設備にはメタルハライドランプを採用していましたが，6基（708台の投光器）をLEDに変更することで56%の消費電力の削減となります．

図7.12 LED投光器
（画像提供：岩崎電気㈱）

ここで，一般家庭を想定し，4台の白熱電球をLED電球へ変更した場合の削減効果を試算してみましょう．

- 変更前：白熱電球―消費電力60 W（= 0.0600 kW）
- 変更後：LED電球―消費電力6.6 W（= 0.0066 kW）
- 台数：4台
- 1日の稼働時間：8時間
- 年間稼働日数：365日
- 電気料金（1 kWh単価）：22円

→1年間の削減電力量：(0.0600 − 0.0066) × 4台 × 8時間 × 365日
= 623.71 kWh

→1年間の削減金額：623.71 kWh × 22円 = 13,721円

このように，1年間で削減電力量は600 kWhを超える計算となり，電気料金は月々1000円以上も削減が可能となります．さらにCO_2の排出量も削減できるため，年々LEDの需要が高まっています．

7.9 光源のさまざまな利用

電気による光源の利用は照明にとどまっていません．たとえばLEDは応答速度が速く，調光・発色が自由であり，熱放射もなく，長寿命であるため，さまざまな分野で活躍しています．この節では，光源のさまざまな利用について述べます．

A 植物工場

植物工場とは，光源，空調設備，液体肥料供給設備などを利用し，人工的に制御した環境下で計画的に植物を生産するシステムです（図7.13）．台風や冷夏といった気象条件に左右されず，安定した価格での供給が可能です．さらに，害虫などの被害がないため，農薬不使用での栽培も可能であり，安全性が高いことでも注目されています．人工光源に使用されているのは，高圧ナトリウムランプ，蛍光灯，LEDです．特に，LEDは植物の成長に合わせて青色光，赤色光（R：波長域600～700 nm），遠赤色光（FR：波長域700～800 nm）と波長を変化させたり，最適な光量に調節できるため，植物のさまざまな光応答反応を利用して栽培することが可能となります．また，蛍光灯に比べて発熱が少なく，空調用の電力も抑えることができます．さらに，光源を植物に接近させることができるため，工場内の空間を有効活用してより多くの植物を育てることが可能となります．

図7.13 植物工場（画像提供：富士通㈱）

B 静脈を用いた生体認証システム

生体認証システムとは，人間の身体的特徴を使って個人を識別するシステムであり，静脈認証は，身体の内部にある静脈のパターンを用います．これまで，顔，指紋，音声，掌紋などが利用されてきましたが，偽装が困難で，経年変化が少ない静脈認証を用いた生体認証システムの研究が近年活発に行われています．静脈パターンを抽出するのに使用されているのは，LEDから発光された近赤外線です．指や顔に赤外線をあてる計測手法は利用者の負担が少なく，応用分野の拡大が期待できます．

【近赤外線】
（near infrared radiation）
波長の短い赤外線のこと．波長は約0.72～2.5マイクロメートルである．波長の長い赤外線は遠赤外線という．

【内視鏡】
（endoscope）
内臓や内腔を直接肉眼で観察するための機器．

C カプセル型内視鏡システム

カプセル型内視鏡（図7.14）は，小型カメラを内蔵したカプセル状の内視鏡で，消化管の観察を目的としています．従来の内視鏡は，肛門から挿入して大腸までの観察を行う大腸内視鏡，口や鼻から挿入して胃および十二指腸までの観察を行う上部消化管内視鏡（通称：胃カメラ）など，観察部位によって内視鏡の種類を変更する必要がありました．これに対して，カプセル型内視鏡は口から飲み込んで撮影し肛門から排出されるため，観察部位が広範囲にわたります．さらに，従来の内視鏡検査と比較して，痛みや心理的負担が少ないことも利点です．観測部位を照らす光源は，白色 LED，近赤外線 LED です．

図 7.14 カプセル型内視鏡
（画像提供：オリンパス㈱）

D LED ソーラーライト

LED ソーラーライトは，太陽の光で発電する照明器具です．昼間に太陽光で充電するため，配線が不要で電気代もかかりません．停電・浸水が起きても充電された電気で点灯が可能なので，災害時の避難場所や誘導路の照明に適しています．さらに，公園や街路の景観照明や，送電が困難な場所の照明，防犯のためのセンサーライトとして需要が高まっています．ソーラーライトは，十分な日射量が得られないと点灯時間が短くなるという問題がありますが，急速充電が可能なタイプや太陽エネルギーに加えて風力エネルギーを利用するタイプ，さらには電池を併用するタイプ等，さまざまなライトが市販されています．

本章のまとめ

本章では，私たちの身近にある電気照明について解説しました．

（1）電気照明は，最も歴史の古い白熱電球から現在は蛍光灯，LED へと移行しており，それぞれの光源について長所と短所があります．それらの構造，特徴を理解し，用途によって選択する必要があります．

（2）電気照明の社会における役割や技術を応用したさまざまなシステムについても紹介しました．近年，光源は照明以外にも利用されており，利便性，安全性に長けた技術が多く開発されています．

（3）さまざまな地球環境問題が叫ばれるなか，私たちの生活に欠かせない電気照明をいかに安心，安全，低エネルギーで実現できるかといった技術の開発は，次世代に課せられた課題です．

演習問題

❶次の条件で使用していた蛍光灯（消費電力 40 W）を LED（消費電力 15 W）に変更したとき，1 年間の削減金額を計算せよ．

・台数：10 台　　　　　　　　・1 日の稼働時間：10 時間

・年間稼働日数：365 日　　　　・電気料金（1 kWh 単価）：30 円

❷次の選択肢は（ア）白熱電球，（イ）蛍光灯，（ウ）LED のどれに当てはまるか．

A）消費電力が少なく，経済的に優れており，近年，家庭用としての普及が盛んに進められている．

B）電子と水銀の衝突を利用して発光させている．

C）日本人が青色の光源を開発し，ノーベル物理学賞を受賞した．

D）エジソンが日本の竹をフィラメントに使用し，実用化された．

E）経済産業省と環境省から業界に製造や販売の自粛が要請された．

❸近年，光源を販売・開発する企業の「地球環境問題に配慮した取り組み」にはどのようなものがあるか．

参考図書

（1）照明学会編：「照明工学」，オーム社（2012）

（2）LED 照明推進協議会編：「LED 照明ハンドブック（改訂版）」，オーム社（2011）

（3）赤﨑　勇：「青色発光デバイスの魅力」，工業調査会（1997）

（4）赤﨑 正則，村岡 克紀，渡辺 征夫，蛯原 健治：「プラズマ工学の基礎　改訂版」，産業図書（2001）

さまざまな電子回路

8-1 電気回路と電子回路

電気回路は，ヒータや照明のような電気をエネルギーとして利用する機器につなぐ回路に用いられ，抵抗，コンデンサ，コイルなどの**受動素子**で構成されます．これに対し，電気を信号として用い，情報伝達や処理を行う回路が**電子回路**です．電子回路では，信号を大きくする機能（増幅）や，交流を直流に変換する機能（整流）が実現され，受動素子とダイオードやトランジスタなどの**能動素子**の両方で構成されます．図 8.1 に電子回路で使用される代表的な素子の外観・回路記号と，その動作の概要を示します．電子回路はエレクトロニクスの応用分野です．エレクトロニクスとは，電子の流れを能動素子で制御して，情報処理や機器制御を行う技術分野のことです．本章では，主な受動素子・能動素子の動作とこれらが開発された歴史的経緯について説明します．続いて，これらの素子を組み合わせた基本的な電子回路の動作と，身近な製品を構成する電子回路の構成について解説します．

【素子】
電気回路や電子回路に使われる「部品」のこと.

【受動素子】
供給された電力を消費・蓄積・放出する素子で，増幅・整流などの能動動作を行わないもの.

【能動素子】
電気の波形や周波数などを制御または変化させる能力をもった素子．非線形二端子素子（ダイオード等）と，三端子素子（トランジスタ，FET 等）など.

部品名		機能	外観	回路記号
受動素子	抵抗	電流を流しにくくする	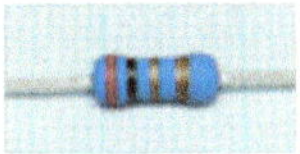	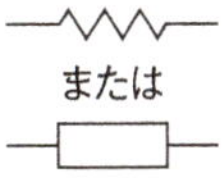 または
	コンデンサ	電荷を蓄える		
	コイル	電流の変化を妨げる		
能動素子	ダイオード	電流を一方向に流す	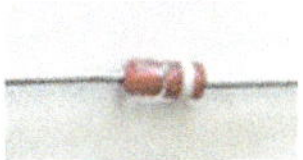	
	トランジスタ	増幅とスイッチング		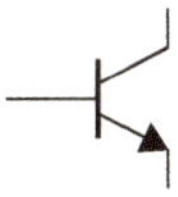

図 8.1 電子回路の構成部品と働き

8.2 受動素子の働き

図 8.1 に示した部品のうち，電気回路・電子回路の双方に使われる受動素子の機能を説明します．

A 抵抗

抵抗は，エネルギーを消費しながら電流の流れを制限する部品で，回路の中で，直流電流または交流電流を所定の値に設定したり，電圧を下げたりするのに用いられます．第 1 章でも述べたように，R [Ω] の抵抗に電圧 V [V] を印加すると，オームの法則 (8.1 式) にしたがって電流 I [A] が流れます．

【印加】
電気回路に電源や別の回路から電圧や信号を加えること．

$$V = RI \tag{8.1}$$

B コンデンサ

コンデンサは図 8.1 右側の回路記号にも表現されているように，絶縁体 (電気を通さない物質) を 2 枚の対向する導体板で挟んだ構造の部品で，電荷を蓄える性質があります．この特性を**静電容量** (容量) とよび，単位は F (ファラッド) です．容量 C [F] のコンデンサに直流電圧 V [V] を印加すると，次式で表される電荷 Q [C] を蓄えます．

$$Q = CV \tag{8.2}$$

コンデンサに交流電圧を印加すると交流電流が流れます．コンデンサの電流の流れにくさを示す Z_C は，次式のように交流電圧の周波数 f [Hz] と容量 C [F] に反比例します．

$$Z_C = \frac{1}{2\pi fC} \tag{8.3}$$

この Z_C は，抵抗の場合と区別して**コンデンサのインピーダンス**とよばれます．単位は抵抗と同じ Ω (オーム) です．式 (8.3) からわかるように，印加電圧が直流 ($f = 0$ Hz) の場合には Z_C が無限大になって電流が流れませんが，交流の周波数が高くなるほど Z_C が小さくなって大きな電流を流します．このため，直流成分を除いたり，低周波数の成分を抑制する素子として利用します．

C コイル

コイルは図 8.1 右側の回路記号にも表現されているように，電線を巻いた構造の部品です．コイルに交流電圧を印加するときに流れる交流電流は，コイルのインダクタンスにより制限されます．インダクタンスの単位は H (ヘンリー) です．コイルの電流の流れにくさを示す Z_L は，次式のように周波数 f [Hz] とインダクタンス L [H] に比例します．

$$Z_L = 2\pi fL \tag{8.4}$$

この Z_L は，**コイルのインピーダンス**とよばれます．単位は Ω (オーム) です．コイルに直流電圧もしくは低周波の交流電圧を印加すると大きな電流が流れますが，交流の周波数が高くなるほど Z_L が大きくなって電流が流れにくくなります．これは第1章や第2章で述べた電磁誘導を利用したもので，回路の中で電流の変化を妨げる素子として利用します．また，電気エネルギーを蓄える性質もあります．

8 3 電子回路の歴史

本節では，19世紀中ごろからはじまる電子回路の歴史について，まず用途の進展について簡単に説明した後，能動素子の変遷に関して，歴史的に重要な役割を担った真空管の構造と動作を解説します．さらに，これが第4章で述べた半導体に世代交代していった経緯を説明します．

A 用途の進展

電子回路は主に文字，音声，映像を伝送する情報通信分野や，電子的な情報処理を支える基幹技術として，以下のような用途を実現するための発明や技術開発が進められてきました．

(1) 通信

電気通信の歴史は，1837年にアメリカのモールス（Samuel Morse）が発明した電信からはじまりました．1876年にはベル（Alexander Graham Bell）によって電話が発明され，電話の時代を迎えました．もう1つの重要な発明に，1895年のイタリアのマルコーニ（Guglielmo Marconi）による無線電信があります．無線技術は通信だけでなく放送やレーダーにも広く利用され，新たな産業が誕生しました（第14章を参照）．

(2) テレビ

今のようなテレビが考えられはじめたのは1920年代になってからで，すでに発明されていたブラウン管を利用すればよいことがわかってきました．1897年にドイツのブラウン（Karl Braun）が発明したブラウン管（CRT）は，電子銃から発射された電子が，コイルがつくる磁界の強さに応じて曲がり，蛍光面に当たって光るようになっています．当時，日本でもテレビをつくろうといろいろな研究が続けられていました．1926年に，高柳健次郎が世界で初めてブラウン管を使った受信実験に成功しました．このとき映し出されたのが「イ」の文字だったのは有名な話です．

(3) コンピュータ

アメリカで1946年に開発されたENIACは世界初の電子計算機として有名です．また1949年にイギリスでつくられたEDSACは世界初の実用的なプログラム内蔵式の電子計算機で，最初は0から99までの整数の2乗の表をつくるプログラムと，素数のリストをつくるプログラムが実行されました（第10章を参照）．

B 能動素子の変遷

電子回路に使用する能動素子は，真空管から集積回路まで以下のように変遷し，これに伴って実装密度と回路規模が向上し，同時に信頼性が向上しました．

最初に登場したのが**真空管**です．真空管は，整流，増幅などの回路に用いられる素子です．エジソン（Thomas Edison）が白熱電球の実験中に発見したエジソン効果（1883 年）が基になって，1904 年にフレミング（John Fleming）が発明した素子が 2 極真空管です．また，1907 年には，フォレスト（Lee De Forest）が 3 極真空管を発明しました．2 極管は交流を直流に変換する整流回路に使用され，3 極管は電気信号を大きくする増幅回路に使用されます．

ここで，最も基本的な 3 極真空管の構造と動作を例にとって説明します．真空管は図 8.2（a）のように，ガラスなどの容器内に複数の電極を配置し，容器内部を真空にして少量の希ガスを入れた構造が一般的です．真空管では，陰極から放出される電子の流れを電界で制御することにより，整流，増幅などの動作を実現します．真空が必要な理由は，加熱されたフィラメントからの電子放出を利用することと，その際に高温となるフィラメントの酸化を防止するためです．

【希ガス】
（noble gas）
ヘリウム・ネオン・アルゴンほかの，普通の条件では化合物をつくらないガス（不活性ガス）の総称．大気中に約 1%存在するが，大部分はアルゴンである．

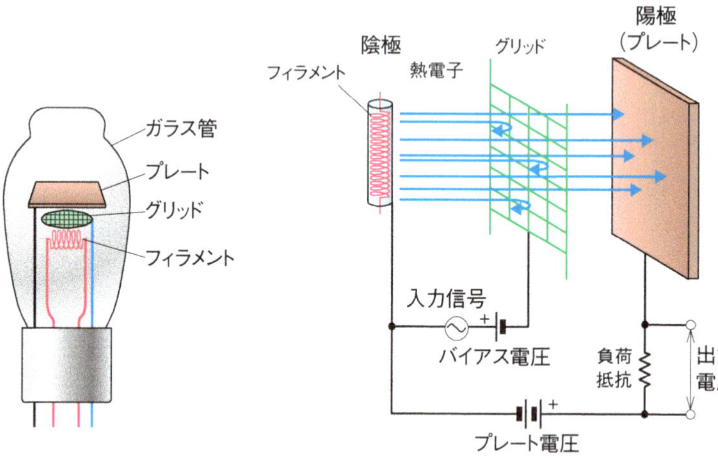

(a) 構造図　　(b) 動作説明図

図 8.2　3 極真空管の構造と動作

3 極管の動作は以下の通りです．図 8.2（b）で，温められたフィラメント（陰極）から電子（熱電子）が放出されます．ここでプレートに正電圧をかけて陽極にすると，負電荷をもつ電子が引きつけられて電流が流れます．その途中でグリッドとよばれる格子状の電極を通過しますが，ここに小さな負電圧をかけると，電子の一部が反発して通過できない電子が出てきます．グリッドにかける電圧を少し変化させれば，それに合わせて陰極から陽極へ流れる電子の量を大きく変化させることができます．これが増幅です．陽極には負荷抵抗が接続され，電子の流れによる電流変化を電圧の変化として取り出せます．つまり，グリッドにかけた小さな電圧の変化を負荷抵抗両端の大きな電圧の変化に変換できるので，入力信号が増幅されるのです．

1970 年代，当時のエレクトロニクスは，真空管を基盤として，ラジオやテレビ，電話などの通信・放送システム関係の技術が確立され普及していました．しかし，真空管には次のような本質的な問題点がありました．

【陰極（カソード）】
（cathode）
一対の電極のうち，電位の低い方の電極．負の電極．

【熱電子放出】
（thermal emission）
金属を高温度で加熱したときに，電子がエネルギー障壁を越えて真空中に放出される現象．

【プレート】
（plate）
真空管においてフィラメントに向き合う板状の電極で，その形状からプレートとよばれる．正の電圧を印加して陽極として使用される．

【陽極（アノード）】
（anode）
一対の電極のうち，電位の高い方の電極．正の電極．

・熱電子源（フィラメント，ヒーター）が必要で，消費電力・発熱が大きい．また，ヒーターが加熱するまで動作しない．
・フィラメントやヒーターが短寿命（数千時間）の原因になる．
・機器の小型化やガラス容器などの耐震性に問題がある．

ここで登場したのが半導体です．半導体でつくられた能動素子の代表例はダイオードとトランジスタです．1945年にダイオードが，1947～1948年にトランジスタが発明されました．ダイオードは電流を片方向にだけ流す半導体部品で，主に整流回路に使用されます．トランジスタは増幅，またはスイッチ動作をする半導体素子で，ゲルマニウムまたはシリコンの結晶を利用してつくられます．半導体は以下の特長をもつため，真空管に置き換えられていきました．

・ヒーターが不要で低電力，電源ONと同時に動作が開始する．
・低温で動作するので素子の長寿命化が可能である．
・同じ動作をさせるのに必要な体積・面積が小さい．

さらに半導体技術を基盤として集積回路（IC）の技術が進みはじめ，超小型・集積化・長寿命・高信頼性など，真空管にない特長が加わって，膨大な数のトランジスタを使う新しいエレクトロニクスの概念が生まれました．これがコンピュータ技術を飛躍的に発展させることになります．日本ではこの技術が民生用として電卓の開発に向けられました．

【ダイオード】
（diode）
2つの端子をもち，強い非線形の電流-電圧特性をもつ半導体能動素子．

【IC】
（Integrated Circuit）
トランジスタ，抵抗，ダイオードなど能動素子や受動素子を1つの基板上または基板内に，分離できない状態に結合してある超小型回路．集積回路．

8 4 各種半導体素子

現在，真空管を利用した機器はあまり見かけなくなり，能動素子としてはほとんど半導体が使われています．本節では，半導体素子として代表的なダイオード，トランジスタ，FET（電界効果トランジスタ）について，構造と動作の概要を説明します．

A ダイオード

最も基本的な半導体素子がダイオードです（図8.3）．半導体には，第4章で紹介したようにp形とn形があります．このp形とn形を接続したものがダイオードです．ダイオードは，p形半導体に接続されたアノード（陽極）と，n形半導体に接続されたカソード（陰極）の2つの端子をもち，電流を一方向にしか流しませ

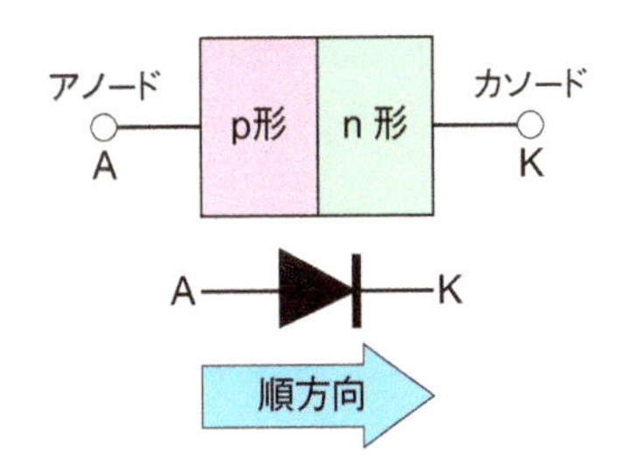

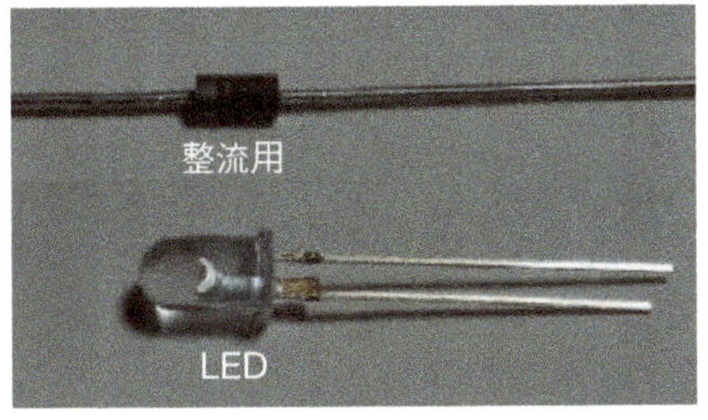

図8.3 ダイオードの動作と外観

【バイアス】
(bias)
電子回路や磁気記録回路において，動作の基準としてあらかじめ回路に付加しておく電圧・電流・磁気のこと．

ん．すなわち，第4章で述べたように，アノードの電圧を高くした順バイアスにすれば，アノードからカソードへの電流が流れますが，カソードの電圧を高くした逆バイアスにすると，カソードからアノードへはほとんど流れません．これはp形に含まれている正電荷の正孔（ホール）と，n形に含まれている負電荷の電子（伝導電子）の働きによるものです．

B トランジスタ

【トランジスタ】
(transistor)
3つの端子をもち，そのうちの2つの端子間に流れる電流を，第3の端子に加える電圧か電流で制御し，電気信号の増幅やスイッチングの動作を行う半導体能動素子．

ダイオードはp形とn形を1つずつ使用した半導体素子ですが，トランジスタはそれらのタイプを3つ使用しています．組み合わせによってpnp形とnpn形があります．トランジスタは小さな信号を入力すると大きな信号に増幅できるという優れた特徴があります．図8.4のように，トランジスタの3つの電極には，コレクタ（C），ベース（B），エミッタ（E）という名前がつけられています．コレクタにn形，ベースにp形，エミッタにn形を使ったnpn形のトランジスタを例に動作を説明します．npn形では，コレクタにプラス電圧，エミッタにマイナス電圧をかけて使用します．ベースに電流が流れていない状態で，コレクタにプラス電圧，エミッタにマイナス電圧をかけても，ベースとコレクタ間のpn接合に対して逆バイアスなので電流は流れません．この状態でベースにプラス電圧をかけると，ベース・エミッタ間のpn接合に対して順バイアスなので，ベースからエミッタに電流が流れます．ベースは薄くつくられているので，エミッタからベースに向かった電子の大部分は，ベースを通過してコレクタに流れます．コレクタに流れる電流は，ベースに流れる電流に比べて数10～数100倍大きいので，ベースにかける電圧を少し変化させれば，それに合わせてコレクタ電流が大きく変化します．すなわち，増幅になります．また，ベースに流す電流をONやOFFにすると，それに合わせてコレクタ電流のONとOFFが切り替わります．これはスイッチ動作とよばれ，第9章で説明するデジタル回路や，第3章で出てきたインバータ回路で使われます．

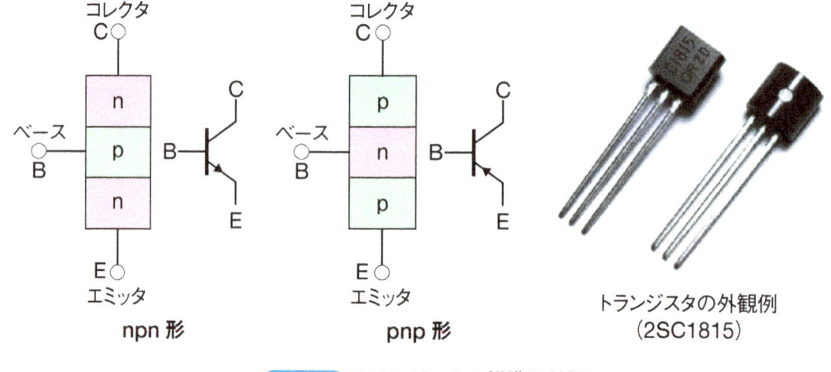

図 8.4 トランジスタの構造と外観

【FET】
(Field-Effect Transistor)
外部電界によって導電率を制御する半導体増幅素子．電界効果トランジスタ．

C FET

FET（電界効果トランジスタ）も，Bで説明したトランジスタ（バイポーラトランジスタ）と同様に増幅作用をもった半導体素子です．FET にもいくつかの種類がありますが，最近多く使用される MOS-FET の動作原理を説明します．

【MOS】
（Metal-Oxide Semiconductor）
金属と半導体との間に酸化物絶縁体を挟んだ構造の半導体．金属酸化膜半導体．

MOS-FET の半導体部分は，トランジスタと同様に npn または pnp があります．図 8.5 に npn 構成の n チャネル MOS-FET を示します．トランジスタのコレクタ，ベース，エミッタに相当するのが，ドレイン（D），ゲート（G），ソース（S）とよばれています．ゲート電極に電圧がかかっていない場合，ドレインとソースとの間には電流は流れません．これに対してゲートにプラス電圧がかかると，p 形半導体中に少量含まれる電子がゲート電極の直下に引き寄せられて橋が架けられたような状態になり，ドレインとソースの間に電流が流れます．この橋の太さ（広さ）は，ゲートにかける電圧によって制御することができ，ゲートにかける小さな信号電圧の変化で，ドレイン電流を大きく変化させることができます．これによって増幅素子として動作するのです．MOS-FET は，バイポーラトランジスタよりも一般に低消費電力です．

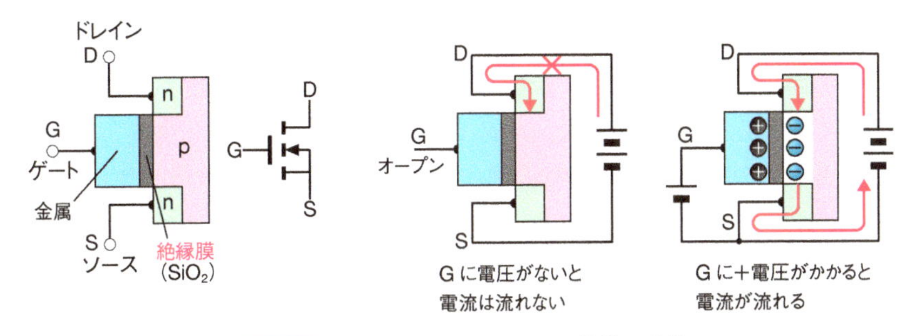

図 8.5 n チャネル MOS-FET の構造と動作

8 5 集積回路（IC）

集積回路は，1 cm^2 程度のシリコン基板上に，数百万から 1 億個以上のトランジスタとともに，多数のダイオード，抵抗，コンデンサを組み込んで複雑な回路システムを実現したものです．現代の電子回路応用製品には欠かせない電子部品だといえるでしょう．集積回路の外観は図 8.6 のような「黒いムカデ」や「四角い黒テープ」のような形の部品で，これらの黒いパッケージの中に半導体チップが入っています．集積される素子の数が多いものは大規模集積回路（LSI），超大規

(a) DIP（Dual Inline Package）　(b) QFP（Quad Flat Package）

図 8.6 集積回路のパッケージ例

模集積回路（VLSI）とよばれ，その種類や用途は多岐にわたっています．以前はもっぱらコンピュータ用の部品として用いられていましたが，最近では家電製品における需要が急拡大しています．

8 6 代表的なアナログ電子回路

電子回路とは，トランジスタやダイオードなどの能動素子と，抵抗，コンデンサなどの受動素子からなる回路のことです．たとえば，最も基本的な増幅回路では，入力信号電圧の数倍～数 10 倍程度の出力信号電圧が得られます．トランジスタのような能動素子と受動素子を適切に組み合わせることで，整流，増幅，発振，変調などの各種機能を実現できます．以下，順を追って説明します．

A 整流回路

一方向にだけ電流を流す性質をもつダイオードを用いて図 8.7（a）のような回路をつくると，交流を直流に変換することができます．これを**整流回路**といいます．この回路に図 8.7（b）のような正弦波交流電圧 v を加えると，ダイオードの性質から v が正のときだけ電流 i_{D} が流れるので，抵抗 R にかかる電圧 v_R は図 8.7（c）のように正弦波の上半分を切りとった波形になります．この出力電圧 v_R は正の電圧しか出ないので，一種の直流電圧ですが，時間とともに変動する成分を含んでいます．そこで，図 8.7（a）の点線で示すように，抵抗 R と並列にコンデンサ C を接続します．コンデンサは周波数が高いほど電流を通しやすい性質があるため，時間変動成分（交流成分）がコンデンサ C の方を流れて，R にかかる電圧の変動が小さくなります．このように，ダイオードの出力を R と C の並列回路で変動の少ない直流電圧にする回路を**平滑回路**といいます．家庭用でよくみかける AC アダプターの中には，電子機器に変動の少ない直流電圧を供給するため，このような整流回路と平滑回路が組み込まれています．

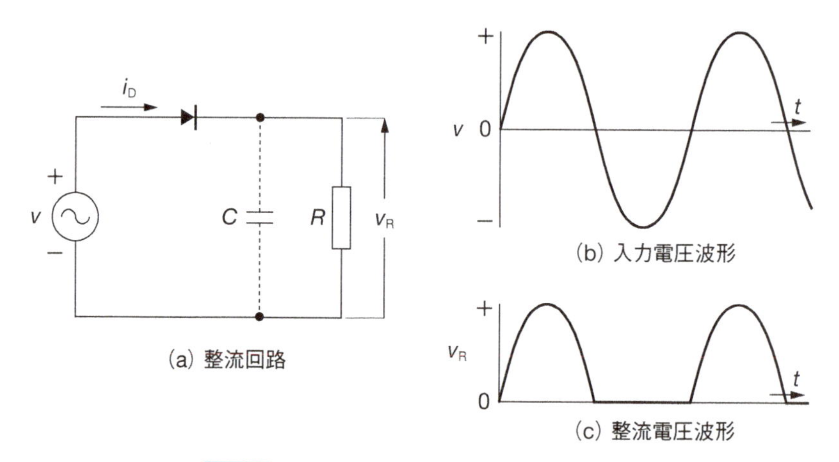

図 8.7 ダイオードを用いた整流回路と電圧波形

B 増幅回路

小さな電気信号を大きな電気信号に変換するのが増幅です．この働きをする増幅回路にはトランジスタを使用したものが多く使われています．トランジスタには8.4節で説明したように，ベース（B），コレクタ（C），エミッタ（E）という3つの端子があります．トランジスタを使った回路は，入出力間で共通の端子により，図8.8のように，エミッタ接地回路，コレクタ接地回路，ベース接地回路の3種に分類されます[1]．

これらの中で最もよく使われるのはエミッタ接地です．エミッタ接地回路では，ベースとエミッタの間に交流信号電圧 v_1 を入力し，コレクタとエミッタの間に接続した負荷抵抗 R_L で増幅された交流電圧 v_2 を取り出します．エミッタ接地回路の場合，電流と電圧の両方を増幅することができますが，増幅する周波数が高くなるとベースとコレクタの間のコンデンサ成分が影響して増幅性能が低下します．コレクタ接地の場合，電流は増幅されますが電圧は増幅されません．つまり，負荷抵抗 R_L が変化しても出力電圧が変わらないのが特長で，ある回路の出力電圧を他の回路に正確に伝えるのに使われます．これをボルテージフォロワとよぶこともあります．ベース接地は入力電流と出力電流が等しいという性質をもっています．この性質は，アナログICの内部で，別のトランジスタ回路の出力電流を次の回路（負荷抵抗など）に正確に伝達したり，高周波まで動作することを利用して，8.7節で紹介するラジオ受信機の高周波増幅回路などで利用されています．

1）実際のトランジスタ増幅回路で信号を増幅するときには，直流電圧を少し加える必要がある．図8.8では，この直流成分を除いて交流成分のみ示している．これを交流信号等価回路という．

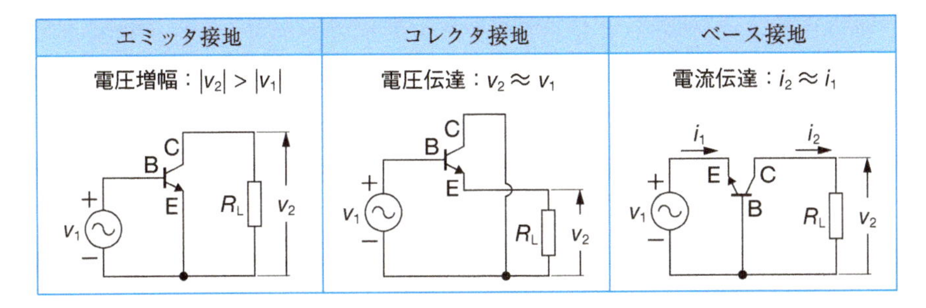

図8.8 トランジスタ増幅回路の接地方式（交流信号等価回路）

C 発振回路

電子回路の中では発振回路もよく使われます．発振回路とは，特定の周波数をもつ電気信号を発生させる回路のことです．テレビや携帯電話などの電波を扱う回路では必ず使われています．また，最近の電子機器は第9章で説明するようにデジタルで動作しているものが多いのですが，そのような回路では，回路動作をクロックとよばれるパルス信号で制御しています．「コンピュータのCPUクロックが1 GHzだ」というようにいわれるのは，このクロック信号の周波数を指しています．発振回路は，図8.9のように，増幅回路と，増幅回路の出力信号を入力部に一部戻す帰還回路で信号のループが形成される構成になっています．帰還回路は，コイルとコンデンサ（LC），またはコンデンサと抵抗（CR）を組み合わせています．たとえばLC共振回路は，周波数が高くなるほどコイルのインピーダン

【CPU】
（Central Processing Unit）
コンピュータの中央（演算）処理装置．コンピュータの中枢部分に当たり，さまざまなプログラムを実行する．

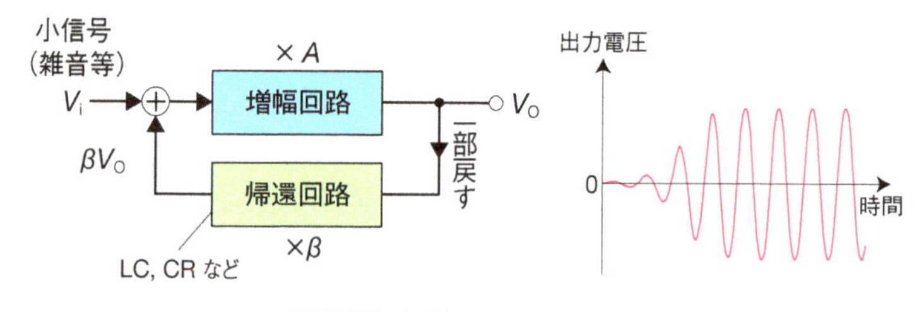

図 8.9 発振回路の動作原理

スが上がってコンデンサのインピーダンスが下がる性質を利用して，雑音などの入力信号に含まれる特定の周波数成分を入力側に戻す働きをしています．この結果，図 8.9 の出力信号波形のように，何回も信号がループを回るうちに，決まった周波数の信号がどんどん大きくなって持続的に発振動作を行うというわけです．

8 7 身近な製品の電子回路

電子回路を用いた身近な製品の中で，トランジスタラジオ，携帯電話，デジタルカメラについて，電子回路がどのように組み込まれているかを説明します．

A トランジスタラジオ

図 8.10 は，ストレート方式ラジオの構成を表したブロック図です．ストレート方式とは受信した電波をそのままの周波数で増幅する方式のことで，増幅式のラジオとしては最もシンプルな構成です．この回路では増幅用にトランジスタを 2 個使うので 2 石式とよばれます．以下に各ブロックの動作を説明します．

(1) 同調回路

放送局の電波をアンテナで拾い，同調回路 (コイル L とコンデンサ C の LC 共振回路) で周波数を選択して放送局を選びます．LC 共振回路は発振回路の項でも説明しましたが，コイルとコンデンサのインピーダンスが周波数に対して反対方

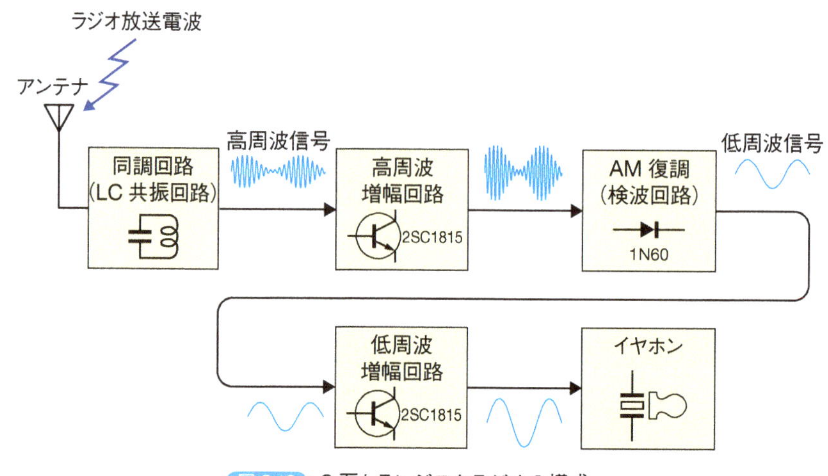

図 8.10 2 石トランジスタラジオの構成

向に増減することを利用して特定の周波数の信号を取り出す働きをします．

(2) 高周波増幅回路

同調回路で選ばれた放送局の微弱な信号を，高周波増幅回路で数十倍に増幅します．

(3) 検波（復調）回路

高周波信号をダイオードの整流作用と，抵抗とコンデンサを用いた平滑回路によって検波し，音声などの低周波信号に変換します．

(4) 低周波増幅回路

検波回路の出力にイヤホンを直接接続すると低周波信号を聞くことができるのですが，もう少し大きな低周波信号にするために増幅します．

B 携帯電話

今や携帯電話やスマートフォンは，通話機能は「おまけ」ともいえるほど高度なマルチメディア端末となりました．携帯電話は基本的には無線通信機器ですが，現在の携帯電話の内部回路で大きなスペースを占めるのは，図 8.11 のように通信機能に直接関わらない液晶ディスプレイ駆動回路（LCD ドライバ）や，ワンセグ TV・デジタルカメラなどの各種付加機能に必要な回路と，これらをコントロールする CPU です．したがって，携帯電話やスマートフォンは高度な電子回路技術に加えて，電子回路を活かすソフトウェア技術が集積された，「携帯コンピュータ」のような製品であるといえます．

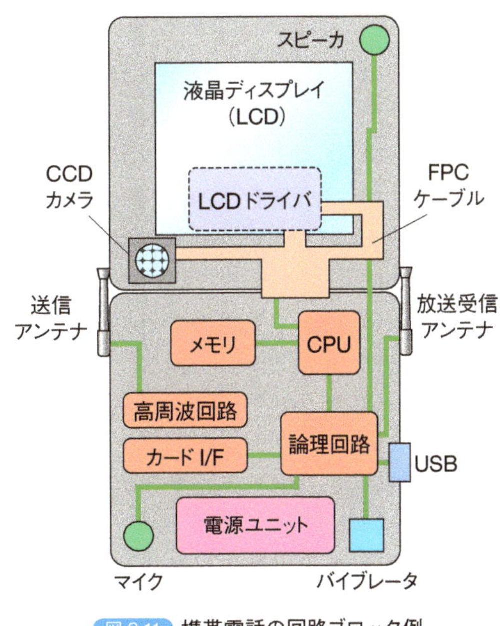

図 8.11 携帯電話の回路ブロック例

C デジタルカメラ

図 8.12 にデジタルカメラの構成を示します．CCD や CMOS などのイメージセンサ（撮像素子）に光学レンズを介して被写体の像を投影し，その像をアナログ電気信号として入力します．これを A/D 変換器でデジタル信号に変換して，一度 DRAM とよばれる内蔵メモリに記録します．デジタルカメラには画像処理エンジン（IC チップ）が内蔵されており，記録した画像に対して色調補正やノイズ除去など，きれいな写真画像に変換する画像処理を行います．この後，画像圧縮を行ってデータ量を減らしてから，メモリカードにデータを書き込みます．メモリカードに記録された画像データは，デジタルカメラの本体に内蔵された LCD モ

【検波】
受信した変調波から信号波を取り出すこと．復調ともいう．AM 変調された変調波から音声信号を取り出すことを AM 検波という．第 13 章参照．

【LCD】
（Liquid Crystal Display）
液晶ディスプレイのこと．電流による明暗差を利用して文字や画像を表示する．第 12 章参照．

【CCD】
（Charge Coupled Device）
半導体素子の 1 つである電荷結合素子のこと．光の明暗に応じた電荷が発生する．デジタルカメラやビデオカメラのイメージセンサに用いられる．

【CMOS】
（Complementary MOS）
CCD と同じく半導体光センサである．コンピュータのメモリに使われている CMOS と似た構造で，受光素子と信号増幅用のアンプが多数集積されている．

【A/D 変換】
（Analog-to-Digital Conversion）
アナログ信号をデジタル信号に変換すること．

【DRAM】
（Dynamic Random Access Memory）
情報データの書き込みと読み出しのできる半導体記憶装置（RAM）のうち，データを保持するために一定時間ごとに再書き込みを必要とするもの．

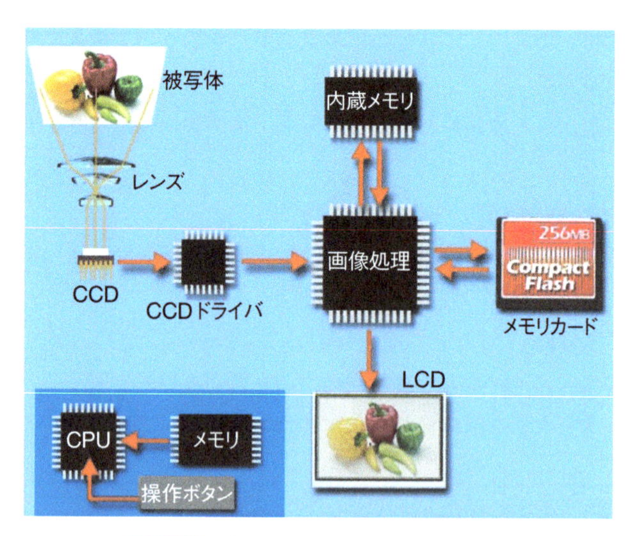

図 8.12 デジタルカメラの構成と主要 LSI

ニタで見たり，パソコンに取り込んで写真として見ることができます．

ここで紹介した電子回路の応用はほんの一例にすぎません．現在，身の回りのありとあらゆる電化製品の中に電子回路が使われています．皆さんは単にこれらの機器を使うだけでなく，そのしくみをよく知っておけば，より上手な使い方を思いつくのではないでしょうか．また，図 8.11 ～図 8.12 で紹介した携帯電話やデジタルカメラの電子回路にはデジタル信号処理，およびデジタル回路の技術が多く使われています．これに関しては，第 9 章も合わせて学んでください．

本章のまとめ

本章では，電子回路のしくみと動作，およびその応用例について解説しました．

(1) 回路に用いられる部品を素子といいます．素子には，抵抗，コンデンサ，コイルといった受動素子と，真空管や半導体のような能動素子があります．受動素子と能動素子を使って，電気信号の処理をするのが電子回路です．

(2) 電子回路は，通信，テレビ，コンピュータといった用途の変遷に応じて高度化していきました．初期には真空管が使われていましたが，現在では半導体を用いた集積回路を使った回路が主流です．

(3) 半導体素子にはダイオード，トランジスタ，FET などがあります．ダイオードを用いれば，交流を直流に変える整流回路をつくることができます．また，トランジスタや FET を用いれば，入力信号を大きくする増幅回路や，デジタル回路の基礎となる論理回路ができます．

(4) 具体的応用例として，ラジオや携帯電話の構造とその回路構成を紹介しました．最近の動向として，第9章で述べるデジタル技術や第10章のコンピュータ技術，第11章のマイコン技術との融合が進んでいます．

演習問題

❶下記の働きをする電子回路の部品を選択肢より選べ．

(1) 電流変化を妨げる．

(2) 電荷を蓄える．

(3) 電気信号を増幅する．

(4) 電流を流しにくくする．

(5) 電流を一方向に流す．

【選択肢】 1 トランジスタ　2 ダイオード　3 コンデンサ
4 コイル　5 抵抗

❷電子回路の動作説明をする次の文章の（　）を選択肢の用語で埋めよ．

・増幅回路：増幅回路を（ 1 ）で構成する場合，共通端子の方式により（ 2 ）接地，ベース接地，コレクタ接地に分類される．歴史的には，（ 3 ）極真空管が増幅用の能動素子として用いられていた．

・整流回路：整流素子としてダイオードが用いられる．ダイオードでは，アノード端子に接続された（ 4 ）形半導体と，カソード端子に接続された（ 5 ）形半導体が接合された構造をしており，順方向にのみ電流を流すことで交流を（ 6 ）に変換する．

【選択肢】 1 振幅　2 エミッタ　3 p　4 周波数　5 n　6 三
7 トランジスタ　8 直流　9 交流

❸静電容量 $C = 10\ \mu\mathrm{F} = 10 \times 10^{-6}\ \mathrm{F}$ のコンデンサと，インダクタンス $L = 1\ \mathrm{mH} = 1 \times 10^{-3}\ \mathrm{H}$ のコイルがある．このコンデンサとコイルのインピーダンスが等しくなる交流電圧の周波数を求めよ．

参考図書

(1) 小牧 省三編著：「アナログ電子回路」，オーム社（2002）

(2) 藤村 哲夫：「電気発見物語」，講談社（2002）

(3) 西田 和明：「たのしくできるやさしいエレクトロニクス工作」，東京電機大学出版局（2000）

(4) 米田　聡：「図解＆シム 電子回路の基礎のキソ 回路シミュレータで初めてでも簡単！」，ソフトバンククリエイティブ（2007）

chapter 9 計算するデジタル回路

9.1 はじめに

電子回路の多くは，外部から何らかの情報を取り入れ，それを処理して信号を外部へ送り出す形となっています．たとえば，動作に伴って内部温度が上昇する装置の温度を，冷却ファンによる送風で一定にすることを考えてみます．この制御系は，装置温度を電気信号に変換するセンサをもった「入力部」と，その電気信号から制御に必要な電気信号をつくり出す「処理部」，処理された電気信号を変換して装置の冷却ファンを動かす「出力部」の3個の部分で構成されています．これら外界から取り入れる信号，回路内の信号，外界へ送り出す信号は，大きく分けて，アナログ量とデジタル量に分類されます．アナログとかデジタルという言葉は，取り扱う信号の性質に対してつけられたものです．本章では最初にアナログとデジタルの概念と，信号のデジタル化に必要な変換処理について説明します．次に，デジタル演算処理で用いる2進数と，デジタル機器の設計に不可欠な論理回路の基礎事項を説明します．最後にこれらの知識をもとに簡単な電卓がつくれることや，企業現場で使われる論理回路設計の手法について紹介します．

【アナログ】
（Analog）
数値を長さ・回転角・電流などの連続的に変化する物理量で示すこと．

【デジタル】
（Digital）
連続的な量を段階的に区切って数字で表すこと．計器の測定値やコンピュータの計算結果を数字で表示すること．

9.2 アナログとデジタル

アナログとは連続して変化するもの（Analog）を表す語で，音や光のように連続的に変化するもの，または温度や電圧のような連続的に変化する物理量を表すのに使われます．また，それらを用いて目的を達成するための装置をアナログ装置といいます．一方，デジタルは不連続に変化するもの（Digital）をいい，温度や時間などを数字で表現すること，あるいは数字で表現するための装置に対して使われます．

2つの違いを温度計を例に説明してみましょう．アナログ式温度計は，図9.1上のように温度を目盛で読み取ります．これは，ガラス管中の赤い液体が温度に応じて膨張することを利用するものです．一方，デジタル式温度計は，図9.1

アナログ

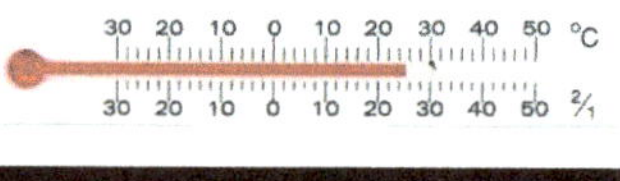

デジタル

図9.1 アナログ温度計とデジタル温度計

下のように温度を数字で直接表示します．この温度計では27.1℃の次は27.2℃です．27.15℃という温度は表示しません．とびとびの値で表現するのもデジタルの特徴です．このように連続的に値を取りうる量をアナログ量といい，これをアナログ電気信号に変換したものを入力とし，それを処理してアナログ電気信号を出力する回路がアナログ回路です．私たちの外界の物理現象は，温度以外にも，風速，気圧，音声，光量などのように，ほとんどがアナログ量なので，コンピュータや9.4節で説明する論理回路で数値として処理をするには，図9.2のようにアナログ信号をデジタル信号に変換する必要があります．逆に，デジタル処理の結果得られた信号を外界に戻す場合には，デジタル信号をアナログ信号に変換する必要があります．先の例で，冷却ファンの回転数を制御するには，デジタル制御信号をアナログ電圧に変換してモータに加える必要があります．

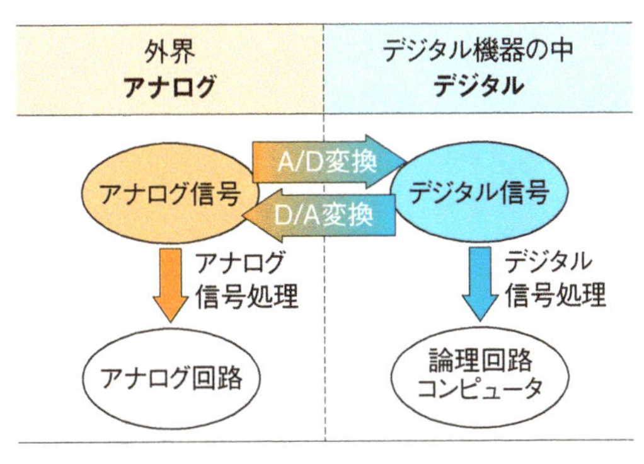

図9.2 アナログ信号とデジタル信号の変換

アナログ回路は音声信号などの物理量を連続量として処理します．これに対してデジタル回路の場合，元のアナログ信号をデジタル信号に変換します．これを**A/D変換**といいます．これを増幅などの数値処理をした後に，再度アナログ信号に変換して，スピーカで電気信号を音声として出力するという構成になります．デジタル信号をアナログ信号に変換することを**D/A変換**といいます．

【A/D変換】
(Analog-to-Digital Conversion)
アナログ信号をデジタル信号に変換すること．

【D/A変換】
(Digital-to-Analog Conversion)
デジタル信号をアナログ信号に変換すること．

A/D変換の流れを図9.3に示します．まずアナログ信号（音声に対応する電圧や電流信号）を一定時間ごとに区切る処理を行います．これを**標本化**とよびます．次に，区切ったアナログデータを有限桁数の数値データで近似する処理を行います．これを**量子化**とよびます．量子化されたデータがデジタル信号です．

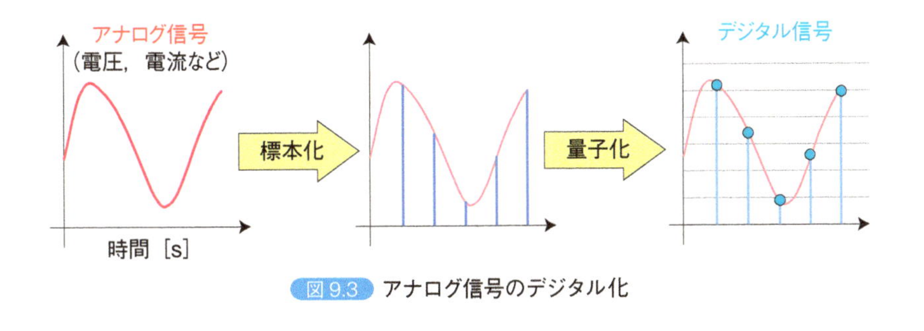

図9.3 アナログ信号のデジタル化

9-3 2進数とは

私たちが普段使用する数は10進数です．10進数は，0～9の10種の数字を使って数値を表します．10進数で「238」と書けば，「二百三十八」の意味です．これ

は，10 進数の各桁にそれぞれ 10^2，10^1，10^0 の重みがあるからです．すなわち，

$$2\times10^2+3\times10^1+8\times10^0=2\times100+3\times10+8\times1=238 \quad (9.1)$$

です．一方，コンピュータの内部の数値は2 進数で表されています．2 進数では，0 と 1 の 2 種類の数字だけで数値を表わします．つまり，2 進数の各桁にもそれぞれ重みがあり，1 桁左に書かれた数字は 1 桁右の数字よりも 2 倍の重みをもっています．2 進数で 1101 と書けば，

$$1\times2^3+1\times2^2+0\times2^1+1\times2^0=1\times8+1\times4+0\times2+1\times1=13 \quad (9.2)$$

です．本章では，2 進数を示すときに，$(2\text{ 進数})_2$ と記述します．たとえば，2 進数の 1101 は，$(1101)_2$ です．

片手の指は 5 本あるので，指を折った状態を 0，指を伸ばした状態を 1 と決めておけば，図 9.4 のように 5 本の指で 32 通りもの状態が表現できます．2 進数は 0 と 1 の 2 種類の数字を使うので，たとえば電球が点灯していれば 1，消灯していれば 0 と決めておけば，何個かの電球を並べておいて点滅させることで，2 進数の数値を表すことができます．同様に，電子回路で電圧が高ければ 1，低ければ 0 などと決めておけば，いくつかの信号を組み合わせて数値を表現することができます．これがコンピュータで 2 進数が使われている理由です．2 進数ならば信号の「有り」「無し」だけで判定するので雑音に強いという利点もあります．

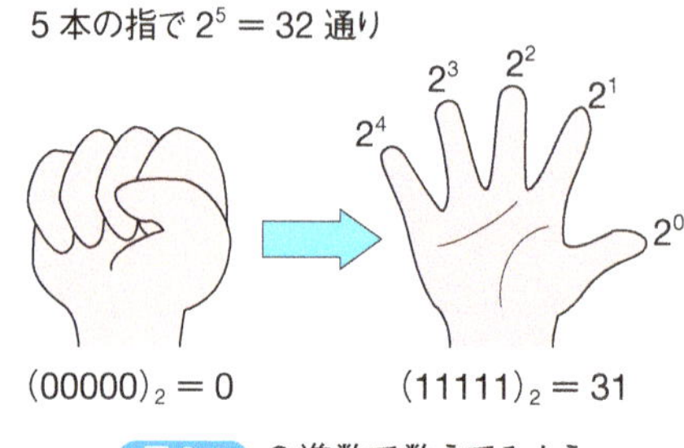

図 9.4 2 進数で数えてみよう

【ビット】
(bit)
コンピュータで扱われる情報量またはデータの最小単位．2 進数の 1 桁，0 と 1 に対応し，二者択一に必要な最小の情報量となる．

2 進数の 1 桁をビット（bit）とよびます．bit とは 2 進数を意味する「Binary Digit」の略語です．また，コンピュータの内部では，8 ビットを一組として数値処理することが多く，8 ビットの 2 進数のことをバイト（B，byte）とよびます．$2^{10}=1024$ なので，これを約 1000 と考えて 1 k（キロ）とよびます．以降 2^{10} ごとに，1 M（メガ），1 G（ギガ），1 T（テラ）とよばれていることも覚えておきましょう．たとえば，「このハードディスクの記憶容量は 1 TB（テラバイト）だ」というように，バイトとともに使われることもあります．

9 4 論理回路入門

論理回路は論理演算を行う電子回路のことです．0 と 1 の 2 つの状態を，電圧の高低，電流の多少，パルス信号の時間の長短などで表現して，論理演算を実行します．電圧の高低で表現する場合，それぞれを“H”“L”ということもあります．基本的な演算を行う論理ゲート（後述）があり，それらを組み合わせて複雑な動作をする回路を構成します．論理回路は，現在の入力だけで出力が決まる回路である組合せ論理回路と，現在の内部状態と現在の入力信号とで次の出力が決まる順序論理回路に大別できますが，その詳細は専門書に譲ります．

論理回路はデジタルと名のつくすべての電子機器に使用されています．コン

ピュータをはじめとして，いわゆる情報家電といわれるCD・DVD機器，デジタルテレビ，プリンタ，デジタルカメラ，ゲーム機，スマートフォンなどを動かすのに論理回路が欠かせません．工業用途でも，プログラマブル・ロジック・コントローラ（PLC）は古くから論理回路が応用されている代表的な装置です．また最近では3Dプリンタなどのデジタル機器にも論理回路が多く使用されています．

論理回路の基本要素はAND，OR，NOTの3種類の演算です．この3つの組み合わせだけでさまざまな機能の回路が作成できます．これら3種類の基本論理演算について，**真理値表**を用いて説明します．真理値表とは，入力変数の組み合わせに対応する出力変数の状態を示したものです．図9.5の真理値表では入力変数がA，Bで，出力変数がYであり，これらの変数はいずれも0か1の論理値（状態）をとります．変数の値が算術演算の数字ではないことに注意してください．

（1）AND：AND演算は論理積ともよばれ，図9.5左のように，入力AとBの両方に1が入力された場合のみ出力が$Y=1$になり，それ以外の場合は$Y=0$となる演算です．$Y=AB$と書いて，「YイコールAアンドB」と読みます．算術演算の「かける」とは読みが違っていることに注意してください．

（2）OR：OR演算は論理和ともよばれ，図9.5中央のように，A，Bいずれかの入力が1，もしくは両方が1の時に出力が$Y=1$となります．$Y=A+B$と書いて，「YイコールAオアB」と読みます．算術演算の「たす」とは読みが違っています．

（3）NOT：NOT演算は，入力Aの反転状態がYに出力されます．図9.5右の真理値表には，$A=0$のとき$Y=1$で，$A=1$のとき$Y=0$となることが示されています．$Y=\overline{A}$と書いて「YイコールAバー」と読みます．

以上に説明したAND，OR，NOTという3種の論理演算は，スイッチと電球の回路で実現できます．図9.5下において，電球Yの点灯と消灯を出力信号Yの「1」と「0」で表現し，スイッチA，B各々の「押す」と「放す」を入力A，B各々の「1」と「0」で表現します．まず，AND演算は，スイッチAとBの直列回路になり，スイッチAとBの両方を「押す」時だけ電球Yが点灯します．次にOR演算

【PLC】
（Programmable Logic Controller）
リレー回路の代替装置として開発された制御装置である．工場などの自動機械の制御に使われる．シーケンサともよばれる．

【3Dプリンタ】
3D-CADや3D-CGのデータを元に立体構造物を造形する装置．

【CAD】
（Computer-Aided Design）
コンピュータを利用して行う機械や構造物の設計・製図．また，その機能を組み込んだコンピュータシステムやソフトウェアを指す．

【CG】
（Computer Graphics）
コンピュータを使用して描かれた画像や図形のこと．または，それらを作成する技術のこと．

演算名	AND	OR	NOT
真理値表	A B | Y 0 0 | 0 0 1 | 0 1 0 | 0 1 1 | 1	A B | Y 0 0 | 0 0 1 | 1 1 0 | 1 1 1 | 1	A | Y 0 | 1 1 | 0
論理式	$Y=AB$	$Y=A+B$	$Y=\overline{A}$
スイッチ回路	A B E Y	A B E Y	A E Y

図9.5 基本論理演算の真理値表とそれを実現するスイッチ回路

算は，並列のスイッチ回路になります．この場合，スイッチAとスイッチBのどちらか一方，または両方が「押す」であれば電球Yが点灯します．最後にNOT演算は，図9.5右下のような回路になります．ここで使われているスイッチは，「放す」ときにONとなり，「押す」ときにOFFとなるスイッチです．この場合，スイッチAを「押す」と電球Yが消灯し，スイッチAを「放す」と電球Yが点灯します．以上の回路はいずれも機械式のスイッチで説明しましたが，実際の論理回路では，第8章で説明したトランジスタやMOS-FETを使用した電子式のスイッチが用いられています．

9.5 論理ゲートと論理回路

【論理ゲート】
論理演算を行う回路のこと．基本論理演算素子または単にゲートともよぶ．

実際に論理回路を設計する場合，論理式や論理ゲートとよばれる回路記号（MIL記号）を用いて表します．図9.6左には，前節で説明したAND，OR，NOTという3種類の基本論理演算に対応する回路記号，論理式，および真理値表を記載しました．また，図9.6右には，これ以外の3種類の論理演算に対応する回路記号と論理式，および真理値表を記載しました．これらの演算の働きは以下のとおりです．

（1）NAND：回路記号の○印が出力の反転演算（NOT）を表し，ANDの反転出力，すなわち図9.6左上に示したAND演算の出力に対して，0と1を反転させた出力Yが出ます．

（2）NOR：回路記号の○印が出力の反転演算（NOT）を表し，ORの反転出力，すなわち図9.6左中に示したOR演算の出力に対して，0と1を反転させた出力Yが出ます．

（3）XOR：AかBの一方だけが1のとき出力$Y=1$になり，AとBが等しいときには$Y=0$になります．排他的論理和ともよばれます．

基本論理ゲートであるAND，OR，NOTを組み合わせると，任意の論理回路を合成することができます．また，詳細な説明は省略しますが，出力が否定された

AND　$Y = AB$

A	B	Y
0	0	0
0	1	0
1	0	0
1	1	1

OR　$Y = A + B$

A	B	Y
0	0	0
0	1	1
1	0	1
1	1	1

NOT　$Y = \overline{A}$

A	Y
0	1
1	0

NAND　$Y = \overline{AB}$

A	B	Y
0	0	1
0	1	1
1	0	1
1	1	0

NOR　$Y = \overline{A + B}$

A	B	Y
0	0	1
0	1	0
1	0	0
1	1	0

XOR　$Y = A \oplus B$

A	B	Y
0	0	0
0	1	1
1	0	1
1	1	0

図9.6 論理素子（＝論理ゲート）の種類

NANDもしくはNORだけを使ってすべての論理回路が合成できることもわかっています．特に，NANDゲートはMOS-FETを使ったICの構造がシンプルで論理回路の集積密度を高められるので，現実的にはNANDだけを使って回路合成する例も多いのです．また現在の設計現場では，手作業で論理素子をつないで回路を構成するような設計はあまり行われておらず，言語を使用した設計手法が主流となっています．この場合，NANDやNORを使用するか，そのほかを使用するかは，9.7節で説明する論理合成ソフトウェアに任されてしまっているので，設計者がそれを意識することはほとんどありません．

【IC】
(Integrated Circuit)
トランジスタ，抵抗，ダイオードなど能動素子や受動素子を1つの基板上または基板内に，分離できない状態に結合してある超小型回路．集積回路．第4，8章も参照．

【NAND】
(NotとAndから)
論理回路の1つ．AND回路（論理積回路）の出力を反転したもの．

9.6 2進数の計算

2進数には数字が0と1しかないので，2進数の加算は表9.1の4種類しかありません．ここで，AとBは加算する2つの2進数，Sはその和（sum）で，Cは加算の結果生じた桁上げ（carry）です．10進数のようにたくさん数字がないので計算は簡単ですが，$1+1=2$という計算でも，2進数には「2」がないので慣れるまでは戸惑うかもしれません．10進数の$1+1=2$は，2進数では$(1)_2+(1)_2=(10)_2$となります．具体例として，$(11)_2+(10)_2$を計算する手順を図9.7に示します．要するに，被加数$(11)_2$と加数$(10)_2$を筆算の要領で積み重ねて，下の桁から1桁ずつ加えていくことで計算します．

2つの2進数の加算を実現する論理回路を半加算器（HA，half adder）とよびます．図9.8（a）に半加算器HAの真理値表と回路記号を示します．この真理値表は，表9.1で説明した加算規則と同じものです．しかし，本格的な加算にはこれでは足りません．10進数の場合，たとえば$7+3=10$ですが，2桁の加算だと$75+38=113$になります．すなわち，下位の加算，$5+8=13$で生じた桁上げ（carry）の1を10の位の加算に加えるからです．2進数の場合も下位の桁の加算で桁上げが生じると，次の桁の加算にこれを加えなくてはなりません．下の桁の桁上げを考慮した加算を実現する回路が全加算器（FA，full adder）です．

【半加算器】
演算回路の加算の機能をもった演算器の一種．下位の桁からの桁上げを考慮せず当の桁だけで2進数の加算を行う．

【全加算器】
演算回路の加算の機能をもった演算器の一種．下位の桁からの桁上げを考慮した2進数の加算を行う．

図9.8（b）に全加算器FAの真理値表と回路記号を示します．FAの真理値表は前の桁の桁上げ$C_i=0$の場合と$C_i=1$の場合に分けられますが，$C_i=0$の場合の出力$(C_0S)_2$は図9.8（a）で示した半加算器HAの場合と同じになり，$C_i=1$の場合の$(C_0S)_2$は$C_i=0$の場合よりも2進数で1進んだ値となっています．以上の半加算器HAと全加算器FAを組み合わせると，任意ビット数の2進数加算器

表9.1 2進数1桁の加算規則

A		B		C	S
0	+	0	=	0	0
0	+	1	=	0	1
1	+	0	=	0	1
1	+	1	=	1	0

・方法
1桁ずつ下位の桁から足していく．
・例
```
   11  ⎧1桁目：1＋0を計算し，和が1，桁上がりが0
 + 10  ⎩2桁目：1＋1で，和が0，桁上がりが1
 ----
  101  以上をまとめると答えは，(101)₂
```

図9.7 2進数の足し算

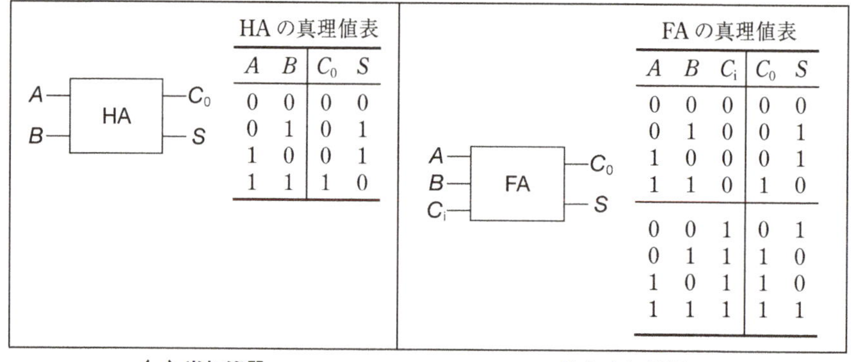

HAの真理値表

A	B	C_0	S
0	0	0	0
0	1	0	1
1	0	0	1
1	1	1	0

FAの真理値表

A	B	C_i	C_0	S
0	0	0	0	0
0	1	0	0	1
1	0	0	0	1
1	1	0	1	0
0	0	1	0	1
0	1	1	1	0
1	0	1	1	0
1	1	1	1	1

(a) 半加算器　　(b) 全加算器

図9.8 半加算器と全加算器

が簡単に構成できます．図9.9に4ビット加算器の例を示します．1ビット目は桁上がり入力がないのでHAを使用し，2ビット目～4ビット目にはFAを使用しています．下の桁の桁上がり出力 C_0 を次の桁の桁上がり入力 C_i に順次接続して，各桁の和出力 S_k（$k = 0 \dots 3$）と4ビット目の桁上がり出力 C_3 により加算出力 $(C_3S_3S_2S_1S_0)_2$ を得ています．

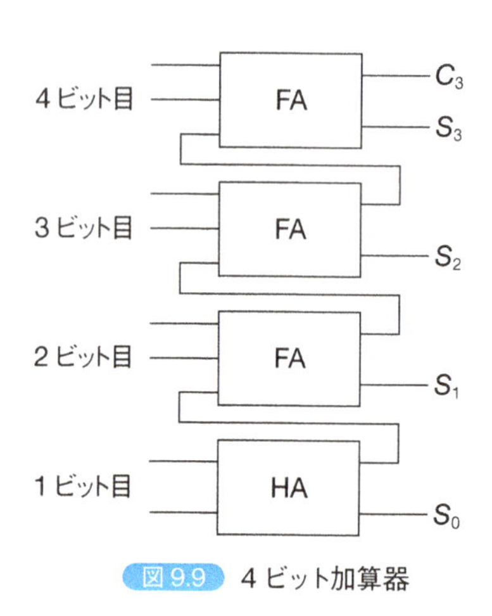

図9.9 4ビット加算器

足し算ができれば引き算も簡単です．$X - Y$ の計算では，Xに（$-Y$）を加えると考えます．ここで，（$-Y$）は2の補数で表現します．Y が n ビットの2進数の場合，2の補数 C_{2Y} は次の式で定義します．

$$C_{2Y} = 2^n - Y \tag{9.3}$$

X と C_{2Y} を加算すると，次式のように求める引き算（$X - Y$）に 2^n が加算されることがわかります．

$$X + C_{2Y} = 2^n + (X - Y) \tag{9.4}$$

具体的に2の補数をつくるには，2進数の各ビットを反転して1を加えます．図9.10（a）に2進数 $Y = (0101)_2$ から2の補数 C_{2Y} をつくる方法の例を示します．また，図9.10（b）に補数を使った引き算の方法を示します．たとえば，$7 - 5$

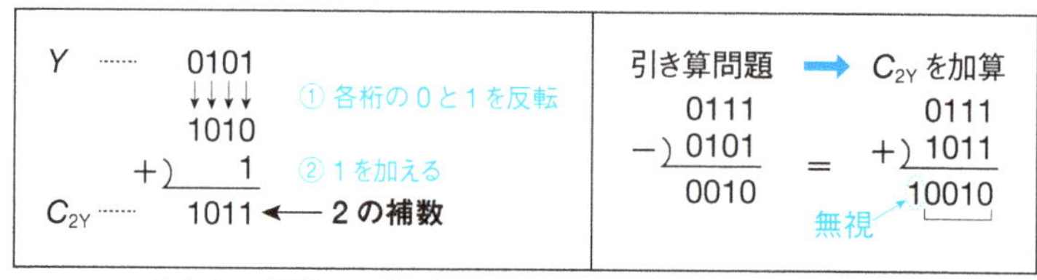

(a) 2の補数のつくり方　　(b) 2の補数による引き算

図9.10 2の補数のつくり方と補数を用いた引き算

$=(0111)_2-(0101)_2$ですが，2の補数 C_{2Y} を使えば，$(0111)_2+(1011)_2=(10010)_2$ になります．上位1ビット（(9.4)式の 2^n に相当）を無視して下位4ビットをとれば，引き算の結果 $(0010)_2=2$ となるわけです．

また，かけ算も簡単に行えます．2進数で2をかけることは，2進数の数字列を左にシフトすることに相当します．たとえば，$(11)_2\times 2=(110)_2$ となります．よってかける数Bの各桁に応じてかけられる数Aをシフトして加算すればかけ算が実行できます．具体的な2進数のかけ算の例として，$(1101)_2\times(101)_2$ を計算する手順を図9.11に示します．わり算については少し複雑な判定をしながら引き

・方法
かける数の“1”のある桁をシフト&加算する

・例

```
     1101
×)    101 ←かける数は（101)2
     1101 ←1桁目：被乗数（1101)2をそのまま書く
+) 1101   ←3桁目：被乗数（1101)2を2桁シフトして書く
  1000001
```

以上をまとめると答えは，$(1000001)_2$

図9.11　2進数のかけ算の例

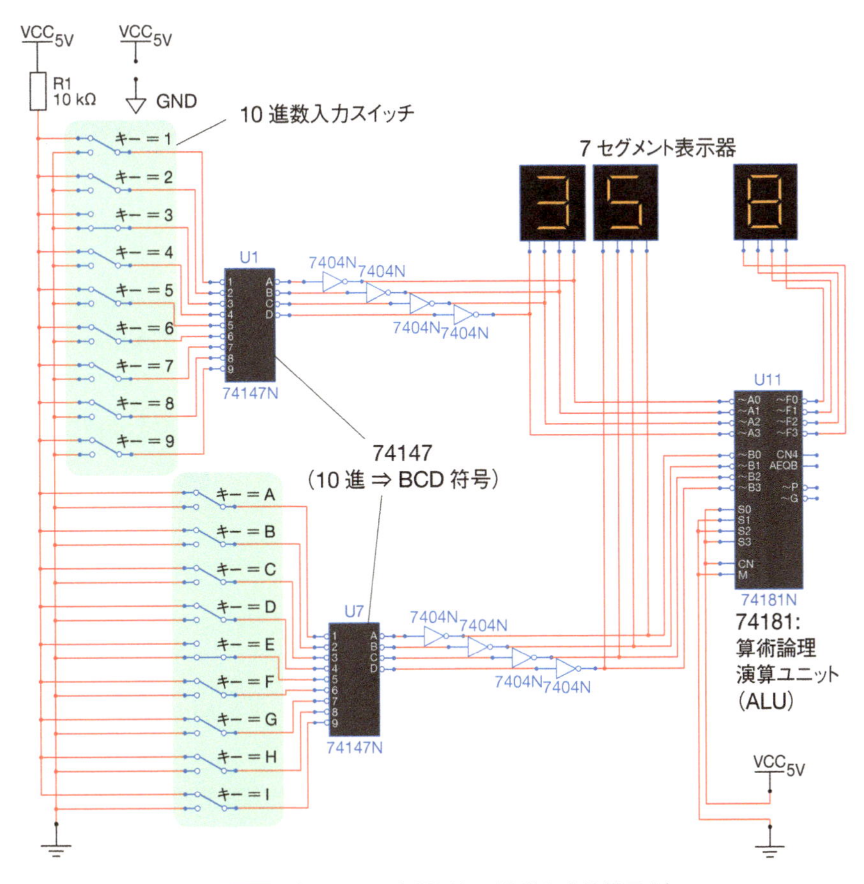

図9.12　論理回路の応用例（10進数入力簡易電卓）

算をする必要があるので，ここでは説明を省略します．

図9.9の4ビット加算器は，HAとFAを組み合わせた基本的な設計例でした．これをさらに進めて，ALU（算術論理演算装置）を用いた10進数入力簡易電卓の回路図を図9.12に示します．本回路ではALUとして74181というICを加算器のモードで使用し，このICの入力に被加数と加数の各々を74147というICで4ビットの2進数（BCD符号）に変換して入力しています．加算する10進数は図の左端の2組の9個のスイッチで入力します．このスイッチは実際の電卓では1～9の数字キーに相当します．10進数の入力値と，ALUによる加算結果は電卓の数字表示器（7セグメント表示器）で表示しています．わずか1桁の10進数の加算回路ですが，図9.6の個別論理ゲートを使用するととても大きな回路になります．これをALUなどの専用ICを使えば比較的簡単に実現できます．

【ALU】
（Arithmetic Logical Unit）
コンピュータを構成する基本部分で，四則演算・論理演算などを行う装置．算術論理演算装置．

【BCD符号】
（binary coded decimal code）
2進化10進符号の略称．10進法で表される数字の各桁を，4桁の2進数の組み合わせで表現する符号．

9 7 ハードウェア記述言語による設計

論理回路設計は，論理ゲート（図9.6）を並べた回路図入力による方法と，ハードウェア記述言語（HDL）による方法があります．回路図入力では大規模な回路設計が困難なので，企業における開発・設計現場ではHDLを用いた設計が主流です．従来の回路設計では回路図という絵を描いていました．つまり，回路図にしたがって部品を組み合わせて基板をつくっていたのです．これに対して，HDLを用いた設計ではすべて文字で記述します．接続関係ではなく回路の動作をプログラミング言語で記述するのです．そしてシミュレーションで動作を確認した後，コンピュータでネットリストに変換し，実際のLSIを製造します．実験室で設計した論理回路を手軽にLSI化するデバイスとして，FPGAが利用されています．FPGAはLSI内部の論理回路をプログラミングで構成できる半導体チップです．FPGAには論理ブロックが多数搭載されており，この論理ブロック間の配線を変更することで複雑なデジタル回路をその場で実現できます．FPGAの設計では，まずHDLを用いて論理回路の機能を記述します．この情報をFPGA用の開発ソフトウェアで配線情報に変換してチップに書き込むことで，即座にそのFPGAが設計した機能をもつデジタル回路へと変わります．FPGAを用いたLSI開発手法は，デジタル機器の開発・試作のみならず，生産数量が限られる製品にも採用されています．

【HDL】
（Hardware Description Language）
デジタル回路，特に集積回路を設計するためのプログラミング言語の一種．

【ネットリスト】
構成部品の接続関係を記述したファイル．

【FPGA】
（Field Programmable Gate Array）
PLD（Programmable Logic Device）の一種であり，設計者が手元で変更を行いながら論理回路をプログラミングできるLSIのこと．

本章のまとめ

本章では，計算するデジタル回路の基礎事項と簡単な応用例，ならびに実際の設計手法の概要を説明しました．

（1）アナログは連続的に変化するもの，デジタルは不連続的に変化するもののこと．デジタル回路で信号処理をするには，アナログ信号をデジタル信号に変換するA/D変換と，その逆を行うD/A変換が必要.

(2) デジタル回路は論理回路によって構成されています．論理回路の基本はAND，OR，NOTです．実際の回路では，ANDとNOTを組み合わせたNANDだけでも構成することができます.

(3) デジタル回路の重要な応用であるコンピュータは，2進数を使って計算します．論理回路を組み合わせた加算器を使えば，2進数を用いた足し算ができます．また2の補数を利用すれば引き算ができ，シフト演算を使えばかけ算を行うことができます.

(4) 論理回路を用いた基本的な応用例として，2進数の加算器と10進数入力による簡易電卓の構成例を紹介しました．さらに実際の設計現場での動向として，ハードウェア記述言語による論理回路設計と，FPGAによる回路試作について紹介しました.

演習問題

❶下記の（　）に当てはまる語句を選択肢より選べ.

情報の表現には，変化を連続的な量で表現する（ 1 ）と，数値で表現する（ 2 ）がある．時計を例にすると，時計を数字で表現するのが（ 3 ）で，針の動きで表現するのが（ 4 ）である.

【選択肢】 (a) バイト　(b) アナログ　(c) デジタル　(d) ビット

❷0 mから1000 mまでの長さを1 m単位で表すには，少なくとも何ビット必要か.

【選択肢】 (a) 4　(b) 10　(c) 1000　(d) 1001　(e) 8

❸以下の文章を示す論理式を選択肢より選べ.

(1) ある試験科目は，科目Aと科目Bの両方とも合格したときに合格する.

(2) スイッチAが押されている，またはスイッチBが押されているならばチャイムが鳴る.

(3) スイッチAが押されていないならば手元灯がつく.

【選択肢】 (a) $Y = AB$　(b) $Y = \overline{A}$　(c) $Y = A + B$

参考図書

(1) 松下俊介：「基礎からわかる電子回路」，森北出版（2004）

(2) 小峯 龍男：「デジタル回路の「しくみ」と「基本」」，技術評論社（2007）

(3) 白土義男：「たのしくできる やさしいディィジタル回路の実験」，東京電機大学出版局（1994）

chapter 10 コンピュータの世界

10 1 はじめに

2012 年に，数々の先端技術を結集したスーパーコンピュータ「京」が神戸にて完成しました（図 10.1）．「京」による飛躍的な計算速度の向上は，津波や集中豪雨などの気象予測，新しい薬の開発などさまざまな科学技術発展の基礎となっています．現在の情報化社会では，このようなスーパーコンピュータだけでなく，携帯電話やスマートフォンなどの情報機器から洗濯機や炊飯器などの家電製品に至るまでさまざまな電気製品に計算機（コンピュータ）が使われ，日常生活には欠かせない存在となっています．本章では計算機の発展の歴史を解説するとともに，私たちが家庭や仕事場で使うことが多いコンピュータであるパソコンの構造について説明します．

図 10.1 スーパーコンピュータ「京」（写真提供：理化学研究所）

10 2 計算機の発達

人は紀元前 4000 年から足し算や引き算をするために石板や粘土などの道具を使ってきました．科学技術の発展とともに計算も複雑になり，それを解くための計算機も発展，改良されてきました．本節では現在までの計算機の発展について解説します．

A 計算機のはじまり（機械式計算機）

一般的に，自動的に計算を行い，結果を出力する機械のことを計算機（コンピュータ）とよびます．1623 年にシッカート（Wilhelm Schickard）により発明された「計算する機械（Schickard's calculating clock）」が世界最古の計算機だといわれています．この計算機は電気で動くものではありません．それ以前に乗算を簡単に計算するために使われていた**ネイピアの計算棒**（図 10.2）とよばれる道具を歯車などで動かすことで，加減算および乗算の計算をしていました．さらに，その約 20 年後には「パスカルの原理」で有名なパスカル（Blaise Pascal）が開発した**パスカリーヌ**やライプニッツ（Gottfried Von Leibniz）による計算機が発明されました．特にライプニッツの計算機は 5 桁× 12 桁の乗算ができるだけでなく，減算をくり返すことで除算もできました．

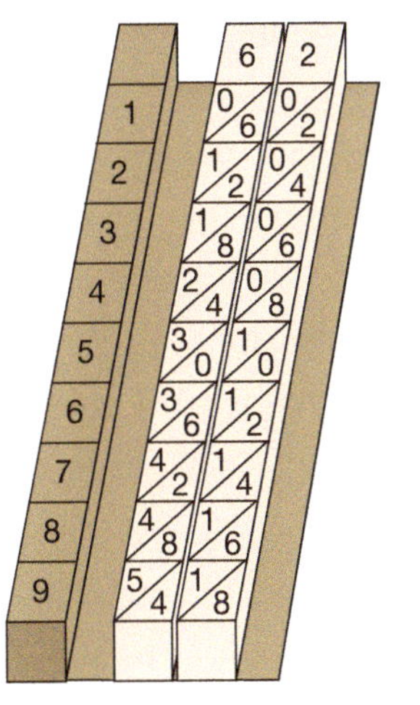

図 10.2 ネイピアの計算棒

【ネイピアの計算棒】
（Napier's bones）
数学者ネイピア（John Napier）により発明された，かけ算を簡単に行うための道具．ネイピアの骨ともよばれる．

【パスカリーヌ】
数学者であるパスカル（Blaise Pascal）が製作した機械式計算機．加減算が可能であった．

B 電子計算機の発展

計算機の高速化のため，機械要素ではなくリレーや配線などの電気的な要素を用いた計算機が提案されました．その 1 つがツーゼ（Konrad Zuse）により開発された Z3 です．1941 年に開発された Z3 は，電気的スイッチの一種であるリレーを用いた計算機です．約 2000 個のリレーを使用して加減乗除算や平方根の計算ができました．平均計算速度は，加算 0.8 秒，乗算 3 秒だったそうです．

【リレー】
（relay）
電気信号によって電気回路の開閉（スイッチング）を行う装置．継電器．

その後，より高速化を目指して，当時開発されはじめた真空管を用いた電子計算機の研究開発が進められました．1939 年に米国アイオワ州立大学においてアタナソフ（John Atanasoff）とベリー（Clifford Berry）の 2 人は小規模な電子計算機（ABC マシン〈Atanasoff-Berry Computer〉）を試作しました．この計算機には，「2 進法による演算」「電子部品（真空管）による論理演算回路」「計算部と主記憶（メモリ）の分離」などの現代電子計算機にも用いられている要素を備えており，世界最初の電子計算機とされています．

【真空管】
（vacuum tube, electron tube）
整流，発振，変調，検波，増幅などを行うために用いる電子回路用の能動素子．ガラスなどの容器に複数の電極を配置し，容器内部を真空もしくは低圧とし少量の希ガスや水銀などを入れた構造をもつ．第 8 章参照．

最初の実用的な電子計算機として有名なのが，1946 年にペンシルベニア大学で開発された ENIAC（Electronic Numerical Integrator and Computer）です．真空管 1 万 7468 本を使用し，大きさは床面積 167 m^2，重量 30 t にもおよぶ大型計算機でした．演算能力は加減算 5000 回/秒，乗算 350 回/秒，除算 40 回/秒でした．

計算機が高速化すると，電卓のように 1 回の動作で 1 つの計算をするだけでなく，計算を複雑に組み合わせた多数の計算を自動的に行えるようになりました．この自動計算において，計算処理の内容とその順序をあらかじめ定めたものを**プログラム**とよびます．ENIAC では穴を特定の位置に開けた紙のカード（パンチカード）や配線などでプログラムを実現していました．そこで，フォン・ノイマン（John von Neumann）は計算機内の主記憶装置（メモリ）にプログラムを置き，それを逐次実行するプログラム内蔵方式を提案しました．これによりプログラムの作成や修正が非常に簡単になりました．この方式を，提案者の名前からノイマン型コンピュータとよびます．現在のコンピュータや携帯電話などの情報機器のほぼすべてがこのタイプです．

C スーパーコンピュータの開発

第二次世界大戦後，航空宇宙分野，原子力，光学機器設計，暗号解読等，多くの分野で高速かつ大規模な科学技術計算の必要性が増しました．現在では，創薬から環境分野，3D CG（Computer Graphics）などのエンターテイメントに至るまで，その必要性が減ることはありません．このように大規模かつ高速演算に特化した計算機をスーパーコンピュータとよびます．スーパーコンピュータは，1960年にUNIVAC社が製造した，2個のプロセッサを備えた科学技術計算向け計算機LARCが始まりです．その後，1976年にはCray社により，同じ形の計算を流れ作業で高速に計算できるベクトル型スーパーコンピュータCray-1が開発されました．

現在のスーパーコンピュータは多数の演算用プロセッサと高度な最適化技術から成り立っています．Webサイト“TOP500[1]”には世界のスーパーコンピュータの処理速度の最新ランキングが掲載されています．スーパーコンピュータの演算能力は，flopsとよばれる1秒間に何回の浮動小数点演算が可能かで評価されています．2016年6月現在で，中国のSunway TaihuLight（神威太湖之光）が世界1位で93.01 Pflopsの性能をもっています．本章のはじめに紹介した日本のスーパーコンピュータ「京」は世界5位で10.51 Pflopsです．また，最近では地球環境保護のために，スーパーコンピュータの省エネ性能に高い関心が集まっています．“Green500[2]”では，単位消費電力あたりの演算能力で世界のスーパーコンピュータをランキングしており，理化学研究所のShoubu（菖蒲）が7031.58 Mflops/Wで世界1位です．

1）http://www.top500.org/

【Pflops】（Peta flops）
計算機の計算能力を表す指標．1 Pflopsは1秒間に10^{15}（1000兆）回の浮動小数点演算が可能であることを示す．

2）http://www.green500.org/

【Mflops/W】（Mega flops per Watt）
消費電力1 Wあたりの計算能力を表す指標．1 Mflopsは1秒間に10^{6}（100万）回の浮動小数点演算が可能であることを示す．

D パソコンへの展開

コンピュータの高速化と同時に小型化が図られ，家庭やオフィスで文書や図面などの作成に用いられるようになりました．これらは個人向けコンピュータという意味でパーソナルコンピュータ（personal computer；PC），あるいは略してパソコンとよばれています．半導体技術の発展によりマイクロプロセッサが普及すると，種々のパソコンが開発されました．1975年に発表されたAltair8800（MITS社）は，前年に開発された8ビットマイクロプロセッサ8080（Intel社）を用いたものです．マイクロプロセッサが搭載された箱型の本体に記憶装置や入力装置などを接続することで，機能が向上するようになっていました．

また，翌年にはジョブス（Steve Jobs）とウォズニアック（Stephen Wozniak）により，マイクロプロセッサと周辺回路を備えたAPPLE Iが，1977年にはディスプレイやキーボード，フロッピーディスクを備えたAPPLE IIが販売されました．これにより個人がパソコンを持つ時代が到来しました．1981年にはコンピュータ業界最大手のIBM社がIBM Personal Computer model 5150を開発しました．IBM社はパソコンの構造やハードウェアの仕様を公開し，誰もが自由に使用できるようにしました．これをオープンアーキテクチャといいます．これにより，さまざまな企業が互換性のあるパソコンを開発したり，周辺機器を開発したりすることができました．この結果，市場が一気に拡大し，事実上の世界標準（通称

【マイクロプロセッサ】（microprocessor）
演算を行う処理装置を集積回路で実装したもの．コンピュータや家電製品などに組み込まれている．

PC/AT 互換機）として普及しました．

10 3 計算機の構成

計算機はさまざまな装置（ハードウェア）で構成されています．この節では身近なパソコンの中身を探り，その構造や主な装置について述べます．

代表的なパソコンの外観を図10.3に示します．キーボードと並んでマウスが標準的な入力装置として用いられています．このほか，ノートパソコンには同等の機能をもつタッチパッドも装備されています．出力装置にはディスプレイのほか，プリンタやプロジェクタがあります．スマートフォンやタブレットPCにはディスプレイと入力装置が一体化したタッチパネル（タッチスクリーン）が採用されており，入出力兼用の装置となっています．このため，スマートフォンやタブレットPCでは，ディスプレイにキーボードを表示して，タッチパネルの機能を使って文字や数字を入力するソフトウェアキーボードが使われています．入出力装置については，第12章で説明します．

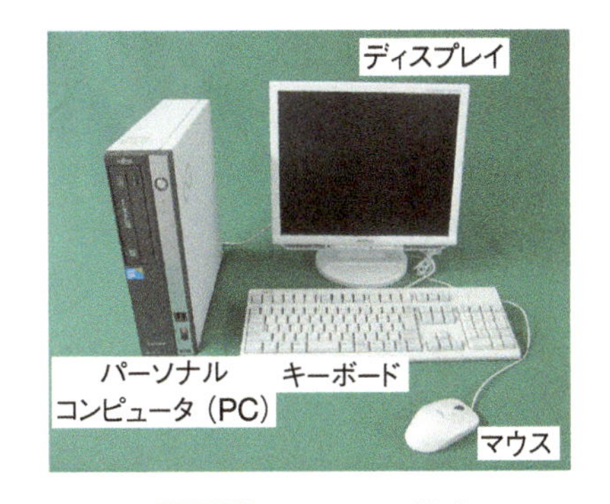

図 10.3 パソコンの構成
（パソコン本体：富士通㈱ ESPRIMO D550/B,
ディスプレイ：三菱電機㈱ RDT179LM）

【タッチパッド】
（touchpad）
ポインティングデバイスの一種．センサの平面を指でなぞることでカーソルを移動させる．

パソコン本体のカバーを外すと，図10.4に示すように中央処理装置，主記憶装置，補助記憶装置の一部，電源があります．中央処理装置（CPU）は，入力されたデータの計算や比較判定などの演算を行う装置であり，コンピュータの心臓部に当たります．主記憶装置（メモリ）は処理の実行時にデータやプログラムを一時的に記憶する装置です．これに対して，補助記憶装置は入力したデータやプロ

【CPU】
（Central Processing Unit）
コンピュータの中枢部分として各種のプログラムを実行する電子回路のこと．中央処理装置，または中央演算処理装置と訳される．

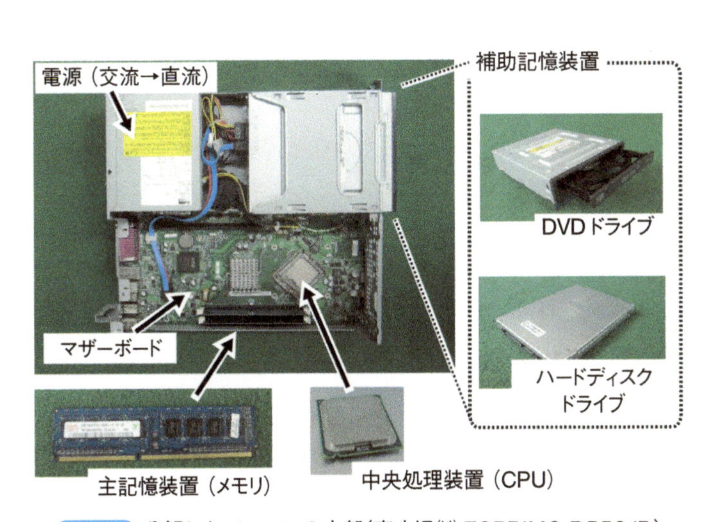

図 10.4 分解したパソコンの内部（富士通㈱ ESPRIMO D550/B）

グラム，あるいは処理の結果を長期間保存しておくために用いる装置です．パソコン本体に内蔵されているハードディスクやDVDドライブ等がこれに相当します．また，本体からの取り外しが可能で，持ち運びに便利な補助記憶装置もあります．このような機器の多くは接続のための規格の1つであるUSBを使用しています．たとえば手のひらサイズのUSBメモリがその代表です．その他，パソコンの中にはインターネットに接続するためのイーサネットコントローラや無線LAN，Bluetoothなどの通信装置があります．

CPUや主記憶装置などを取り付けるための基板をマザーボードとよびます．CPUと主記憶装置をつなぐためのソケットをはじめ，補助記憶装置，拡張スロット，USBなどの各種コネクタ（差し込み口）を実装しています．コネクタの形状や規格は統一されているので，各種装置を自由に選んでマザーボードに取り付けることができます．たとえば，高性能のCPUに交換したり，主記憶装置や補助記憶装置の記憶容量を増やしたりすることができます．さらに，マザーボードには拡張スロットも備えられていて，この拡張スロットを介してさまざまな周辺機器を後述のバスに接続することができます．たとえば，拡張スロットにグラフィックボードを追加することによって高画質のディスプレイを接続することができます．

使用中のCPUはかなり発熱するので，熱除去用の大きなファンが取り付けてあります．このため，ファンを外さなければCPUを直接見ることはできません．また，パソコンは直流で動作するため，電源装置で交流から直流に変換しています．この電源もCPUと同様にかなり発熱するため，やはりファンが取り付けてあります．パソコンのカバーには冷却用の空気の吸気口と排気口が設けてあるので，パソコンの使用中に決してこれをふさがないように注意する必要があります．ふさいでパソコン内部の温度が上がると，CPUの性能が落ちるだけでなく各種装置の故障にもつながります．

【DVD】
（Digital Versatile Disk）
データを記録するための記録媒体であり，光学ディスクの一種である．樹脂でできた円盤の細かい溝に施された凹凸をレーザ光で読み取ることで，データの読み込みが可能となる．

【USB】
（Universal Serial Bus）
パソコン等に周辺機器を接続するための通信規格の一種．

【イーサネット】
（Ethernet）
複数のコンピュータを接続し，コンピュータネットワークを構築するための規格の1つ．第15章参照．

【Bluetooth】
計算機と周辺機器を接続するための無線規格の1つ．

10 4 中央処理装置のしくみ

中央処理装置（CPU）は計算の中核を担う装置です．その内部には，プログラムで指示された演算・計算を実行する演算機能，主記憶装置やその他の周辺機器の制御機能のほか，レジスタとよばれる演算に用いるための一時的データ記憶機能ももっています．CPUは，外部に備えられた発振子からのクロック信号にしたがい，一定の時間間隔で規則正しく動作しています．このクロック信号の周波数が高いほど高速に動作します．最近のCPUでは3 GHz以上の周波数で動作するものが数多くあります．

CPUの高速化はプログラムの実行速度を左右するため，さまざまな技法が取り入れられます．1つはCPUに用いられている半導体の集積数の大規模化です．Intel社の設立者の一人であるムーア（Gordon E. Moore）は，「集積回路上のトランジスタ数は18ヶ月ごとに2倍になる」というムーアの法則を唱えました．1971年に発表された世界初のマイコンであるi4004（Intel社）のトランジスタ数は2237個でしたが，最近のCore i7（2012年Intel社）では約14億個といわれます．

【レジスタ】
（register）
CPU内にある記憶素子．演算に使う値や演算の状態など演算中のデータを一時的に記憶しておく．

【発振子】
（oscillator）
固有の周波数をもつ交流信号を発生する電子部品．

【クロック信号】
（clock signal）
電子部品が規則正しいタイミングで動作するための電気信号．CPUは演算処理を一定のテンポでくり返す．このテンポを周波数の単位であるHz（ヘルツ）で表す．

基本的な計算機のCPUは，プログラムに書かれた順序にしたがって，1つ1つ計算を実行していきます．これに対し，最近のCPUでは「マルチプロセッサ」や「マルチコア」とよばれる，いくつかの計算を同時に実行できる機能をもつものがあります．このマルチプロセッサを用いれば，計算をプロセッサ数に分割して同時に実行することができるので，それだけ処理が高速になります．

10 5 主記憶装置のしくみ

主記憶装置はCPUとデータのやり取りを頻繁に行うため，データの読み書きが極めて高速に行われる必要があります．一方，補助記憶装置はプログラムやデータを大量に保存しておく必要があるため大容量が求められます．この点が主記憶装置と補助記憶装置の役割の大きな違いです．このため，記憶容量あたりの単価は，主記憶が高額で補助記憶装置が安価です．また，一般的には主記憶装置の記録は揮発性で，補助記憶装置の記録は不揮発性です．このため，パソコンのスイッチを切ると主記憶装置の記録は消失しますが，補助記憶装置の記録は保存されています．主記憶装置の記憶領域はそれぞれ番地（アドレス）で識別できるようになっていて，データやプログラムの1つ1つの命令は番地を指定することによって読み書きされます．これをRAM（Random Access Memory）とよびます．RAMにはDRAM（dynamic RAM）とSRAM（static RAM）があり，一定時間（数マイクロ秒）ごとに読み出しと書き込みをくり返す「リフレッシュ」とよばれる操作の有無によって区別されます．DRAMはリフレッシュが必要で，読み書きの速度は遅いけれども電子回路の構造が単純です．一方，SRAMはリフレッシュが不要で，読み書きの速度は速いのですが回路が複雑です．図10.5にDRAMの構造を示します．メモリ回路はトランジスタとコンデンサが各1個で1ビットの情報（“0”か“1”）を読み書きします．図10.5に示したビット線（よこ線）とワード線（たて線）の各1本に電圧が加わると，その交点である1ビットの記憶場所が指定でき，情報の読み書きが行われます．DRAMはこのビット線とワード線の電圧を制御することでデータの読み書きを行っています．

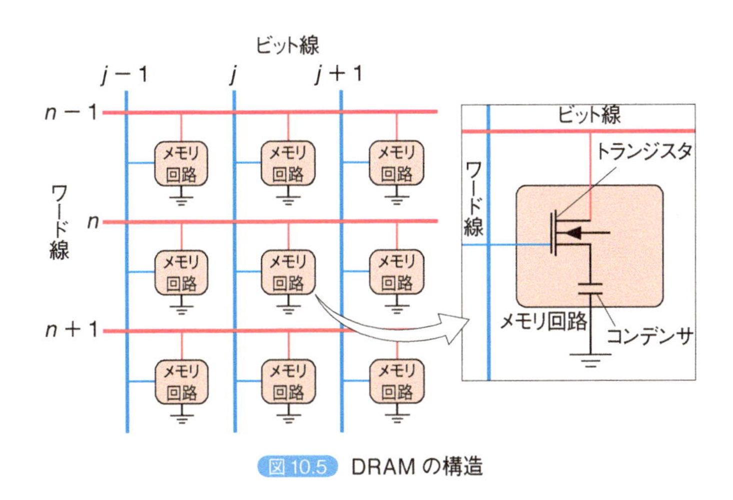

図10.5 DRAMの構造

10 6 装置間の制御と接続

図10.6に，CPU，入力装置，記憶装置，出力装置といった装置間におけるデータやプログラムの流れと信号制御の流れを示しています．青線の矢印はパソコンの使用者がキーボードやマウスを使って入力したデータの保存やプログラムを実行するときの流れであり，赤線の矢印は各装置で行う処理の順序やタイミングのコントロールのための信号制御の流れです．

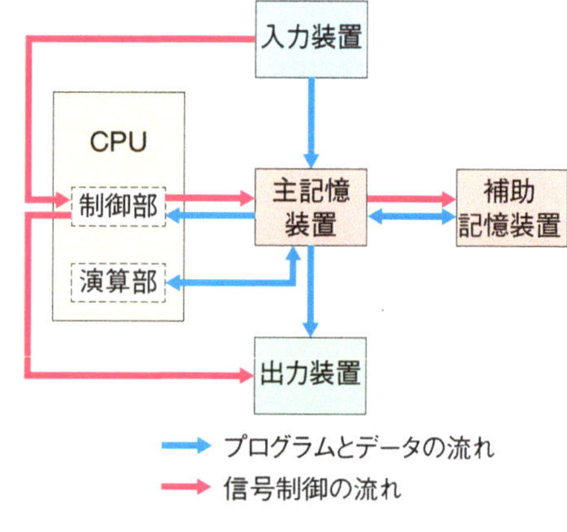

図10.6 各装置間のデータおよび信号の流れ

あらかじめ補助記憶装置に保存されているプログラムを起動すると，まず主記憶装置に読み込まれます．次に，CPUがその処理の手順を主記憶装置から順番に読み取ります．たとえば，キーボードやマウスから入力されたデータや命令を処理する場合には，まずデータや命令が主記憶装置に読み込まれるか，あるいは，補助記憶装置に保存されてから主記憶装置に読み込まれます．次に，これがCPUに送られて，プログラムの手順にしたがって処理されます．入力の状況や処理された結果は，出力装置であるディスプレイに順々に表示されます．そして，この間にCPUの制御部が他の装置と通信して，一連の作業の順序やタイミングを制御します．なお，処理された結果は主記憶装置に書き込まれているため，このままではプログラムの終了時に消滅します．長期間保存するためには補助記憶装置に書き込むか，プリンタに出力する必要があります．このように，各装置間ではデータの転送や制御信号のための通信を行う必要があります．

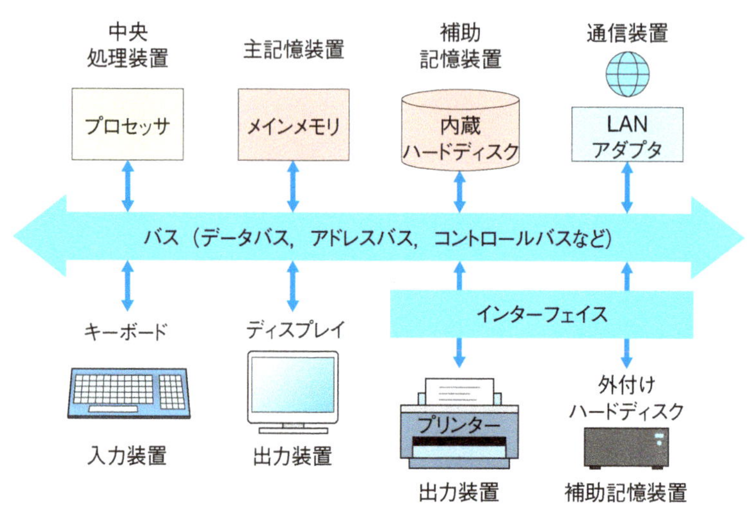

図10.7 バス方式による装置の接続

パソコンでは図10.7に示すように各装置間がバスでつながっています．バスはデータの通り道で，電気信号を通すための接続線といえます．

10 7 オペレーティングシステムとパソコンの起動

パソコンを使ってメールの送受信やSNS，ワープロ，ゲーム等をするためにはパソコン本体などのハードウェアだけでなく，パソコン上で動作するプログラムが必要です．このプログラムをソフトウェアとよぶこともあります．プログラムは大きく分けて2種類あります．パソコンが起動したときに動作を開始して，常にバックグラウンドで動いているオペレーティングシステム（Operating System；OS）と，ワードプロセッサや表計算ソフトのような特定の目的のために用いるアプリケーションソフトウェアです．ここではOSの概略について述べます．

OSの最も重要な機能はハードウェアの管理です．計算機では複数のプログラムが同時に実行されているため，それぞれのプログラムが使用する主記憶装置の番地や中央処理装置の使用時間を管理し，スケジュールを調整する必要があります．OSはハードウェアの使用状況を常に監視し，プログラムに使用可能なハードウェアを割り当てることで，プログラムが効率的に動作するようにします．

また，補助記憶装置に保存したファイルのコピーや削除，電源のオン／オフや再起動，アプリケーションプログラムの実行／停止などもハードウェアに関連した命令であり，これらの命令を受け取って実行するのもOSの役割です．OSに命令を出したり，結果を示したりする機能をユーザインターフェイスとよびます．パソコンが開発された当初は，キーボードから文字で命令（コマンド）を入力するCUI（Character User Interface）がほとんどでした．しかし，パソコンが一般家庭で使用されるにつれ，より操作性の良いインターフェイスが求められました．そこで，ディスプレイに表示されている画面を机（デスクトップ）と見なし，そこに置かれている図形（アイコン）をマウスを使って操作することで，プログラムの実行やファイル操作が行えるグラフィカルユーザインターフェイス（Graphical User Interface；GUI）が用いられるようになってきました．MS-Windows（Microsoft社），MacOS X（Apple社）など，現在のパソコン用OSで使用されているのがGUIです．

図10.8にOSが起動するまでの順序を示します．パソコンの電源を入れると，まず，マザーボードにあるBIOS（Basic Input Output System）とよばれるプログラムが実行されます．このプログラムにはパソコン本体が動くための最低限の機能，たとえばキーボードから入力できるようにしたり，グラフィックカードを介して文字をディスプレイに表示できるようにしたりします．また，補助記憶装置の使用もできるようにします．

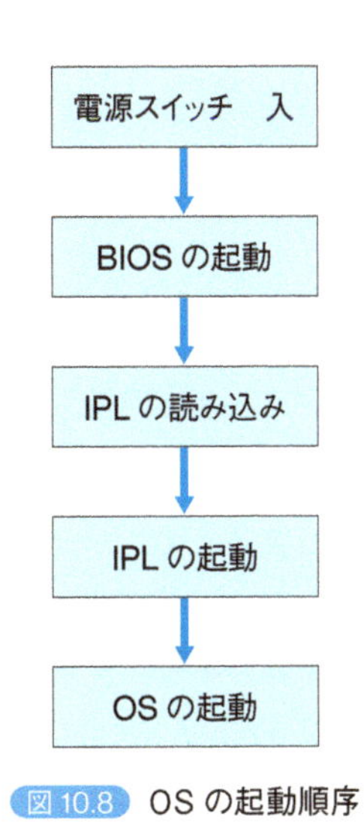

図10.8 OSの起動順序

【グラフィックカード】
（graphic card）
コンピュータにおいて画像を出力するための装置の一種で，マザーボードに差し込んで使用するタイプのものをいう．

次に補助記憶装置のMBR（Master Boot Record）とよばれる特殊な場所からOSを起動させるための最初のプログラムであるIPL（Initial Program Loader）を読み込みます．これにはOSを起動させるために必要な装置が使用可能か，メモリやキーボードなどの各装置が正しく働くか，をチェックして初期化する機能があります．これで問題がなければ，OSを構成するさまざまなプログラムを定められた順序通りに読み込んで実行します．OSが正常に起動すれば，各種のアプリケーションソフトウェアが使えるようになります．

10 8 計算機の今後の展開

これからの計算機開発において，高速化・高機能化は重要な課題です．より高速化を目指して2020年までに1 Eflopsの計算能力をもつエクサ級スーパーコンピュータを開発する計画が米国，日本，欧州，中国で立案されています．各国が目指しているのは単純に「性能競争で1位になる」ことではありません．スーパーコンピュータによる高精度・高速演算は，遺伝子，タンパク質情報をもとにした新薬の開発，防災時のシミュレーションなどに有用であるとともに，多くの産業において，技術力，競争力を底上げする基盤となります．

【Eflops】
（Exa flops）
1 Eflopsは1秒間に10^{18}（100京）回の浮動小数演算が可能であることを示す．

また，単純な高速化ではなく，自然言語の文脈から主旨を理解したり，多くの情報をもとに最適な解を推論したりするような，これまでの計算機とは異なった計算機開発もなされています．IBM社は2009年に質問応答システムWatsonを開発しました．これは，これまでの高性能だけを目指したものではなく，人間の会話や本・台本・百科事典を覚えこませることで，人との自然なコミュニケーションの実現を目指したものです．たとえば，アメリカの人気クイズ番組「Jeopardy！」にて人間との対戦デモが行われ，司会者から出題された問題の内容を理解し，回答することで，人間に勝利しました．また，2016年からは日本国内においてもWatsonを用いたコミュニケーションサービスの開発が始まりました．将来的には，人の代わりにオンラインのヘルプデスク，コールセンターでの顧客サービスなどに活用できると考えられています．

2016年には，Google社が開発した囲碁プログラムAlphaGOがプロの囲碁棋士に勝つなど，人工知能も話題となっています．たとえば人間はさまざまな言葉を聞き分け，理解することができます．しかし，生まれたばかりの赤ちゃんの頃からできていたわけではありません．成長する過程でさまざまなことを聞き，脳の記憶や認識をつかさどる神経細胞間の結合が変わることで，言葉を学習します．その神経細胞における学習のしくみを工学的に解明し，計算機で実現したものを，人工ニューラルネットワーク（Artificial Neural Network；ANN）や機械学習とよびます．AlphaGOはこのANNを発展させたディープラーニング（Deep Learning）とよばれる手法を元に作成されました．さまざまな囲碁棋士の棋譜を計算機自身が学習することで，その時の最善手が何かを導けるようにしたものです．今後，ANNはこれまでの計算機では比較的苦手とした画像識別や自然言語の解析などへの応用も期待されています．

本章のまとめ

この章では計算機の発展の歴史を解説し，日常で用いられているパソコンの構造を説明しました．

(1) 第二次世界大戦前後において種々の電子計算機が開発されました．戦後も科学技術計算の需要が高く，高機能化，高性能化のための改良が図られています．

(2) パソコンは，CPU，記憶装置（主記憶装置と補助記憶装置），入力装置，出力装置，そして周辺装置で構成されています．

(3) 各装置はマザーボード上のバスを通してデータをやりとりする構造になっています．

(4) ハードウェアの規格は統一されていることが多く，ハードウェアの交換によって各装置の機能を強化することができます．

(5) これからの計算機は，高速化とともに人工知能により高機能化され，より幅広い分野で応用されていくものと考えられます．

演習問題

❶以下の文章において（　　）の中に最も適切な語句を入れよ．

(1) 一般的には，自動的に計算を行い，結果を出力する機械のことを（ 1 ）とよぶ．そこで実行される個々の計算とその順序を定めたものを（ 2 ）とよぶ．主記憶装置に（ 2 ）を置き実行する形式の（ 1 ）を提唱者の名前から（ 3 ）とよび，現在の（ 1 ）のほとんどがこの形式である．

(2) 中央処理装置の高速化手法として，中央処理装置内に半導体素子である（ 4 ）の個数を増やすことがあげられる．また，複数の中央演算装置を用いて同時に処理する（ 5 ）などの手法が用いられている．

❷パソコンを構成する次の各装置に使われている機器をそれぞれ2つあげなさい．

主記憶装置　(1) ＿＿＿＿＿＿，(2) ＿＿＿＿＿＿
入力装置　(3) ＿＿＿＿＿＿，(4) ＿＿＿＿＿＿
出力装置　(5) ＿＿＿＿＿＿，(6) ＿＿＿＿＿＿
補助記憶装置　(7) ＿＿＿＿＿＿，(8) ＿＿＿＿＿＿

参考図書

(1) トリプルウイン：「徹底図解　パソコンのしくみ　改訂版―最新ハードウェアのテクノロジーから近未来パソコンまで」，新星出版社（2013）

(2) 中島　康：「OHM大学テキスト コンピュータアーキテクチャ」，オーム社（2012）

家電製品を制御するマイコン

はじめに

次の図は，身の回りにある家電製品を並べたものです．この中で，「コンピュータ」は何台あると思いますか？

図 11.1 身の回りの家電製品

「ノートパソコンで1台，あるいはスマートフォンを入れて2台」，と答えるかもしれませんが，そうではありません．ここに示した全部がコンピュータです．もう少し正確にいうと，コンピュータが組み込まれた製品です．冷蔵庫にも電子ミシンにもステレオにも，最近の家電製品のほとんどにコンピュータが組み込まれています．このような家電製品に組み込まれているコンピュータは，マイコンとよばれています．本章では，マイコンのしくみと，それが家電製品でどのように使われているのかを説明します．また，実例を使ってマイコンがどのように動作するかについても説明します．

11.2 コンピュータと制御

コンピュータの本来の意味は「自動計算機」です．コンピュータに動作手順を記述したプログラムを与えれば，その手順にしたがってさまざまな計算を実行し，その数値結果を出力します．その最先端に位置するのが第10章で紹介したスーパーコンピュータ「京」です．京は世界最高クラスのコンピュータですが，基本的には「計算をすることに特化した機械」です．

一方，コンピュータの多様化に伴って，さまざまな入出力機器（周辺装置）が開発されました．たとえば，パソコンはモニタに映った画面を見ながらマウスで操作します．マウスを動かすと画面に表示されている矢印（ポインタ）が動き，それを画面上に配置されているアイコンに合わせてクリックすれば，ソフトウェアが動きはじめます．すなわち，コンピュータの内部で計算をするだけではなく，マウスという入力装置と，モニタという出力装置を使って，人間と情報を交換しながらパソコンが動作しています．このような用途では，コンピュータと外界とのデータのやりとり，「入出力」が重要な役割を果たしています．

そこで，この外界との入出力機能と計算機としての機能を1つにしたのがマイコンです．マイコンは，外界からさまざまなデータを入力して，それを内部のコンピュータで処理をした後，さまざまな形で外界へ出力することができます．第10章で述べたように，コンピュータは計算処理をする中央処理装置（CPU）だけでできているのではなく，プログラムやデータを保存するための記憶装置（メモリ）も必要です．マイコンとはこれらが一体化されて，1個の半導体集積回路になったものです．

家電製品に組み込まれたマイコンは，その動作を**制御**（**コントロール**）するために使われています．たとえば，テレビを見るときは，まずスイッチを入れます．次に，選局ボタンを押して好みの放送番組に切り替えて，音が小さければ音量を上げる，といった動作指定をします．これが「動作の制御」です．また，電気ポットであれば，単にスイッチの切り替えだけでなく，中に入っているお湯の温度を一定に保つという制御もあります．この場合には，スイッチのように人間の指定で切り替えるのではなく，お湯の温度を測り，その温度に応じてヒータの設定温度を変更するという**自動制御**になります．現在の家電製品の多くは，このような制御にマイコンを利用しているのです．

昔の電気製品は，機械的なしくみで制御していました．図11.2は，筆者が少年時代に大好きだった電気こたつです．昔のこたつは，バイメタルという素材を使ってこたつ内の温度調節を行っていました．バイメタルとは熱膨張率の異なる2枚の金属板を貼り合わせた板のことです．バイメタルの温度が上がると，熱膨張率の大きな金属の方が小さい金属より伸びるので，板全体が温度に応じて曲がります．そこで，図11.3のようなしくみをつくって温度制御をしていました．こたつのヒータのそばにバイメタルを置き，温度が上がってバイメタルが曲がると，それに応じて近くに置かれたスイッチを押し上げて，回路を切るしくみになっています．

図11.2 電気こたつ

【熱膨張率】
熱膨張係数ともいわれる．温度変化1℃に対する物体の体積変化の割合．

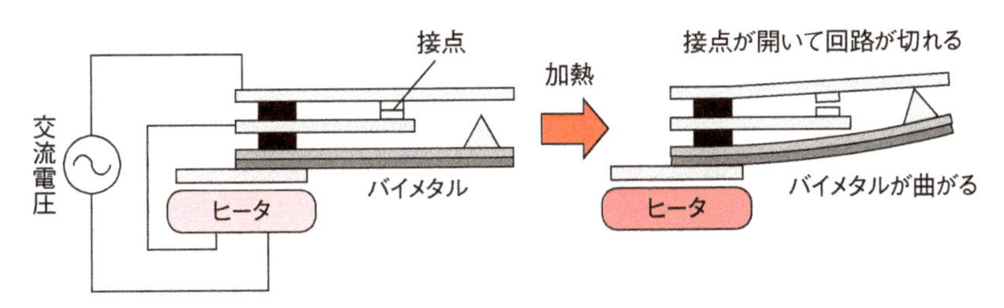

図11.3 バイメタルを使った温度調節器

スイッチが切れてしばらくすると，温度が下がってバイメタルの曲がりが小さくなり，再びスイッチが入ります．温度の上下によってスイッチが切れたり入ったりすることで，温度を一定に保つことができるというわけです．バイメタルとスイッチの間隔を調節すれば，設定温度を変えることもできました．

マイコンが登場して以降，このようなしくみはあまり使われることがなくなりましたが，技術者がいかに工夫して温度の制御をしていたか，その一端を知ることができます．

11 3 マイコンで制御される家電製品

ここでは，家電製品の中からデジタルカメラと電子レンジを題材にして，「機器の入出力をマイコンで制御する」という観点からその動作を見てみましょう．

A デジタルカメラ

図 11.4 にデジタルカメラにおける代表的な入力と出力を示します．

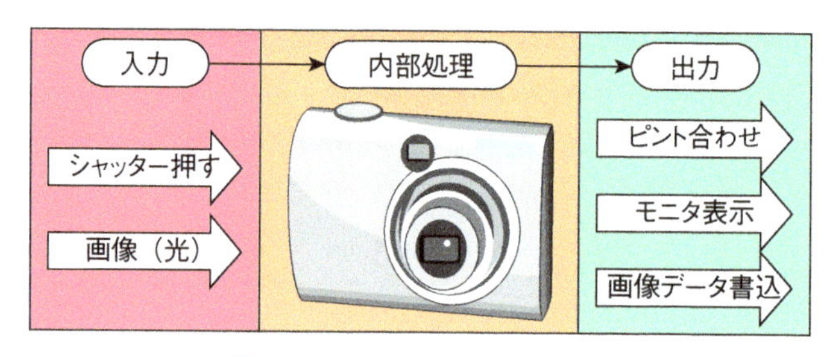

図 11.4 デジタルカメラの入出力

カメラは，シャッターボタンを半押しすれば被写体にピントが合い，全押しすればレンズを通して入ってくる光を画像入力デバイスで取り込んだ後，それを処理して，モニタに表示したり，メモリカードに画像データを書き込みます．この場合，シャッターボタンの押し方で動作を変えたりすることも制御になります．また，ピントを合わせるにはレンズの位置を変えるモータを制御する必要がありますし，周りの明るさに応じて絞りやシャッタースピードを変える必要もあります．もし，入力した画像を適当なサイズに圧縮して保存するなら，圧縮計算も必要です．これらがすべてマイコンで実行されているのです．

B 電子レンジ

電子レンジはマイクロ波という高周波の電波を利用して食品内部から加熱調理をする装置のことです．図 11.5 に電子レンジの代表的な入力と出力を示します．

電子レンジの中に加熱したい食品を入れ，加熱ボタンを押すと，マイクロ波が発生して加熱します．そのとき，重量センサで食品の重さを計り，それに応じてマイクロ波の強さを変えたり，食品を乗せたプレートを回転させたりして，均一に加熱されるように制御します．庫内の温度は常に温度センサで測定し，食品の

図 11.5 電子レンジの入出力

加熱具合に応じて調理時間を調整します．調理時間などの情報はモニタに表示され，調理が終わったら，「チン！」の音を出して完了です．これら一連の処理がすべてマイコンで実行されているのです．

11 4 パソコンとマイコンの違い

マイコンは，パソコンの機能を1つの半導体集積回路に埋め込んだものです．第10章で説明したパソコンの構造をもう一度振り返ってみましょう．

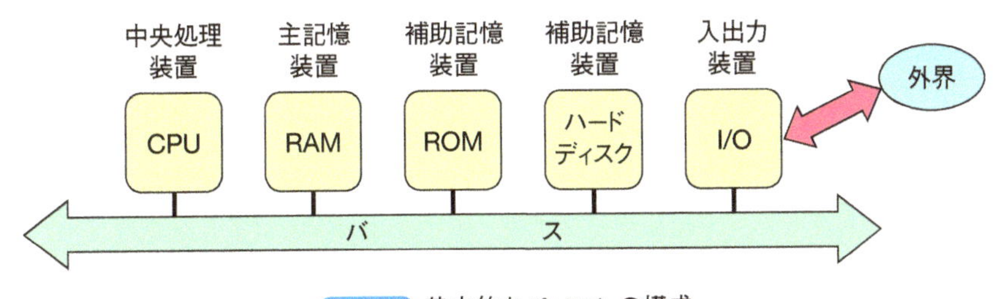

図 11.6 基本的なパソコンの構成

図11.6のように，コンピュータの構成要素には，演算を行う中央処理装置（CPU），計算結果を一時的に記憶するための主記憶装置（メモリ，RAM），プログラムやデータを保存するための補助記憶装置（ROMやハードディスク），および各種の入出力機器をつなぐためのインターフェイス（I/O）から構成されていて，これらはバスとよばれるデータの通り道でつながれています．パソコンでは，これらの装置は基本的にすべて別々で，マザーボードとよばれる1枚の配線基板の上に接続することでコンピュータとして機能します．パソコンは，文書作成・表計算・インターネットの閲覧など，さまざまな動作を1台のコンピュータ上で実行するのが目的です．このため，メモリ容量は大きく，補助記憶装置も大容量のものを使用します．これが，各部品がばらばらに接続されている理由の1つです．

これに対し，家電製品に組み込んで，その動作制御を行うという特定の目的に使われるコンピュータは，プログラムが小さいために大容量のメモリなどは不要です．そこで，図11.7のように，演算処理装置であるMPU（Micro Processing Unit），

【RAM】
（Random Access Memory）
データに任意の順序でアクセスできる（ランダムアクセス）メモリのこと．書き込み・読み出しが可能．

【ROM】
（Read Only Memory）
記録されている情報を読み出すことだけが可能なメモリ．電源を切っても記録されたデータは消えない．

【I/O】
（Input/Output）
データなどの入力と出力を指す．

【MPU】
（Micro Processing Unit）
コンピュータなどに搭載される，プロセッサを集積回路で実装したもの．

メモリ（RAM），動作を記述したプログラムの入った不揮発性メモリ（ROM），インターフェイス（I/O）といったコンピュータの要素を1つにして，図11.7の右に描かれているような半導体チップに埋め込んでいます．これがマイコンです．「マイコン」とは，「マイクロコンピュータ」または「マイクロコントローラ」の略語です．1つのチップに埋め込まれているという意味で，ワンチップマイコンということもあります．マイコンのMPUはパソコンのCPUに相当します．パソコンではマザーボードにあったバスもチップの内部に埋め込まれています．これを内部バスといいます．MPUとメモリやインターフェイスとのデータのやりとりは，この内部バスを通して行います．

【内部バス】
コンピュータ内部の機器をつないでデータを交換する経路のこと．

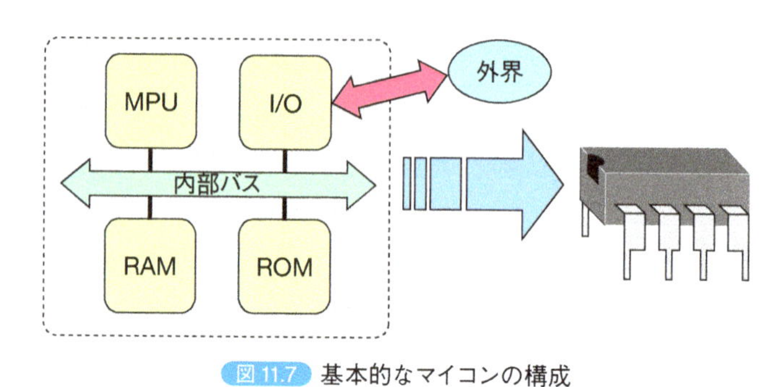

図11.7 基本的なマイコンの構成

11 5 マイコンの入出力

マイコンは組み込まれる機器にその機能を特化しているため，電子レンジ用のマイコンはあくまでも電子レンジ用です．そのままでデジタルカメラ用として使うことはできません．では，デジタルカメラのマイコンと電子レンジのマイコンは全然違うものなのかというと，必ずしもそうではありません．マイコンはコンピュータの一種ですから，プログラムを書き換えるだけでさまざまな動作をさせることが可能です．マイコンは，内蔵しているROMに書かれているプログラムを，スイッチを入れた後で自動的に読み込んで，所定の動作を行います．そこで，制御したい家電製品に合わせたプログラムをROMに書き込んでおけば，原理的にはデジタルカメラと電子レンジで同じチップを使うことも可能です．入力端子にシャッターボタンの入力や画像センサの入力を，出力端子にモータへの設定電圧やメモリカードへの書き出しを指定したプログラムをROMに書き込めばデジタルカメラ用になるし，温度センサを入力端子に，マイクロ波発生の設定電圧などを出力端子につなげば電子レンジ用になるというわけです．実際のマイコンにはさらにいろいろな機能がついていて，アナログ入出力を行うためのA/D・D/A変換器，時間を扱うタイマ，回数を数えるカウンタ，突発的な入力に対応する割込み，なども備えています．備えている機能やその性能は，マイコンの種類・型番に依存します．

さて，第9章で説明したように，コンピュータは基本的に2進数で動いているので，マイコンでのデータ入出力も2進数で行います．図11.7の右側に示したワンチップマイコンの両側から出ている金属の端子に，ある決まった電圧以上の電圧を与えるのがHIGH（H）で，入力として“オン”という状態になります．これに対し，端子がある電圧以下になるのがLOW（L）で，入力として“オフ”という状態になります．この入力端子に加えたHIGHとLOWの情報は，マイコン内部にあるレジスタとよばれるデータ保存場所の中に1と0という数値情報として格納されます．図11.8に一例を示します．端子はいくつかまとめて1つのセットになっています．これをポートといいます．図11.8の例では，8個の端子を1つのグループにして「ポートA」とし，各端子には0から7という番号が振られています．一番右端の端子はポートAの0番です．この0番端子に電圧レベルHIGHが入力されたとします．すると，ポートAに対応しているPORTAレジスタの0番にレベルHIGHを表す「1」が設定されます．LOWのときは「0」です．他の端子も同様です．このレジスタに格納された8ビットの値を参照するようにプログラムを書けば，ポートAの設定情報をマイコン側で読み込むことができます．これが入力です．

【レジスタ】
CPU内にある記憶素子．演算に使う値や演算の状態など演算中のデータを一時的に記憶する．

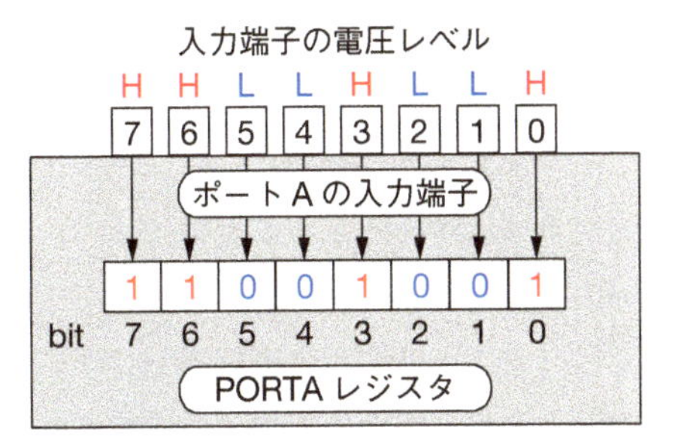

図11.8 マイコンの入力端子とレジスタ

出力の場合にはこの逆を行います．すなわち，マイコンのプログラムがPORTAレジスタに2進数の情報を書き込めば，それに接続されているポートの端子電圧がHIGHまたはLOWに設定されます．これが出力です．ただし，1つの端子で入力と出力を同時に扱うことはできないので，どちらで使うかはプログラムで指定しておかなければなりません．パソコンやUSB機器に出力する場合は，シリアルデータという規格にしたがったデータに変換して出力ポートに出力します．

【シリアルデータ】
(serial data)
シリアル通信で使用する時間的に直列なデータのこと．シリアル通信では1ビットずつ，順番にデータを送る．現在，高速データ通信はシリアル通信が主流である．

また，アナログ入力端子に各種センサの電圧を加えれば，マイコン内部のA/D変換器を使って2進数に変換した後，レジスタに書き込みます．その後の動作は同じです．また，アナログ出力端子では，レジスタに格納された2進数をD/A変換器でアナログ電圧に変換してから所定の端子に加えます．たとえば，温度センサは外部の温度で出力電圧が変化するデバイス（部品）ですが，温度センサをマイコンのアナログ入力端子に接続すれば，マイコンは温度のデータを入力として受け取ることができます．ただし，マイコンの入力電圧の上限は決まっているので，温度センサの出力電圧をそれに合わせて接続する必要があります．たとえば，マイコンのアナログ端子の入力電圧の最大値が5Vで，温度センサの出力電圧の最大値が1Vの場合には，温度センサの電圧を5倍に増幅してからアナログ端子に加える必要があります．

11 6 マイコン用プログラムの作成手順

マイコンはあくまでもハードウェアであり，それだけでは何も制御することはできません．実際に家電製品を制御するには，動作手順を書き込んだプログラムを，マイコンが内蔵しているROMに書き込む必要があります．ただし，マイコンに書き込むのは，コンピュータがそのままで解釈・実行することのできる機械語です．機械語は，データだけでなく演算などの動作命令もすべて数値を使って記述します．このため，機械語を読んで意味を理解するのは困難で，間違いを発見するのも一苦労です．また，機械語は使用しているプロセッサのメーカによって異なるので，マイコンを入れ替えたときに，プログラムを全面的に書き換えなければならないこともあります．

このため，通常は，機械語でプログラムを書くことはありません．より人間に理解しやすい言語を所定の文法で組み合わせて動作を指定するプログラミング言語を使います．マイコン用のプログラミング言語としては，C言語やJavaなどが使われています．このプログラミング言語で書いたプログラム（ソースプログラム）を機械語に翻訳することをコンパイルといい，コンパイルを行うソフトウェアをコンパイラといいます．コンパイラが翻訳して出力したものをオブジェクトファイルといいます．入出力のようなインターフェイスとのデータ交換を処理する部分は，あらかじめ用意されてライブラリになっているので，これと結合して，最終的に実行可能な機械語のファイルができます．この結合処理をリンクといいます．

【ライブラリ】
そのマイコンに特化して書かれた，プログラムソースファイルやオブジェクトファイルなど．

ソースプログラムはワープロなどを利用して作成することもできますが，マイコン用プログラムの場合には，プログラムの作成からコンパイル，リンク，ROMへの書き込みといった一連の作業を一括して行える開発環境とよばれるソフトウェアがマイコンの開発元から提供されているので，これを使って作成すると便利です．ソースプログラムを書いたらコンパイラを使ってコンパイルを行います．コンパイラは，ソースプログラムに問題があればエラーメッセージを出力して終了するので，エラーを修正して再度コンパイルします．しかし，コンパイルに問題がなくても正しい動作をするとは限りません．最終的に，プログラムが望みの動作をするまでソースプログラムを何度も書き直す必要があります．この作業をデバッグといいます．

【デバッグ】
（debug）
プログラムの間違いを修正して正しい動作をするように書き直す作業のこと．プログラムの間違いを「バグ」（bug，小さな虫のこと）というので，これを取るという意味で「デバッグ」という．

デバッグが完了して完成した機械語のファイルは，USBケーブルなどを経由して，マイコンのROMに書き込む必要があります．この作業はROM焼きともよばれています．ROM焼きが完了すれば，マイコン単独で動作することが可能になります．

11 7 こたつの温度制御プログラム

こたつの温度制御を例にして，マイコンの動作を指定するプログラムを考えてみましょう．ここでは最も簡単な温度制御のみを考えます．こたつには，図11.9

のような液晶表示器と，⊞と⊟という温度設定を変更するボタンが付いていて，⊞ボタンを押すと設定温度が1℃増加し，⊟のボタンを押すと設定温度が1℃減少するようになっています．こたつのスイッチを入れるとマイコンが動き出しますが，マイコンはまず初期の設定値を変数Tdに格納します．ここでは25℃に設定しています．その後，温度調節ボタンが押されているかどうかを判定し，押されていた場合には，設定温度変数Tdの値を増減させます．その後，温度センサの測定値を読み込んで変数Tに格納します．最後にTとTdを比較して，Tの方が小さければヒータをオンにし，Tの方が大きければヒータをオフにして，再び設定ボタンが押されているかの判定に戻ります．この動作をくり返しているときにヒータがオフになれば，温度が下がっていき，温度が設定値を下回るとヒータは再びオンになります．これで自動的にこたつの温度を設定温度付近に保つのです．ここまでの動作をフローチャートで表すと，図11.10のようになります．

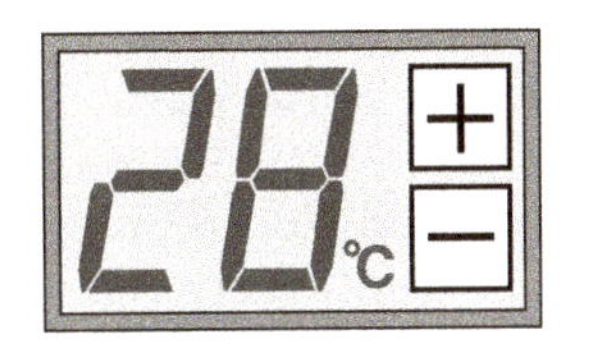

図11.9 温度設定器

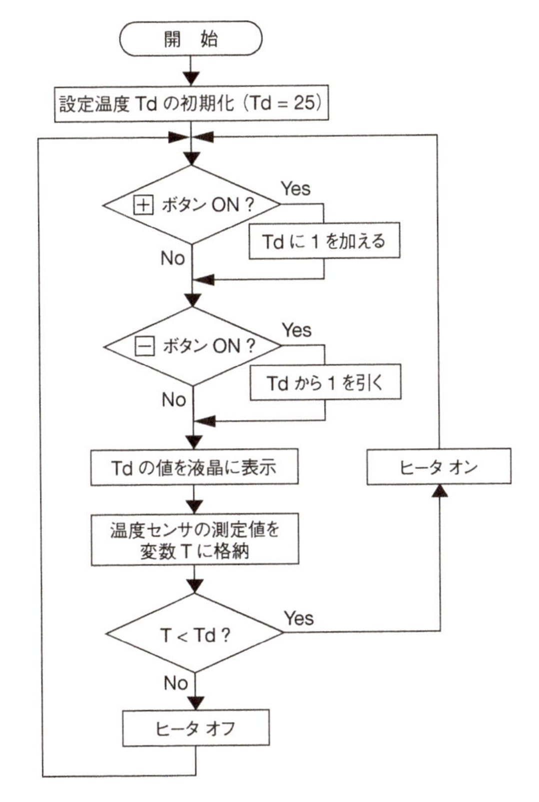

図11.10 温度制御のフローチャート

このこたつの温度制御をマイコンで実行させるためのC言語によるソースプログラムの例を図11.11に示します．ここでは，C言語の詳細を説明するスペースはありませんので，このプログラムの意味をより勉強したいときには，参考書を見てください．また，動作との対応を示すためのプログラムなので，液晶表示の指定などは不完全です．

このプログラムは電子工作などでもよく使われている，Arduinoマイコンの利用を想定しています．ここで使われている関数pinMode，digitalRead，analogReadなどは，Arduinoが提供しているライブラリ関数です．INPUT，OUTPUT，HIGH，LOWのような定数もあらかじめ定義されています．

プログラムの動作の概要を説明します．まず，プログラムの最初に使用するマイコンのピン番号（sensorPinなど）を指定し，温度センサの値や設定温度の変更情報を格納する変数（T，Tdなど）を宣言しています．ここで，「ピン」とは端子

【Arduino】
AVRマイコン，入出力端子などを備えた基板から構成される．C言語ベースのプログラミング言語を用いて，プログラミングを開発する．開発に必要なソフトウェアは無料で利用できるオープンソースハードウェアである．

```
int sensorPin = 0;          // 温度センサが接続されているピン番号の指定
int digitalPin3=3;          // 設定温度を上げるピン番号の指定
int digitalPin4=4;          // 設定温度を下げるピン番号の指定
int digitalPin5=5;          // オン・オフを出力するピン番号の指定
int T = 0;                  // センサ値を格納する変数の宣言と値の初期化
int Td = 25;                // 設定温度に対応する変数の宣言と値の初期化
int plus = LOW;             // 設定温度変更を格納する変数の宣言と値の初期化
int minus = LOW;            // 設定温度変更を格納する変数の宣言と値の初期化

void setup() {
  pinMode(digitalPin3, INPUT);          // 3 番ピンを入力用に設定
  pinMode(digitalPin4, INPUT);          // 4 番ピンを入力用に設定
  pinMode(digitalPin5, OUTPUT);         // 5 番ピンを出力用に設定
  Serial.begin(9600);                   // シリアル通信の初期化
}

void loop() {                           // 無限の繰返し
  plus=digitalRead(digitalPin3);        // 設定温度入力 (温度を上げる)
  if (plus == HIGH) Td= Td + 1;
  minus=digitalRead(digitalPin4);       // 設定温度入力 (温度を下げる)
  if (minus == HIGH) Td= Td - 1;

  Serial.println(Td);                   // 設定温度の表示

  T = analogRead(sensorPin);            // 温度センサの測定値を T に格納
  if (T < Td)                           // 設定温度と比較
    digitalWrite(digitalPin5, HIGH);    // 設定より低ければヒータオン
  else
    digitalWrite(digitalPin5, LOW);     // 設定より高ければヒータオフ

  delay(100);                           // 100 ミリ秒待機
}
```

図 11.11 こたつの温度制御プログラム

のことです．Td には初期値 25 が設定されています．

Arduino は，起動すると setup ( ) という関数を実行します．このプログラムでは，setup 関数の中で使用するピンの機能を設定し，初期化します．setup ( ) が終了すると，loop ( ) という関数がくり返し実行されます．このくり返しは，マイコンに実装されているリセットボタンを押して初期化するか，マイコンの電源を切るまで続きます．loop 関数の中身は図 11.10 のフローチャートに対応しています．もし⊞ボタンが押されていれば，関連する 3 番ピンに HIGH の電圧が加わり，押されていなければ LOW の電圧になります．同様に⊟ボタンの情報は 4 番ピンの電圧になります．それぞれの端子電圧情報は，11.5 節で説明したように，対応するレジスタに 0 か 1 の値として情報が格納されます．プログラムは，まず 3 番ピンのレジスタに格納されている情報を digitalRead 関数によってメモリ内に読み込み，変数 plus にその情報を格納します．この情報を元に，必要なら設定温

度変数Tdに1を加えます．次に4番ピンのレジスタに格納されている情報を同様に読み込んで変数minusにその情報を格納します．この情報を使って，必要なら設定温度変数Tdから1を引きます．この設定温度変数Tdの値は，Serial.printlnという関数を用いて，シリアルデータを介して液晶モニタに表示します[1]．

次に，analogReadという関数でsensorPinにつながっている温度センサの値を読み取り，変数Tにその値を格納します．この計測温度Tと設定温度Tdとを比較して，計測温度が設定温度よりも低ければdigitalWrite関数でヒータがつながっている5番ピンにHIGHの電圧を加えてヒータをオンにします．計測温度が設定温度よりも高ければ5番ピンをLOWに設定してヒータをオフにします．これで1サイクルが終了します．上記のように，このloop関数の実行はリセットするか電源を切るまで続きます．

ここで紹介したのは，スイッチのオンとオフをくり返すだけの単純な制御ですが，ヒータに加える電圧なども調節して，よりきめ細かい制御をすれば，温度の変動を減らして，ほぼ一定に保つことができます．

1）実際に数字を液晶モニタに表示するには，もっと複雑な動作指定が必要です．

11-8 マイコンに求められる仕様

マイコンは，プログラムを変えれば原理的にはあらゆる動作をすることができます．実際には，組み込まれる製品によってマイコンの仕様が異なります．たとえば，デジタルカメラや車のエンジンの制御に用いる場合には即応性・リアルタイム性が求められます．すなわち，できるだけ短時間で処理を完了する必要があります．現在の車はそのほとんどが電子制御化されていて，車載機器のほぼすべてにマイコンが使用されています．

また，省電力性が重要な製品もあります．たとえば，携帯電話は持ち歩くのが基本なので，電池の消耗が気になるところです．医療機器や交通システムの場合には，信頼性，すなわち故障に対する頑健性が求められます．携帯電話が突然動かなくなってもリセットすればすむことですが，医療機器の場合には治療中の誤動作は許されません．また，家電製品に搭載されたマイコンのソフトウェアは基本的に更新されないので，ユーザにより使用され廃棄されるまでの保守性も求められます．

【保守性】
想定されている使用条件において，システムが示すべき機能や性能が保持される能力．維持・管理・修復のしやすさを示すこともある．

さらに，マイコンは組み込まれた機器の動作において中心的な役割を果たすにもかかわらず，ある意味その小ささに見合うようなコストパフォーマンスが求められます．たとえば指先にのるサイズのマイコンの値段はいくらくらいだと思いますか？　筆者の講義で学生に同じ質問をしたところ，5万円というとんでもない答えが返ってきました．この価格では2万円のデジタルカメラを製造するのは不可能です．マイコンの単価はその機能により上下しますが，数百円程度がほとんどです．この低価格化は，半導体の大量生産とプログラムを書き込むだけで専用のデバイスに変化するというマイコンの汎用性からもたらされたものです．

マイコンには多くの種類があり，家電製品の多機能化に貢献しています．一方，Arduinoのように電子工作で気軽に利用できるマイコンも発売されています．「マイコンを使った工作なら自分にもできそうだな」と思ったらぜひチャレンジしてみてください.

本章のまとめ

本章では，マイコンのしくみとその使い方の概要を説明しました.

(1) 多くの家電製品はマイコンで制御されています.

(2) マイコンは，演算処理装置MPUとROM，RAM，I/Oが一体となって1個の半導体チップに収められたものです.

(3) マイコンへの入出力は，端子（ピン）の電圧を変化させることで行います．端子には，デジタル端子のほかに，アナログ電圧を入出力できる端子もあります.

(4) マイコンはプログラムを書き換えるだけでさまざまな制御ができます．プログラム作成やROMへの書き込みは，マイコンの製造元から提供されている開発環境を使って行います.

演習問題

❶マイコンとは何の略か.

(a) micro converter　(b) micro computer　(c) my component

❷マイコンが担う機能のうち，演算・制御を行う装置はどれか.

(a) ROM　(b) RAM　(c) MPU

❸マイコンの装置で，電源を切っても内容を保持できる装置はどれか.

(a) ROM　(b) RAM　(c) MPU

❹コンパイルとは何か.

(a) テキストファイルをソースプログラムに変換する

(b) ソースプログラムをオブジェクトファイルに変換する

(c) オブジェクトファイルとライブラリを結合する

参考図書

(1) Massimo Bazini 著，船田 功訳：「Arduinoをはじめよう」，オライリージャパン（2012）

(2) 林 晴比古：「新C言語入門 スーパービギナー編」，ソフトバンククリエイティブ（2004）

(3) 社団法人組込みシステム技術協会 エンベデッド技術者育成委員会：「絵で見る組込みシステム入門 改訂新版」，電波新聞社（2014）

人とコンピュータの情報交換技術

12-1 はじめに

スマートフォンやパソコンなどの情報機器では，画面上に表示されたアイコンを指でタッチし，アプリを起動させます．しかし，タッチした画面上の位置を機器が正しく認識してくれなければ，思った通りにスマートフォンが動いてくれません．また，アプリが立ち上がっても，表示された文字や画像がよく見えなければ，情報機器をもつ意味がありません．このように，使用者の「命令」を正しく伝え，その「結果」をわかりやすく表示することは，情報機器の操作性にとって非常に重要なことです．人とコンピュータの間で，「命令」や「結果」といった情報交換を仲立ちする技術を**ヒューマンインターフェイス**とよびます．本章では，まず，情報出力装置としていっそう重要性を増している各種のディスプレイデバイスの表示原理と構成について概説し，技術の進展が著しい立体映像表示の原理についても解説します．次に，人がコンピュータに命令を入力するためのキーボードや，ポインティングデバイスなどの入力デバイスの原理について説明します．

12-2 画像表示の重要性と歴史

人間は情報入力手段として五感を使っていますが，情報の85%以上は「目を通して」得ているといわれています．表12.1に人間の情報入力能力の分析データを示します．まず受容細胞数を比較すると，視覚が最大で，これに臭覚と味覚が続いています．一方，情報処理速度でみるとやはり視覚が最大で，約3 Mbpsです．これよりも触覚は1桁，聴覚は2桁低いとされています．このデータから，情報化社会の中ではヒューマンインターフェイスとして視覚に情報を送り込む画像表示装置が重要であることは明らかでしょう．ちなみに，3 Mbpsという速度は動画伝送やオンラインゲームに必要な処理速度に相当しています．たとえば，ネット動画の配信サービスでは0.5 Mbps以上が必要とされています．また，音声による情報の出力速度は50 kbps程度とされており，これはほぼ聴覚による情報入力速度と整合しています．

【受容細胞】
外界や体内からの刺激を受けとる細胞のこと．たとえば，目の網膜にあって光を受け取る細胞は視細胞であり，鼻の中にあってにおい分子を受け取る細胞は嗅細胞（きゅうさいぼう）である．

【bps】
（bit per second）
通信速度の単位の1つで，1秒間に何ビットのデータを送れるかを表す値．1 Mbps ＝ 10^6 bps，1 kbps ＝ 10^3 bpsである．

画像を電気的に伝送するというアイデアが生まれたのは19世紀半ばのことです．米国のベル（Alexander Graham Bell）による電話の発明（1876年）より約30年も前の1843年，イギリスのベイン（Alexander Bain）によって考案された装置がテレビのルーツといわれていま

表12.1 人間の情報入力能力

感覚	受容細胞数	処理速度（bps）
視覚	10^8	3×10^6
聴覚	3×10^4	$2 \sim 5 \times 10^4$
臭覚	10^7	$10 \sim 100$
味覚	10^7	10
触覚	5×10^5	2×10^5

す．これはテレグラフと名づけられた画像伝送装置で，画像走査つまり画像を多数の線に分解し，それを電気信号として伝送するというアイデアを実現したことで画期的なものでした．テレグラフでは先端に接触針を取り付けた振り子の往復運動により，画像を接触針で走査して伝送するというしくみになっています．

19 世紀後半，動画を取り込んで伝送する試みがなされるようになりました．ただし画像の取り込み，および再生は機械的な方式によるものでした．中でもドイツのニプコー（Paul Nipkow）が 1884 年に考案したニプコー円板が有名です．この円板は，図 12.1 のように複数個の穴をらせんに沿って開けた構造になっており，回転に伴って 1 つの穴が像の前を通過すると 1 本の光の線（走査線）ができるようになっています．その結果，穴の数と同じ数の走査線で像が描かれます．走査線成分の明るさの変化を光電管で電流の変化に変えて受像機に送ります．

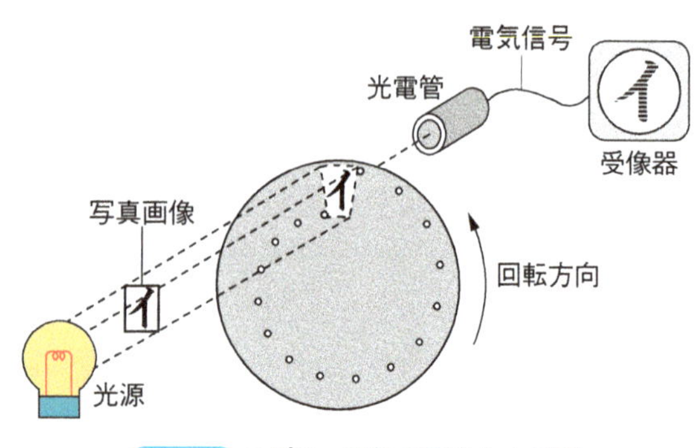

図 12.1 ニプコー円盤の画像入力原理

次に出てきたのが陰極線管（Cathode Ray Tube；CRT）です．CRT はドイツの物理学者ブラウン（Karl Braun）が 1897 年に考案した物理実験用の装置です．陰極線（電子の流れ）の方向を制御して観察する装置で，これを受像機に応用したのが CRT テレビです．

最近は液晶テレビが最もよく使われています．液晶という名称は，液体（Liquid）の流動性と結晶（Crystal）の規則的な分子配列の中間的な性質をもつ物質ということに由来しています．液晶は 1888 年にオーストリアのライニッツア（Friedrich Reinitzer）が発見しました．ディスプレイへの応用は，1968 年代に米国の RCA 社による研究成果の広報発表がきっかけになりました．この後，1970 年代に日米の企業が腕時計や電卓の表示用に液晶を採用し，今日では薄型テレビ時代の主流にまで成長しました．

12.3 画像表示の原理

画像表示の応用として昔から使われているのはテレビです．テレビ放送では，1 画面分の映像を走査線に分解して電気信号として伝送しています．1 秒間に 30 コマもしくは 60 コマの画像を送ることで，パラパラ漫画式に動画を表示するしくみです．走査線の走査法には，図 12.2 のようにインターレース方式とプログレッシブ方式があり，テレビ放送信号の伝送時や，ディスプレイ表示時などに適用されます．インターレース方式は，画面を構成する走査線を 1 本おきにスキャンする方式です．1 回目の走査では奇数番目の走査線の情報を表示し，2 回目の走査

【光電管】
光強度を電流の大小に変換して測定するための一種の真空管．基本的には光を受けて光電子を放出する光電面と呼ばれる陰極と，光電子を集めて光電流とするための陽極とからできている．

【陰極線管（CRT）】
（Cathode Ray Tube）
コンピュータのディスプレイやテレビなどの表示装置に用いられる真空管．陰極から発生する熱電子を高電圧で加速し，真空管内面に塗られた蛍光物質に照射することで画像を表示する．ブラウン管ともいう．

【RCA 社】
白黒テレビとカラーテレビをともに発明したアメリカの会社．

【インターレース】
ディスプレイの画像表示方式の 1 つで，最初に奇数番目の線を走査し，次に偶数番目の線を走査するというように，1 本おきに表示する．少ない情報量でなめらかに動画を表示できるのがメリットだが，ちらつきが発生して長時間使用すると目が疲れるなどの欠点がある．

【プログレッシブ】
テレビ，ディスプレイの表示や，デジタルカメラの受光素子の読み取りにおいて，左右の走査を上から下へ順次行うこと．ノンインターレースともいう．

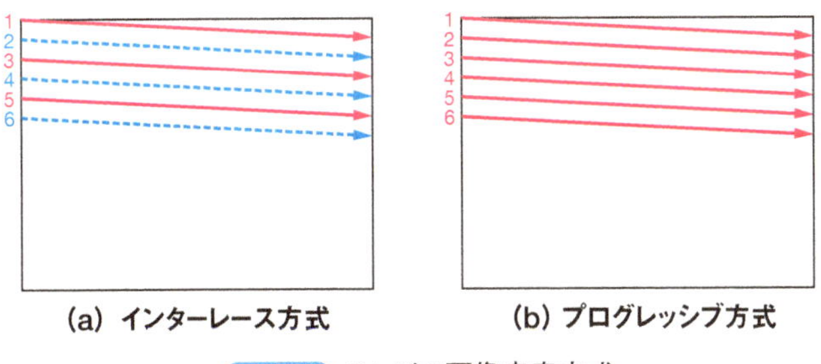

図 12.2 テレビの画像走査方式

で偶数番目の走査線の情報を表示します．こうして2回の走査で1枚の画面全体の情報を表示します．つまり，1つの画像（フレーム）を2枚の「フィールド」に分割して伝送するのです．たとえば，地上デジタル放送では1秒間に30枚のフレームを伝送しています．したがって，フィールドは1秒間に60枚を伝送していることになります．

プログレッシブ方式は，ノンインターレース方式ともよばれていますが，画面を構成する走査線を上から順にスキャンして伝送する方式です．テレビ放送では採用されていませんが，ブルーレイ／DVDレコーダーや，家庭用ゲーム機などには，映像出力がプログレッシブ方式に対応している機種があります．その際のフレーム速度は30フレーム/秒です．現在主流の表示デバイスである液晶ディスプレイ（LCD）は，原理上画面全体の映像を同時に表示することができるので，その多くはプログレッシブ方式に対応しています．しかし，テレビ放送はインターレース方式なので，LCDテレビ内部の画像処理回路で2枚のフィールド情報を統合し，1枚のフレームをつくることでプログレッシブ方式の表示を実現しています．プログレッシブ方式はちらつきの少ない緻密な映像表示を実現できるのが特徴で，パソコン用のLCDモニタもプログレッシブ方式を採用しています．なお，放送局やカメラなどの映像信号源で走査線に分解された画面を再度ディスプレイ側で表示するときは，両者の走査のタイミングを一致させる必要があります．これを「同期をとる」といいます．

【LCD】
（Liquid Crystal Display）
液晶ディスプレイのこと．電圧による明暗差を利用して文字や画像を表示する．

さて，リアルな画像を表示するにはカラー表示が不可欠です．電気信号の強弱に応じて画面の明るさを変えるだけでは白黒表示になります．カラー表示は光の三原色の3つの信号で表示します．ここで光の三原色とは，赤（Red），緑（Green），青（Blue）のことです（図12.3）．このわずか3色の組み合わせで，この世に存在

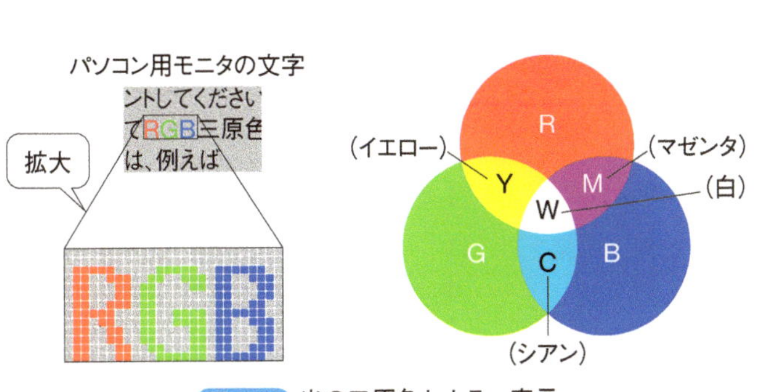

図 12.3 光の三原色とカラー表示

するほとんどの色をつくり出すことができます．このため，ディスプレイにカラー画像を表示する時は，この3つの色についてだけ表示できれば十分です．ディスプレイの画面をルーペなどで拡大して観察すると，この3色で表示されていることが確認できます．フラットパネル・ディスプレイ（FPD）では，表示画面上でRGBのピクセルが分割配置されており，ピクセルが分離して見えることのない距離以上に離れて見れば，目にはRGBの光が混じりあった1つの色のカラー画像に見えます．これに対して，プロジェクタでは画素全体にわたって空間的や時間的に三原色を合成して画像を表示するので，スクリーンに近づいても不自然さを感じないなめらかな表示が可能です．

【FPD】
（Flat-Panel Display）
薄型表示装置を用いるディスプレイ．液晶ディスプレイのほか，有機ELディスプレイ・FED（電界放出ディスプレイ）などがある．

【ピクセル】
デジタル画像を構成する最小の要素で，画素ともよぶ．ピクセルは，これより細かいR，G，Bの原色点（サブピクセル）より構成されている．

12.4 各種ディスプレイデバイス

ディスプレイデバイスを機能面から定義すると，各種電子機器から出力される電気信号を人間の視覚で認識できる光情報信号，すなわち数字，文字，図形などのパターンに変換するデバイス，となります．ここで，光情報が発光の強弱により表示される場合が発光型表示です．一方，透過，反射，散乱などにより光の明るさを変化させる光変調を使って表示される場合は非発光表示とよばれます．ディスプレイデバイスを構造の面から見ると，ディスプレイ自体を直接見る直視型と，スクリーンに拡大投写した画像を見る投写型に分けられます．CRTはFPDが登場するまでは電子ディスプレイの代表でしたが，その大きさと重量の課題から，家庭用テレビやパソコン用モニタをはじめとして，LCD（液晶ディスプレイ）にその地位を譲りました．以下に，主要なディスプレイデバイスとして，CRT，LCD，LV（ライトバルブ）についてその構造と表示原理を順次説明します．

【LV】
（Light Valve）
受光面に到達した光の振幅・位相・反射角などを変調して出力するデバイス．プロジェクタ用の原画像を生成するのに用いられる．

A CRT（ブラウン管）

CRTの構造を図12.4に示します．マイナスの電圧を加えた陰極（カソード）から負電荷をもつ電子が1本の線状になって飛んでいきます．これを陰極線，あるいは電子ビームといいます．この電子ビームは電子銃で細く絞られてさらに進み，コイル（偏向ヨーク）の磁界の作用で左右・上下に走査されてパネルガラス面に塗布された蛍光面に高速で衝突します．この衝突エネルギーで蛍光体が励起されて発光します．蛍光面の裏面には，金属導電膜の層が形成されており，この導電膜を介して15～25kVの高電圧を蛍光体面に加えることで電子を高速に加速します．蛍光体はRGBの3色に塗り分けて配列されており，シャドウマスク，もしくはアパーチャグリルとよばれる金属スリットを通してRGBの原色が別々に発光します．これらの金属スリットを通すことで，電子ビームがRGBの各蛍光体に正確に当たるしくみになっています．

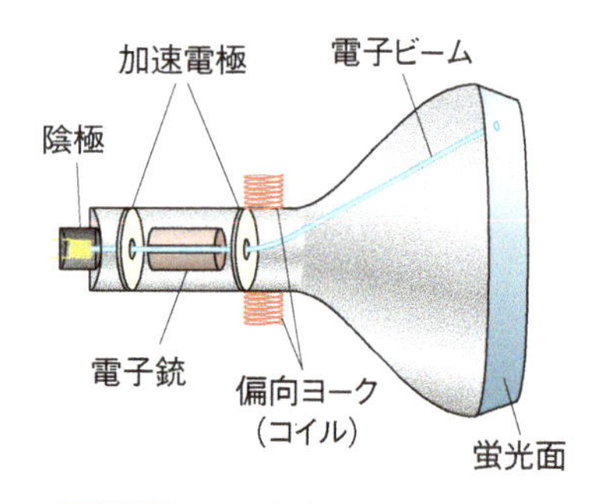

図12.4 CRT（ブラウン管）の構成

B LCD（液晶ディスプレイ）[1]

LCDは，電圧を加えると配列が変わる液晶分子を利用した表示装置です．液晶分子自体は発光するものではありません．液晶にかける電圧で液晶分子の向きを変えることで光の透過率を制御し，画像表示を行います．

液晶による表示には偏光の概念が重要です．偏光とは，光の電界の振動が特定の方向にのみ振動する状態のことです．偏光板という部材に光を透過させると，偏光板の向きに応じた偏光をもつ光だけを選択的に通過させることができます．このため，2枚の偏光板を重ねた場合，偏光板の向きが同じときにはそのまま光が透過しますが，図12.5（a）のように1枚を90度回転させると透過しません．液晶は電圧を加えることで透過する光の偏光を変化させる性質があり，LCDはこの性質を利用しています．

1）この項は，シャープ㈱のホームページ（http://www.sharp.co.jp/products/lcd/tech/index.html）を参考にしました．より詳しい解説はこのホームページを見てください．

【偏光】
光波の振動方向の分布が一様でなく，常に一定の平面に限られている光．振動方向が一直線上に限られる直線偏光，円や楕円を描く円偏光・楕円偏光がある．

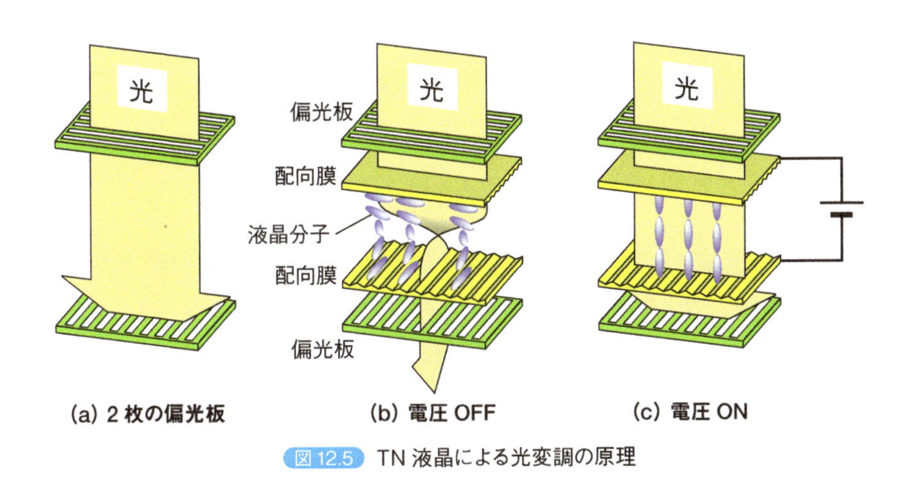

図12.5 TN液晶による光変調の原理

図12.5（b）と（c）に最も単純な液晶であるTN液晶（Twisted Nematic液晶）による光変調の原理を示します．液晶分子は配向膜という溝をもった板で挟んだ構造になっています．液晶分子はこの溝に沿って並ぶ性質があります．そこで，上下の溝を90度傾けておけば，2枚の配向膜の間で図12.5（b）のように液晶分子がねじれた配列になります．このねじれた液晶に偏光した光を当てると，ねじれた液晶に沿って偏光もねじれます．そこで，図12.5（b）のように，もう片方の偏光板を90度回転させておけば，光はそのまま透過します．すなわち，電圧を加えない場合には光が透過します．

これに対し，液晶の上下から電圧を加えると，図12.5（c）のように液晶分子が膜の上下方向に並びます．この結果，偏光した光はそのまま下の偏光板に届くので，光が通らなくなります．すなわち電圧を加えると不透明になります．液晶が電圧で制御できる微小なシャッターになるというわけです．

図12.6にLCDの構造を示します．まず，平面状の光源（バックライト）から出た光が偏光板・透明電極を通った後，電極で変調された液晶層（配向膜と液晶）を透過します．その後で再度透明電極を透過した光は，三原色を出すためのRGBフィルタを通り，最後に90度回転した偏光板を透過すれば画像として見えるとい

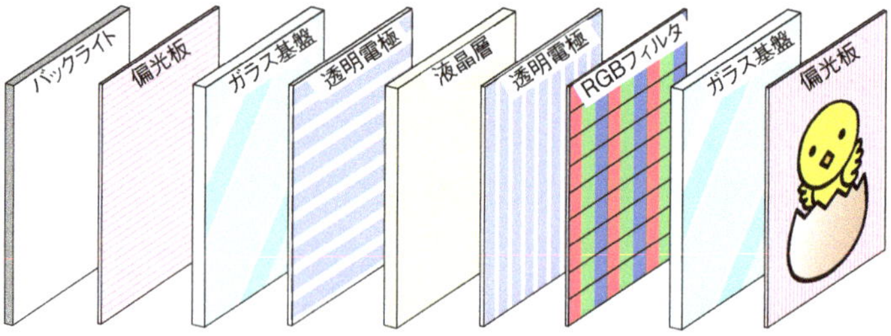

図 12.6 液晶ディスプレイ(LCD)の構造

うわけです．これらの部材をガラス基盤と合わせて1枚にしたのがLCDです．

LCDは図12.5に示したTN液晶のほかに，これよりも視野角（コントラストや色変化の角度依存性）を改善したVA（Vertical Alignment）や，IPS（In Plane Switching）方式がよく使われています．

C LV(ライトバルブ)

LVとは対角10mm程度の超小型ディスプレイ素子のことで，教室などでおなじみのプロジェクタに搭載されています．LVに形成した小画像をレンズでスクリーン上に拡大投写することで大画面を表示します．図12.7に，RGB三原色光が別々の光路を通るプロジェクタの構成を示します．照明光学系では，専用の高強度ランプ（第7章で説明したHIDランプやLED）で照明光を発生させます．この照明光を色分離系でRGB光に分離してLVを照射します．このRGB光を原色ごとにLV面内の原画像で変調します．次の投写光学系では，変調されたRGB原色画像を合成し，最後に投写レンズでスクリーン上に拡大投写して大画面のフルカラー画像を表示します．ここで，LVとしては小形のLCDや，DMDとよばれる微小ミラー素子が使用されます．LVという用語は，小型ディスプレイ素子の面内の各点（画素）で光を透過，または反射する量を，水道のバルブのように調節（変調）することから名づけられたものです．

【DMD】
（Digital Micromirror Device）
高速な空間光変調ができる，微小な鏡を配列した素子．米国テキサス・インスツルメンツ社（Texas Instruments）が発明した．

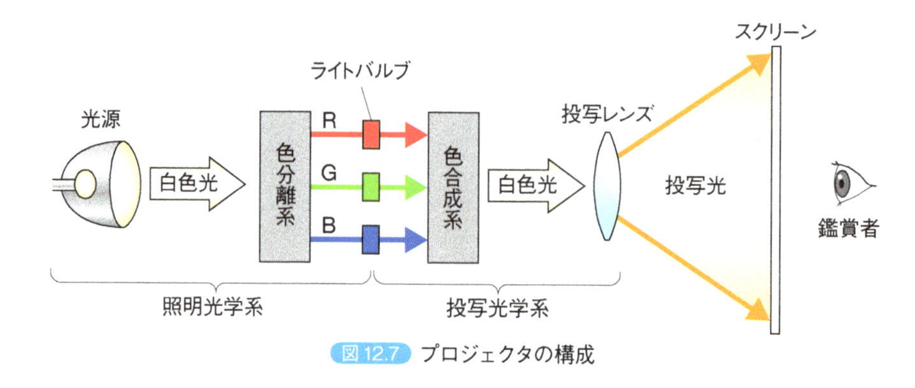

図 12.7 プロジェクタの構成

12 5 立体映像表示

近年，立体ディスプレイに対する関心が高まってきています．立体映像表示は，回り込んだ位置からの映像が見えない**2眼式**と，回り込んだ位置からの映像が見える3次元映像表示に分けられます．テレビ用や映画用として主に実用化されているのは2眼式です．2眼式は専用眼鏡を使用する眼鏡式と，眼鏡なし式に分かれます．

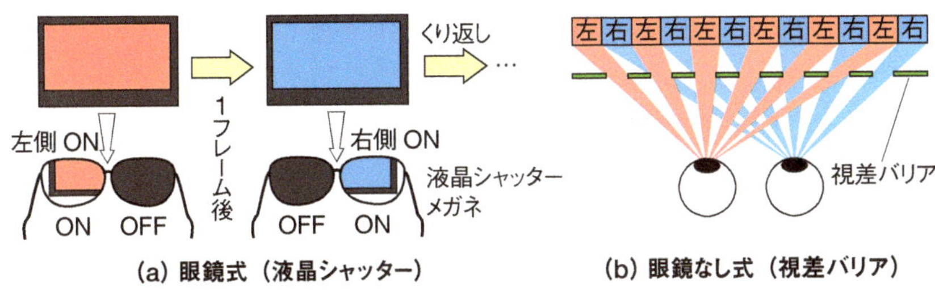

図 12.8 2眼式立体表示の例

最も基礎的な立体表示方式は眼鏡式の2眼立体表示で，立体（3D）映画や家庭用3Dテレビなどで利用されています．2眼式立体表示では，右目と左目にそれぞれの目から見た画像（視差画像）を表示することで立体感を与えます．眼鏡式の例として，液晶シャッター眼鏡を用いた方式の動作を図12.8（a）に示します．FPDに通常の表示よりも倍以上のフレーム速度で右目用と左目用を交互に画像表示します．これに合わせて液晶シャッターのON/OFFを交互に切り替えることで視差画像を左右の目にふりわけて画像を見ます．

眼鏡なしの2眼表示の例として，図12.8（b）に視差バリア式の原理を示します．FPDの手前においた縦縞状のスリットアレイ（視差バリア）を通して，FPDの画素に交互に表示された右目／左目用の視差画像を対応する目で見ます．この方式は特殊な眼鏡をつける必要がないのですが，観察位置が視差バリアの設計によりほぼ1点に決まるため，個人で見るのが基本です．

さらに理想的な立体表示として，回り込んだ位置から映像が見える「3次元映像表示」の実用化を目指して各種の展示会等で開発成果が随時披露されています．たとえば，2眼式を押し進めた「多眼式」や，奥行きを表示する専用デバイス，空中に映像を形成する方式など，今後の発展が大いに期待されます．

12-6 コンピュータの入力デバイスの変遷

コンピュータにおいてプログラムの実行／停止などを命令したり，ワープロなどにおいて文字を入力したりするのに使用する機器が入力デバイスです．具体的には，文字を入力するためのキーボード，アイコンなどを指し示すためにカーソルを移動する（ポインティングする）ためのポインティングデバイスなどです．

第10章でも述べましたが，コンピュータが開発された当初は，文字で命令（コマンド）を入力するCUI（Character User Interface）がほとんどでした．そこではキーボードが唯一の入力デバイスとして用いられてきました．しかし，パソコンが一般家庭に普及することで，画面上に表示されたアイコンを選び，操作することで，プログラムの実行を命令することができるGUI（Graphical User Interface）

【OS】
(Operating System)
オペレーティングシステム．計算機の中にあるさまざまな装置（ハードウェア）などを適切かつ効率的に管理するための基本となるソフトウェア．第10章参照．

が用いられるようになってきました．現在のほとんどのパソコン用OSにはGUIが用いられており，キーボードとポインティングデバイスとしてマウス（ノートパソコンの場合はマウスの代わりにタッチパッド）が用いられています．さらに，スマートフォンやタブレットPCが普及すると，画面とポインティングデバイスが一体化したタッチパネルが普及しました．これにより，機器がポケットの中に入るぐらいに小型になりました．画面上に仮想的なキーボードを表示し，そのキーをタッチすることで文字を入力するソフトウェアキーボードを使えば，キーボードがなくても文字を入力することができます．

12 7 各種入力デバイス

前節で述べたようにパソコンではキーボードやマウスを，スマートフォンやタブレットなどではタッチパネルが入力デバイスとして使われています．そこで本節では，それらのデバイスの構造と検出原理について解説します．

A キーボード

プログラムや文書の作成など，大量の文字を効率的に入力するためのデバイスの1つです．タイプライタに用いられてきたキーボードが転用されたもので，現在でも主要な役割を担っています．一般的なキーボードは4～6段の列にキーを配列したものがほとんどです．あるキーが指で押されるとスイッチが入り，マイコンとよばれる小さな演算素子から押されたキーに対応した信号（スキャンコード）がコンピュータに送信されます．コンピュータにおいてはOSがスキャンコードを受け取り，コンピュータ上で意味をもつ仮想キーコードに変換して文字が入力されます．キーの配列はコンピュータの種類や言語，目的によって多くの種類が存在しています．たとえば，日本語では全角／半角キー，変換キーなど，日本語入力に必要なキーが用意されています．以下に代表的な配列について紹介します．

（1）QWERTY配列（図12.9）

当初キーボードはタイプライタ用につくられました．これにはさまざまな配列が存在しており，それぞれの配列の優秀さを競っていました．しかし，1880年代頃にレミントンランド社から「QWERTY配列」を採用したタイプライタが発表されました．これは英字最上段の文字が左から“Q”，“W”，“E”，“R”，“T”，“Y”の順に並んでいることから名づけられたものです．その後，タイプライタ企業の業界再編もあり，QWERTY配列に統一されてしまったことで，事実上の標準になりました[2]．コンピュータの入力用にキーボードが用いられた際にも，QWERTY配列がそのまま標準仕様として用いられ，現在に至っています．

2）安岡孝一「QWERTY配列再考」，情報管理，pp.115-118（2005）．

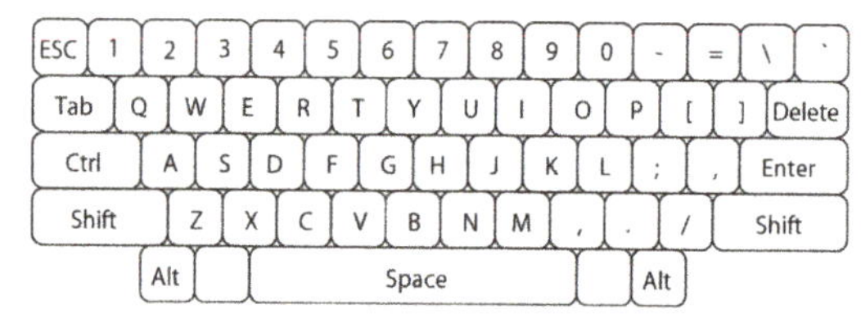

図12.9 QWERTY配列の一例

(2) JIS 配列（図 12.10）

図 12.10 JIS 配列の一例

日本工業規格（JIS）により定められた日本語キーボードの配列です．英数字の配列は米国で主流のQWERTY 配列のキーボードと同等です．そのキーに日本語の仮名を配置するとともに，日本語の仮名漢字変換に必要な全角／半角キー，変換キー，無変換キー，カタカナ／ひらがなキーを設けたものです．日本語 109 キーボードがその代表例です．

【JIS】
日本工業規格．工業標準化法に基づき担当大臣が定める工業基準である．

B マウス

1960 年代に GUI を用いた OS が開発されると，ポインティングデバイスも必要となりました．そこで，机などの平面上を移動させることにより画面上のポインティングを行える装置が提案されました．ちょうど手のひらでつかめるぐらいの大きさであり，コンピュータ本体に伸びるコードがねずみのしっぽに見える様から，その装置はマウスとよばれるようになりました．現在はクリックやドラッグ操作に用いるスイッチやホイール機能を備えたものが主流となっています．

机の上を，横方向（X 軸方向），縦方向（Y 軸方向）にどれだけマウスが移動したかを検出するしくみは，大きく分けて機械式と光学式の 2 種類に分けられます．図 12.11 に現在よく用いられている光学式の構造を示します．マウスの底面に設置された LED から発せられた赤外光は，床面の凹凸により反射し，受光素子により検出されます．マウスを移動させた場合，反射光のパターンがずれて検出されます．このパターンのずれから，横方向（X 軸），縦方向（Y 軸）の移動量を算出します．

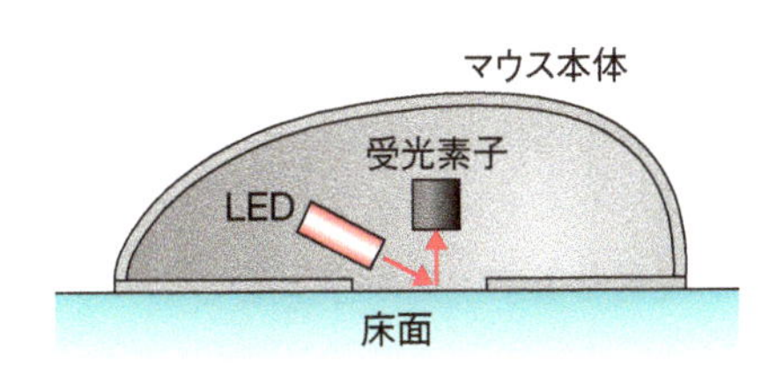

図 12.11 光学式マウスの構造

C タッチパネル

近年，スマートフォンやタブレット PC の普及から，ポインティングデバイスとしてタッチパネルの需要が高まっています．タッチパネルは，LCD などのディスプレイの画面上に設置し，表示されているアイコンや絵図などを直接手でタッチして操作することができます．タッチパネルの構造は，大きく分けると抵抗膜式，静電容量式，光学式，表面弾性波式などがあります．以下にそれぞれの構造と特徴を説明します．

(1) 抵抗膜式

携帯型ゲーム機などで用いられているタッチパネルの方式です．その構造を図 12.12 に示します．横方向に平行に複数の帯状の導電性薄膜を塗布した透明な導電性シート A と，縦方向に帯状の導電性薄膜を塗布した導電性シート B が間隔を空けて張り合わされた構造になっています．指でタッチパネルを押すと，押された部分の導電性薄膜どうしが接触し抵抗が変化します．これにより指で押した位置が検出できます．抵抗膜式の特徴としては，構造が比較的簡単であり，安価に製造できることがあげられます．また，パネルを押せば反応するため，指やタッチペンなどさまざまなものでポインティングすることが可能です．しかし，ポインティング時に力を加える必要があることや，スクリーンの透明度が低くなることから徐々に使われなくなってきています．

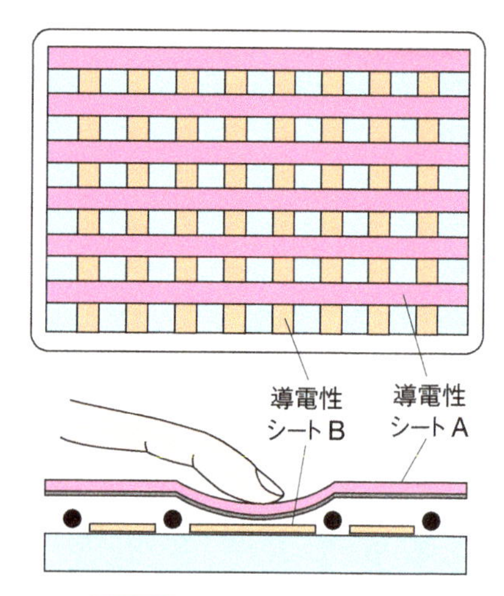

図 12.12 抵抗膜式タッチパネル

（2）静電容量式

スマートフォンやタブレットなどで多く用いられている方式です．構造は初期に用いられた「表面型」と現在用いられている「透過型」の2種類に分けられます．図 12.13 に現在よく使われている透過型の構造を示します．格子状に透明な電極を配した電極膜A，Bを少しずらしてガラス板に張り付け，その上から薄い透明な絶縁体で覆っています．絶縁体表面を指でタッチすると，それぞれの電極で検出される静電容量が変化します．この容量変化のパターンからタッチした位置を求めることができます．静電容量式は構造が単純で比較的耐久性が高いことから，その市場は大きくなっています．しかし，指など静電容量が変化する物体でタッチする必要があり，一般的なペンなどでは反応しません．

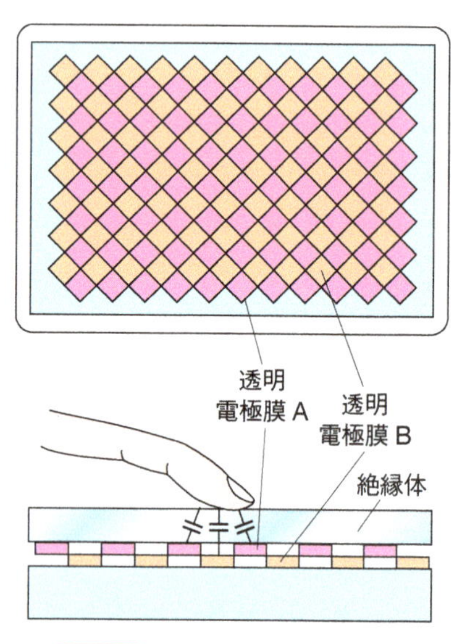

図 12.13 静電容量式タッチパネル

【静電容量】
絶縁された導体において蓄えられる電荷の量．

（3）表面弾性波式

ATM（現金自動預け払い機）端末等で用いられている方式です．スクリーンの端に発振子が備え付けられており，そこからスクリーン表面に表面弾性波を送り出します．そして，もう一方の端に設けられた受信器で伝わる弾性波の強さを検出します．スクリーン表面を指で押さえると，検出される弾性波が減衰するので，それにより指の座標を算出します．この方式は，表示画像の透過率が非常に高いことが特徴です．また，指を押し付ける度合いにより検出される弾性波の強さが変化するので，画面内のX-Y座標だけでなく，画面と垂直方向の押し付け力（Z軸）の検出も可能です．

【発振子】
固有の周波数をもつ交流信号を発生する電子部品．

【表面弾性波】
物体の表面上を伝播する振動．

(4) 光学式

タッチパネル機能を備えたPCや液晶モニタで用いられることが多くなった方式です．スクリーン自体に薄膜などは貼付せず，枠部分に検出装置を取り付けたものです．スクリーンの端から赤外線が照射され，他端の鏡（ミラー）で反射された光を検出器により検出します．指をスクリーン上に置くと，検出器でとらえる光のパターンが変化することで座標の位置を検出することが可能となります．特徴としてはスクリーンを大型化しても対応可能であることがあげられます．

12 8 これからの入力デバイス

今後の入力インターフェイス発展の方向として，機器を操作する人の思い通りにコンピュータを操作することがあげられます．1つは身体動作を用いたインターフェイスです．実際にゲーム機器などでは加速度センサ，モーションキャプチャなどにより身体運動を計測し，操作に用いています．また，生体信号を用いた方法も提案されています．その中でも脳波を用いたブレインコンピュータインターフェイス（Brain Computer Interface；BCI）があります．たとえば，手の指を動かそうと考えたとき，脳の特定の部位から脳波が発生します．これを用いて機器を操作するものです．BCIは運動機能障害などがあっても操作を行えるため，福祉機器への応用が非常に期待されています．

本章のまとめ

本章では，人とコンピュータとの情報交換技術について，画像出力装置と各種入力装置について説明しました．

(1) 人間は視覚からの情報入力能力が高いため，画像出力装置（ディスプレイ）が情報出力装置として最も重要です

(2) 画像出力装置は，古くはCRTが使われていましたが，最近は薄型の液晶ディスプレイが多く使われています．CRTは，電気信号に応じて電子ビームの方向を変えて蛍光板に当てることで画像を表示します．これに対して液晶ディスプレイは，電圧によって液晶分子のそろい方が変化することと光の偏光を利用して，表示光の明るさを変化させています．

(3) これからは，立体画像表示のようなよりリアルな画像出力への発展が期待されています．

(4) コンピュータへの情報入力デバイスとしてキーボード，マウス，タッチパネルが使われ，それぞれにさまざまな方式が用途に合わせて提案されてきました．これからは生体情報を用いた入力インターフェイスの開発が期待されています．

演習問題

❶下記の（　　）にあてはまる語句を選択肢より選べ.

（a）画像表示において表示画面は互いに分離した多数の小さい面積をもつ部分から構成されており，この分割された小さい単位を（　1　）とよぶ.

（b）画像を分解・組立する動作を（　2　）といい，送信側と受信側で（　2　）を一致させることを（　3　）という.

（c）テレビジョンの場合，1つの画像を2回走査する．この方法を（　4　）という．この方法で，1回走査された画面を（　5　）という.

【選択肢】　1　フィールド　　2　インターレース　　3　ピクセル
　　　　　　4　走査　　5　同期をとる

❷下記の（　　）にあてはまる語句を選択肢より選べ.

（a）人とコンピュータの間では「命令」や「結果」といった情報のやり取りが必要である．これらの情報交換を仲立ちする技術が（　1　）である

（b）コンピュータに用いられている入力機器としては，文字を入力する（　2　），マウスのようにアイコンなどを指し示す（　3　），文字やバーコードなどの情報を読み取るスキャナやカメラなどの（　4　）などがある.

（c）将来的な入力インターフェイスとして人の脳波などを用いてコンピュータを制御する技術を（　5　）とよぶ.

【選択肢】　1　キーボード　　2　光学機器
　　　　　　3　ヒューマンインターフェイス
　　　　　　4　ブレインコンピュータインターフェイス
　　　　　　5　ポインティングデバイス

参考図書

（1）樋渡 涓二 編著,「視聴覚情報概論」, 昭晃堂（1987）
（2）福田 京平：「電気が一番わかる」, 技術評論社（2009）
（3）JSTバーチャル科学館　遠くへ伝える 情報通信技術
http://www.jst.go.jp/csc/virtual/live/ict/index.html（参照 2016年6月）
（4）北原 義典：「イラストで学ぶヒューマンインタフェース」, 講談社（2011）
（5）櫻井 芳雄：「脳と機械をつないでみたら—BMIから見えてきた」, 岩波書店（2013）
（6）トリプルウイン：「徹底図解　パソコンのしくみ　改訂版—最新ハードウェアのテクノロジーから近未来パソコンまで」, 新星出版社（2013）

chapter

13 電波と放送

13-1 はじめに

第1章で説明したように，電磁気学を集大成したマクスウェルは1つの大きな予想を出しました．それは「電磁気学の方程式によれば，真空中を伝わる電界と磁界の波が存在し，その波は光の速度で伝わる」というものです．この電磁波の存在に関する予言は，その後実験により確かめられ，ただちにさまざまな分野に応用されていきました．

電波は，光より周波数の低い電磁波のことです．この世は電波で満ちあふれているといっても過言ではありません．ラジオやテレビは放送局からの電波を受信していますし，携帯電話は電波で送受信をしています．その他，カーナビゲーションシステムで使っているGPSも衛星からの電波を利用していますし，正確な時刻を知らせる電波時計も，その名のとおり電波を使っています．

【GPS】
(Global Positioning System)
全地球測位システムのこと．衛星からの電波を利用して，地球上における現在位置（緯度，経度，高度）を測定することができる．

私たちの暮らしにかかわっている主要な電波の応用手段には，テレビ・ラジオという放送技術と，携帯電話による情報交換技術があげられます．前者は不特定多数に対して情報を提供する技術であり，後者は1対1の双方向通信技術です．

本章では，電波の歴史を振り返るとともに，電波による放送技術について説明します．有線電話や携帯電話などの双方向通信に関しては次章で説明します．

13-2 電波とは何か

電波は電磁波の一種です．一般的に，波は図13.1のように周期的な変動が空間を移動しているものをいいます．電磁波の場合，変動しているのは電界や磁界です．第1章で説明したように，それらは，進行方向に対して垂直に変動しています．

図のように，波を決定する物理量には，**波長**（λ），**周期**（T），**振幅**（A）があります．波長は，ある時刻における空間変動の周期長で，周期はある点で観測したときの変動の時間的周期です．振幅は変動の最大値のことです．周期Tの逆数

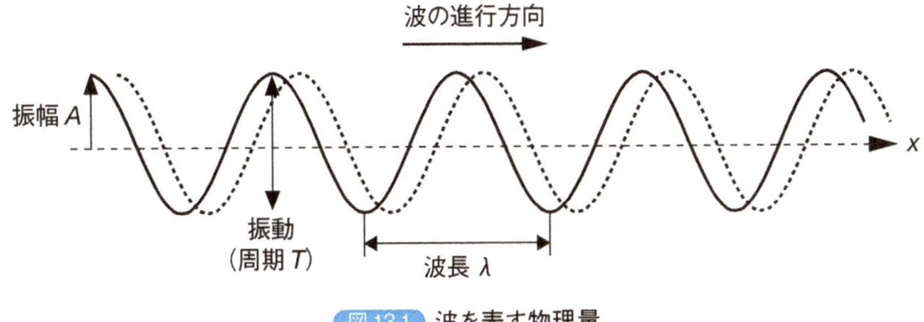

図13.1 波を表す物理量

は周波数，$f = 1/T$ です．周波数の単位は Hz（ヘルツ）です．図 13.1 よりわかるように，x 方向に一定速度 v で進行している波は，波長に相当する距離を進めば，元の形に重なります．移動している波が 1 波長進んだとき，同じ場所で観測すると時間的にも 1 周期変動します．よって，波の速さは，

$$v = \frac{\lambda}{T} = \lambda f \tag{13.1}$$

となります．真空中の電磁波の速度は，約 3×10^8 m/s です．これは波長や周波数によらず一定です．空気中の電磁波の速度はこれより小さいのですが，その差はわずかなので，通常は無視することができます．第 7 章で光を含めた広い範囲の電磁波の分類について説明しましたが，光より波長の長い（周波数の低い）ところだけを取り出すと，図 13.2 のようになります．

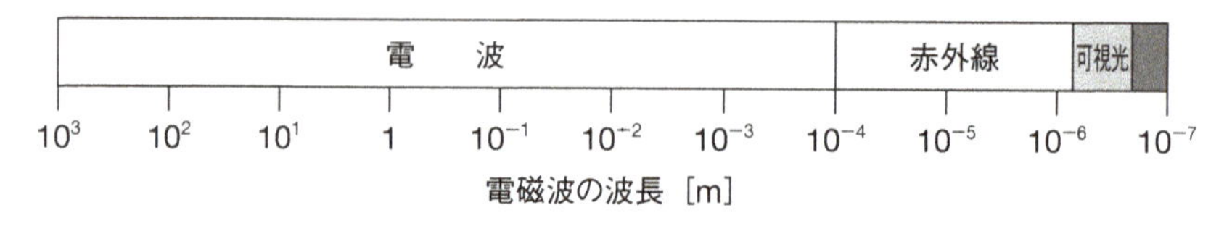

図 13.2 可視光より長波長側の電磁波の分類

電波法第 2 条の 1 には，周波数 300 万メガヘルツ以下の電磁波を電波と定めています．波長でいえば，0.1 mm より長波長側が電波です．ただし，波長 1 mm 程度の電磁波を遠赤外線とよぶこともあるので，電波と赤外線の境界は，図のように 0.1 mm で区切られているわけではありません．なお，慣例的には，電波は周波数で，光は波長で表現することが多いようです．

13 3 電波の歴史

上記のように，イギリスのマクスウェル（James Maxwell）が電磁気学を完成させ，1864 年にその方程式の解から電磁波の存在を予測しました．ここで，マクスウェルがまとめた電磁気学の法則（マクスウェルの方程式）をもう一度振り返ってみましょう．

①電流が流れれば，もしくは電界が時間的に変化すれば，その周りに磁界が生ずる．

→　これはアンペールの法則といわれるもので電流の磁気作用を示しています．電界の時間的変化も磁気作用をもち，これを変位電流とよんでいます．

②磁界が時間的に変化すれば，その周りに電界が生ずる．

→　これは電磁誘導の法則です．

電磁波という波は，この①と②の法則から生み出されます．まず，電界が時間的に変化すれば①の法則により周辺にできる磁界も時間的に変化します．この磁界の時間的変化は，②の法則により時間的に変化する電界を生み出すことになり，この①→②→①→②→…という変動がくり返されながら空間を伝わります．これ

が電磁波です．この電磁波の伝搬速度が当時知られていた光の速度に近かったため，光の正体は電磁波であるという説が1871年に提唱されています．

このマクスウェルの電磁波の予測を裏付けたのがドイツのヘルツ（Heinrich Hertz）による実験です．1888年に，高電圧放電を起こすと離れたところに置かれたコイルの開口部で火花が飛ぶのを見つけたのです．これは空気中での電磁波現象を初めてとらえた有名な実験であり，まさにマクスウェルの電磁波存在の予測を裏付ける検証実験結果となりました．

【高電圧放電】
空気中に2個の電極を置き，その間に高電圧を加えたときに空気中の分子が電離して電子が発生し，電流が流れる現象．

このヘルツの実験を受けて電磁波を通信に利用しようとする気運が高まっていきます．先駆けたのはイタリアのマルコーニ（Guglielmo Marconi）とロシアのポポフ（Alexandre Popov）です．彼らは別々に無線通信の研究を行い，1894年と1895年に相次いで無線通信実験に成功しています．一般にはマルコーニの方が有名で，彼は1909年にノーベル物理学賞を受賞しています．

13 4 電波の分類

13.2節で述べたように，電波とは，300万メガヘルツ，すなわち3 THzより周波数が低い電磁波のことですが，さらに分類すると表13.1のようになります．

現在，私たちの暮らしになじみのあるのは，ラジオで語学講座やプロ野球中継を聞くときの中波，FM放送で音楽を聞くときのVHF，そして，地上デジタルテレビ放送で用いられているUHFなどです．地上波デジタル放送に移行する前のアナログテレビ放送は，主としてVHFを利用していました．VHFはVery High Frequencyの略で，周波数としては30 MHz～300 MHzです．VHF帯でのアナログテレビ放送は，2011年7月にすでに停止しています．UHFはUltra High Frequencyの略で300 MHz～3 GHzです．今でも，屋根の上にVHF用アンテナとUHF用アンテナを両方取り付けている家をみかけることがあります．

「マイクロ波」という用語は，総務省の分類によれば，表のようにSHF帯の電波を指します．しかし，「波長の短い電波」という意味で，UHFからサブミリ波までをまとめて示すこともあります．たとえば，加熱調理に使われている電子レンジは，食物に含まれる水分子が2.45 GHzの電波を吸収する性質をもっているこ

【電子レンジ】
食物に含まれる水分子が2.45 GHzの電波を吸収する性質をもっていることを利用した加熱調理器具．水分のみを加熱することができるため，水分を含まない皿などは加熱されないという利点をもつ．

表13.1 電波の種類

周波数	波長	名称	略称	主な用途
30～300 kHz	1～10 km	長波	LF	電波時計
300 kHz～3 MHz	100 m～1 km	中波	MF	AM放送
3～30 MHz	10～100 m	短波	HF	船舶通信，国際放送
30 MHz～0.3 GHz	1～10 m	超短波	VHF	FM放送
0.3～3 GHz	0.1～1 m	極超短波	UHF	携帯電話，電子レンジ，テレビ
3～30 GHz	10 mm～0.1 m	マイクロ波	SHF	無線LAN，衛星通信
30～300 GHz	1～10 mm	ミリ波	EHF	簡易無線，車載レーダー
300 GHz～3 THz	0.1～1 mm	サブミリ波		電波望遠鏡の観測電波

とを利用しています．この2.45 GHzは，表で見ればUHF領域ですが，英語では電子レンジのことをMicrowave ovenといいます．なお，家庭で無線LANを使ってインターネットに接続している場合，無線LANに2.4 GHzの規格を利用した機器を使うと，電子レンジと周波数が近いため，電子レンジのスイッチを入れたとたんにインターネットの接続が途切れたり遅くなったりすることがあります．

【無線LAN】
ケーブルを使わずに無線で行うインターネット接続のこと．LANは，Local Area Networkの略である．詳細は第15章参照．

ラジオ放送で使われている中波や短波のような周波数の低い電波は地球の外に送ることができません．これは，地球上空にある**電離層**が原因です．図13.3に電離層の構造を示します．電離層は，太陽の紫外線によって空気中の酸素分子や窒素分子が電離し，出てきた電子が自由に飛び回っているプラズマ状態です．プラズマは，金属が光を反射するように，電波を反射する性質をもっていて，その電子密度によって反射する電波の周波数の上限が決まります．図13.3のように，最も下層のD層は密度が低いので，長波は反射しますが中波以上は透過します．E層は，中波は反射しますが短波以上は透過します．最も上空にあるF層は，短波を反射しますがそれより高い周波数の電波は透過します．F層より上空では，空気が急激に薄くなって電子密度も下がるため，F層を通過した電波は宇宙空間まで届きます．F層で反射される電波の最大周波数は10 MHz程度ですが，太陽活動の状況により，日々変化しています．

【プラズマ】
気体中の原子や分子から電子が飛び出してイオンになり，正電荷のイオンと負電荷の電子が自由に動き回っている状態．

【電子密度】
単位体積あたりの電子数のこと．電波の周波数をf [Hz]，電離層の電子密度をn [1/m^3]とすれば，電波が電離層を通過する条件は，およそ$f > 9\sqrt{n}$である．F層の電子密度は10^{12} [1/m^3] 程度なので，宇宙まで電波を届かせるには，9 MHzより高い周波数が必要である．

この電離層のおかげで，短波は長波や中波よりも遠くまで電波を伝達することができます．衛星放送がなかった時代，短波を使って地球の裏側と交信することが行われていました．短波はF層と地上の間をくり返し反射することで，地球の裏側まで到達できたのです．地上と衛星の間で電波の送受信を行うにはF層を通過できる周波数の電波を利用しなければなりません．衛星通信，衛星放送，GPSによる測位など，多くの分野で使われている衛星からの電波が高周波なのは，電離層を通過しなければならないという制約があるのが1つの理由です．

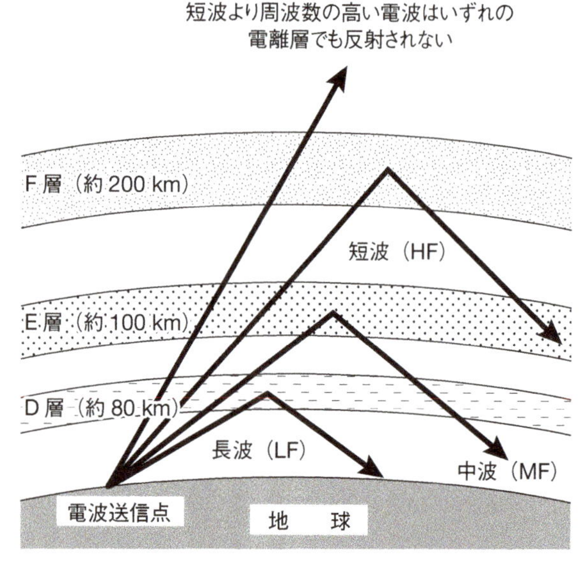

図13.3 地球上空の電離層による電波の反射

13-5 電波の変調

われわれが大声で叫んでも，数百 m 先にいる人に伝えるのは容易ではありません．これは，音源から拡がっていく効果に加えて，距離が伸びるほど空気分子の衝突による減衰が大きくなるからです．しかし，音声情報を電波に乗せて運べば，減衰を受けることもなく遠くまで伝えることができます．電波は空気のような媒体を必要としないので，十分強い電波で送信すれば，宇宙空間まで情報を届けることも可能です．

電波を利用して広く情報を伝える手段として，古くから使われているのは音声を伝えるラジオ放送です．電波に音声のような情報を乗せることを一般に**変調**といいます．1906 年にカナダの電気技術者フェッセンデン（Reginald Fessenden）は，世界初のラジオ放送を行っています．

われわれがよく聞くラジオ放送としては，中波を利用している **AM 放送**と VHF を利用している **FM 放送**があります．AM 放送は，530 kHz ～ 1600 kHz 付近の周波数を利用しています．これに対して，FM 放送は 76 MHz ～ 92 MHz 付近の周波数を使っています．これらの電波に音声を乗せて発信しています．

ここで，AM と FM というのは，周波数帯域の違いではなく，音声を電波に乗せる手法，変調方法を表す略号です．AM は Amplitude Modulation の略で，振幅変調です．これに対し，FM は Frequency Modulation の略で周波数変調です．

図 13.1 に示したように，波の状態を決定するには振幅と周波数（もしくは周期），波長という 3 要素を決定する必要があります．電波の場合，波の速度は光の速度で一定です．よって，周波数と波長には一定の関係があります．このため，図 13.1 のような振幅一定で単一周波数の波は，それが相手に届いたとしても，「振幅」と「周波数または波長」という情報しか伝わりません[1]．そこで，電波にさまざまな情報を乗せるには，この波の要素を変化させて乗せます．図 13.4 に電波に AM で情報を乗せる手法を示します．図 13.4（a）は音声などの入力信号です．これを図 13.4（b）のような波に乗せて情報を送ることを考えます．この波を，情報を運搬

1）正確には，波のずれを示す「位相」もあるが，ここでは省略している．

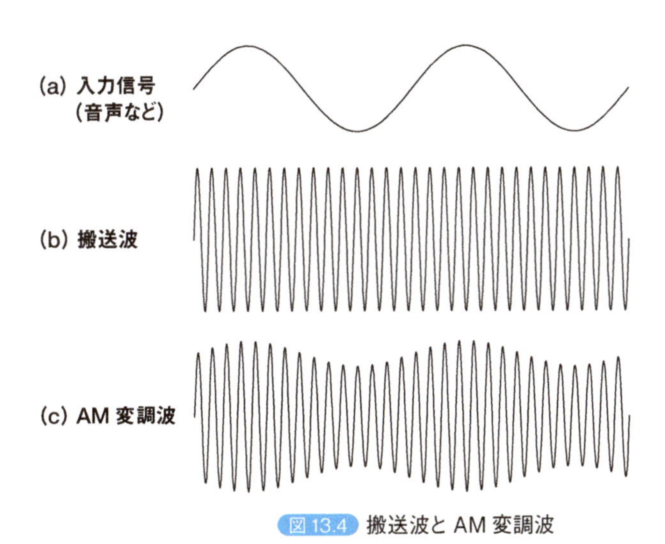

図 13.4 搬送波と AM 変調波

するという意味で，搬送波といいます．搬送波の周波数は，入力信号の最大周波数よりも十分大きくなければなりません．たとえば，われわれの耳に聞こえる音の周波数範囲は，20 Hz ～ 20 kHz 程度ですが，中波放送の最低周波数は 530 kHz なので，音の周波数よりかなり高くしていることがわかります．

さて，振幅変調（AM）は，図 13.4（c）のように入力信号の変化にしたがって搬送波の振幅を変化させて情報を乗せる方式です．たとえば，入力信号が周波数 f［Hz］の余弦波（cos 波），搬送波が周波数 f_0［Hz］の正弦波（sin 波）の場合，振幅変調をして得られる波形（AM 変調波）は次式で表されます．

$$s(t) = A(1 + \varepsilon\cos(2\pi ft))\sin(2\pi f_0 t) \tag{13.2}$$

ここで，A は搬送波の振幅，t［s］は時間です．ε は 1 より十分小さい値で，変調の度合いを表します．また，搬送波と入力信号の周波数の大小関係より，f は f_0 より十分小さい値です．この式を変形すると，

$$s(t) = A\sin(2\pi f_0 t) + \frac{1}{2}\varepsilon A\sin(2\pi(f_0 + f)t) + \frac{1}{2}\varepsilon A\sin(2\pi(f_0 - f)t) \tag{13.3}$$

となります[2]．すなわち，周波数 f_0 の搬送波に加えて，周波数 $f_0 + f$ と周波数 $f_0 - f$ の電波の重ね合わせになります．この $f_0 + f$ と $f_0 - f$ の成分を側波といいます．電波の強さの周波数分布（スペクトル）で示せば図 13.5（a）のようになります．実際の音声にはいろいろな周波数成分が含まれているので，図 13.5（b）のように中心周波数 f_0 の上と下に拡がった周波数成分をもっています．これを側波帯といいます．AM 変調波の場合，側波帯の拡がりは入力信号の最大周波数程度になります．この側波帯を含めた AM 変調波の最大周波数と最小周波数の差を帯域幅（占有周波数帯幅）といいます．

2）ここで，公式，$\sin A\cos B = 1/2(\sin(A+B) + \sin(A-B))$ を用いた．

電波で情報を送るとき，異なる発信源が同じ周波数を使うと，受信側では 2 つの音が重なって聞こえてしまいます．これを混信といいます．混信を避けるためには，各放送局が異なる周波数の電波を使わなければなりません．このとき，側波帯の拡がりを考慮して，隣り合った搬送波の周波数の間には帯域幅以上の差をもたせる必要があります．

一方，周波数変調（FM）は，図 13.6（b）のように入力信号（図 13.6（a））の変化に合わせて周波数を変動させる方式です．図のように，入力信号が山の時には FM 変調波の間隔が狭く，入力信号が谷の時には FM 変調波の間隔が広くなって

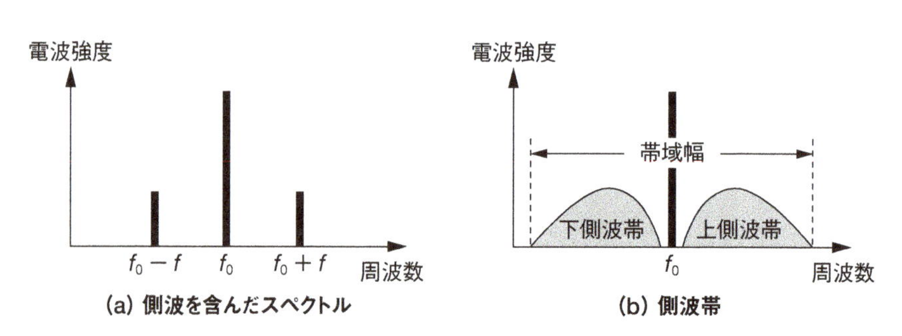

図 13.5 搬送波と側波帯のスペクトル

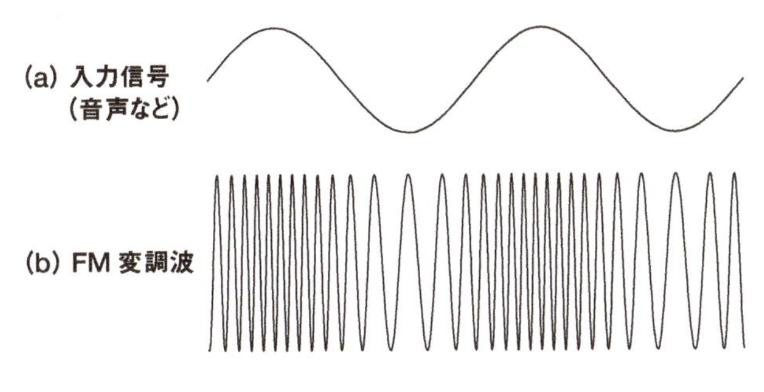

図 13.6 FM 変調波

いることがわかります．これが周波数変調です．図 13.6 (b) を見てわかるように，FM 変調波は振幅が一定なのが特長です．このため，雑音が混在しても，一定振幅の成分を取り出すだけで，大きな雑音を除去することができます．FM 放送が高音質なのは，この雑音除去効果が大きいからです．周波数変調を式で表すのは省略しますが，振幅変調よりも広い側波帯が必要です．このため，搬送波には VHF のような高周波が必要になります．

【雑音】
ラジオや電話などを聞いているときに入ってくる正常な音以外の音．ノイズ（noise）ともいう．電波などを使って信号を送る途中で入ってくる正常な信号以外の電気信号のことも雑音という．

図 13.5 (b) の上側波帯を見ると，周波数が高くなるほど電波が弱くなっています．これは，入力信号である音の周波数成分が高音になるほど弱くなるからです．この傾向は FM 波の場合も同様です．隣り合う放送電波の周波数の間隔は，聞こえる音の周波数の最大値で決まるため，あまり聞こえない周波数の音のために広い周波数間隔を用意しておかねばなりません．つまり，無駄な周波数領域があるわけです．テレビ放送で使われているデジタル技術は，信号を数値化して送信するため，周波数スペクトルは入力信号の大きさや周波数に依存せず，帯域全体にわたって周波数を有効に利用できるという利点もあります．

13-6 AM ラジオの基本的動作

AM 放送局から搬送波に乗せて運ばれてきた音声情報を聞くには，電波から音声情報を取り出さねばなりません．AM 放送を聞くための最も基本的なイヤホン式ラジオの構成を次ページの図 13.7 に示します．まず，アンテナで電波の信号を受けます．電波は，電磁波，すなわち電界と磁界の波なので，アンテナのような金属中に弱い高周波電流を流します．アンテナに流れる電流はさまざまな放送局の電波が混在しているので，その中から聞きたい放送局の高周波信号のみを取り出す必要があります．これを行うのが同調回路です．同調回路は，第 8 章で説明したように，コイルとコンデンサによって特定の周波数を選別します．このため，コイルかコンデンサには特性が可変のものを使います．図 13.7 では，可変容量コンデンサ（バリコン）を使っています．同調周波数を f とすれば，f は次式で与えられます．

$$f = \frac{1}{2\pi\sqrt{LC}} \ [\mathrm{Hz}] \tag{13.4}$$

ここで，L [H] はコイルのインダクタンス，C [F] はコンデンサの容量です．

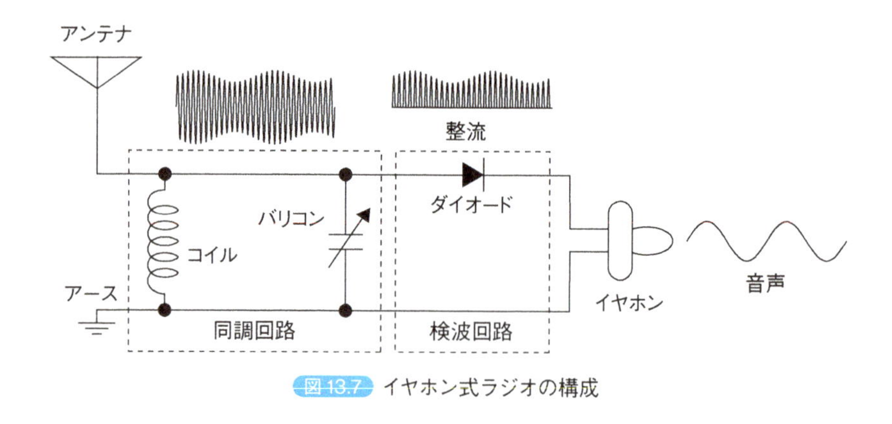

図 13.7 イヤホン式ラジオの構成

【ダイオード】
一方向に電流を流す半導体素子.

【整流】
交流を直流に変換すること. 一方向にだけ電流を流す性質をもつダイオードを用いれば整流することができる. 詳細は第8章参照.

特定の高周波信号を選択したら，次に高周波信号から低周波の音声信号成分を取り出します．これを検波回路または復調回路といいます．図 13.7 の検波回路では，第 4 章で説明したダイオードを用いて整流し，下半分の波形成分をカットしているだけです．このカットされた信号をイヤホンにつないで耳に当てれば，音になって聞こえます．半分にカットした信号には高周波の成分も含まれているのですが，周波数が高いのでイヤホンからは音として聞こえず，低周波の音声波形に相当する成分のみが聞こえることになるわけです．

この回路を見てわかりますが，電源は不要です．すなわち，電波のエネルギーを使って直接イヤホンを動作させています．電波のエネルギーは小さいので，スピーカーを使って大きな音で聞くことはできません．スピーカーを鳴らすには，第 8 章で出てきた増幅回路を途中に入れて高周波成分や音声信号を大きくし，より大きな音にして出力しなければなりません．

FM 変調の場合は振幅が一定なので，初歩的なラジオでは聞くことができません．ここでは示しませんが，FM 放送を聞くには，やや複雑な構成が必要です．

13 7 テレビ放送

ラジオ放送は音声のみを送っています．これに対し，電波に音だけではなく画像も乗せたいという要望に応えたのがテレビです．昔のアナログテレビ放送では，画像は AM 変調で，音声は FM 変調で送っていました．2011 年に地上アナログ放送が停止したため，現在はすべてデジタル放送になっています．デジタル放送は，変調方式は大きく違うのですが，アンテナはアナログの UHF 放送用に使っていたものが使えます．UHF アンテナは，図 13.8（a）のように，細い金属の棒（導波器）が何本も平行に並べられて構成されています．1 つの導波器の長さは，電波の波長の 1/2 程度となっています．たとえば，周波数 300 MHz の UHF 波は，波長が 1 m なので，導波器の長さは約 50 cm 程度です．電波は電界と磁界が進行方向に垂直に変動している波なので，アンテナを図のように放送局に向ければ，導波器が最もよく電波をとらえることができます．

これに対して，BS 放送や CS 放送は周波数が高い SHF 帯を利用しているため，

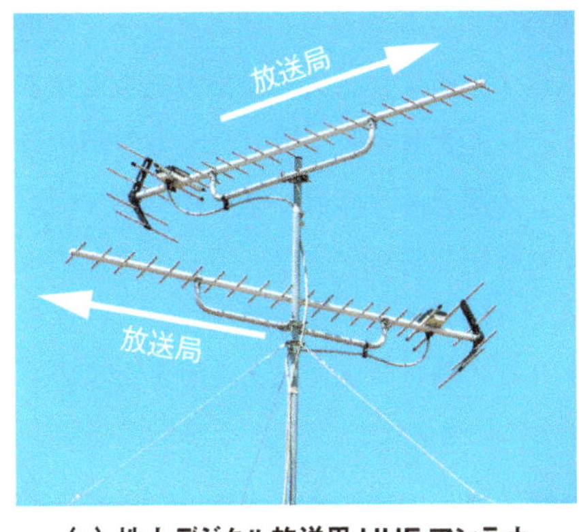

(a) 地上デジタル放送用 UHF アンテナ

(b) BS・CS 共用パラボラアンテナ

図 13.8 テレビ用アンテナ

波長が短く，導波器では十分な受信強度が得られません．そこで，図 13.8 (b) のようなパラボラアンテナが用いられています．パラボラアンテナは，凹面鏡のように電波を集める性質をもっています．各家庭の屋根の上に置かれたアンテナを見れば，その家がどんなテレビ放送を見ているかわかるのです．

ところで，テレビの歴史には日本人が大きくかかわっています．特に有名なのは，画像を伝送する電子技術の開発者で 1981 年に文化勲章を受章した高柳健次郎です．高柳は，浜松高等工業学校（現在の静岡大学工学部）において，1926 年，ブラウン管（受像管）上にイロハの「イ」の文字を映し出すことに初めて成功しています．

テレビの開発において高柳の偉業を位置づけるなら電子式テレビの世界初の実験成功ということになります．高柳の実験では，画像を電気信号に変換するのに機械式のニプコー円板を使っていましたが，その後 1933 年にロシアのツヴォルキン（Vladimir Zworykin）によって電子式撮像管「アイコノスコープ」が開発されて，映像の撮影から表示まですべて電子式になりました．

また，図 13.8 (a) のような導体棒を並べて構成されたアンテナを八木・宇田アンテナといいます．東北帝国大学（現在の東北大学）の八木秀次と宇田新太郎が開発して，1926 年に発表したものです．

【ブラウン管】
ドイツの物理学者ブラウン（Karl Braun）が考案した物理実験用の装置．電子の流れの方向を制御して電気信号を画像として観察することができる．詳細は第 12 章参照．

【ニプコー円板】
複数個の穴をらせんに沿って開けた回転円板．画像を電気信号に変換するのに用いる．詳細は第 12 章参照．

13-8 衛星放送

地上デジタル放送は，放送局や中継局の電波を直接受けて見ています．このため，山間部などの電波が届きにくいところでは，テレビが見られなかったり，見られるチャンネル数が少なかったりします．そこで，人工衛星を経由して電波を配信しているのが BS や CS とよばれる衛星放送です．衛星から見れば，さえぎるものはなく，広範囲にわたって電波を送ることができます．

BS 放送と CS 放送は，現在では同じパラボラアンテナで受信できるなど，ほとんど違いがないといえます．しかし，BS は Broadcast Satellite（放送衛星），CS は Communication Satellite（通信衛星）の略で，そもそもは目的が異なっていました．BS はその名のとおり放送用で，たくさんの受信者が受信用のアンテナを用意する際，なるべく小型で済むように，送信する衛星側に大きな出力をもたせるなどの特徴がありました．一方，CS は特定の送受信者間で通信をするのが主目的でした．現在は CS も“放送”が許可され，多チャンネル化が進む中で BS・CS 放送が発展してきました．地上波は空いている電波帯域が少なくて，チャンネル数を増やすのが難しいためです．CS 放送に「110 度」という単語がついているのをご存知でしょうか．これは衛星が東経 110 度の静止軌道上にある静止衛星であることを意味します．BS もこの東経 110 度にいるので，アンテナを向ける方向が一緒であり，アンテナの共通化も可能ということになります．衛星の位置を東経 110 度にした理由は，衛星が地球の影に入ってしまう「食」の時間帯を日本の生活時間帯からずらすためでした．これは衛星が太陽光発電で動いているためです．最近では蓄電池が発達したために起こりませんが，以前は食による放送の休止がありました．

【静止衛星】
静止軌道を回っている衛星のこと．静止軌道は，衛星が地球の自転と同じ速度で周回したときに，遠心力と地球の重力が釣り合って一定の高度を保てる軌道のことをいう．赤道上空約 36000 km の円軌道である．

【食】
一般的には，日食や月食のように，ある天体が他の天体またはその影の中に入る現象のこと．ここでは，地球の影に人工衛星が入ることを指す．人工衛星は太陽電池を電源にしているので，影に入ると電力不足になる．

13 9 デジタル放送

現在，テレビは地上波も衛星もデジタル放送になっています．デジタル通信技術については次章で説明しますが，FM よりもさらに雑音に強く，きれいな映像を楽しむことができます．ただし，テレビの動画をそのままデジタル化すると非常に情報量が大きくなるため，送る前にデータ圧縮をしています．この圧縮による劣化は避けることができません．現在，4096 × 2048 の解像度を有する高解像度テレビ，通称 4K テレビが販売されていて，CS では 4K 放送も始まっています．今後は，このような大画面で高解像度の映像を家庭で楽しむのが普通になるでしょう．ただし，4K テレビの動画は，データ圧縮の問題から BS・CS では送れますが，地上波では送ることができないのが現状です．また，BS の 4K 放送については，2018 年の開始が予定されていますが，伝送方式が従来と異なるため，現在発売されているテレビでは見られないという問題もあります．

本章のまとめ

この章では，電波の歴史とその分類，ラジオやテレビの送信技術の基本的原理について説明しました．

(1) 電波は赤外線より波長の長い，周波数の低い電磁波です．
(2) 電波は，周波数に応じて分類されています．
(3) 電波に，音声や画像のような情報を乗せることを変調といいます．本書では，AM 変調と FM 変調について説明しました．
(4) ラジオ電波から音声を取り出すには同調回路と検波回路が必要です．
(5) テレビの開発史には日本人が大きくかかわっています．

演習問題

❶真空中で波長 3 cm の電波の周波数を計算せよ.

❷地上から静止衛星までの距離は約 36000 km である. 地上から静止衛星に送られた電波が静止衛星で反射して地上に戻るまでの時間を計算せよ.

❸インダクタンス 0.2 mH のコイルを使って 540 kHz の放送を聞くための, コンデンサの容量を計算せよ.

❹以下の（　　）の中に最も適切な語句または数値を入れよ.

電波は, 周波数が（　1　）MHz 以下の電磁波のことである. この中で, FM 放送に使われているのは（　2　）帯の電波で, 地上デジタルテレビ放送で使われているのは（　3　）帯の電波である. FM 変調は入力信号に応じて, 搬送波の（　4　）を変化させる方式であるため,（　5　）が一定である. このため雑音に強く, 高音質の放送が可能である.

参考図書

(1) 藤村 哲夫:「電気発見物語」, 講談社 (2002)

(2) 相良 岩男:「トコトンやさしい電波の本　第 2 版」, 日経工業新聞社 (2016)

(3) 吉川 忠久:「イラストでまなぶ電波と通信」, 日本理工出版会 (2015)

(4) 赤﨑 正則, 村岡 克紀, 渡辺 征夫, 蛯原 健治:「プラズマ工学の基礎　改訂版」, 産業図書 (2001)

chapter 14 通信機器の発展

14 1 はじめに

通信とは離れた相手に情報を伝えることを指します．私たちの周りには通信を行うための機器がたくさん存在しており，それを日々利用しています．携帯電話が良い例でしょう．携帯電話は電話をすることも，メールを送ることも，インターネットで情報を得ることもできます．みなさんは電話やインターネット，テレビやラジオなどがない生活を想像できますか．これらは私たちの生活の中で，ただ便利であったり，娯楽をもたらしてくれたりするだけでなく，社会インフラの一部として重要な役割を担っています．本章では，もはや生活に欠かすことのできない通信機器が，現在までにどのような発展を遂げてきたのかを解説します．

14 2 電気を使わない通信

通信といったときに，それは「電気通信」のことを意味するくらい，現在の通信は電気を利用することが当たり前となっていますが，初めて電気を用いた通信機器が登場するのは1837年のことです．この年に米国のモールス（Samuel Morse）が電信機を発明しました．その後，米国のベル（Alexander Graham Bell）によって電話機が発明されて音声通信ができるようになり，さらに電波を利用することで無線通信が可能となり，現在ではコンピュータの発達に伴ってデジタルデータ通信の時代へと変わってきました．

電気通信が登場する前の情報通信は，文書そのものを人や伝書鳩などによって届けたり，また，短い文や合図などは狼煙（のろし）や法螺貝（ほらがい），旗振り通信や腕木通信などを利用したりしました．旗振り通信は江戸時代の1745年頃に日本で考案され，大阪の堂島にあった米相場の情報をいち早く地方へ伝達す

図14.1 電気を使わない通信

るために用いられました．図 14.1 に示すように，見晴らしの良い山の上などに中継所を作って大きな旗を振って情報をリレーさせていたのです．神戸市の須磨浦公園にある旗振山はその中継所の 1 つでした．

旗振り通信と似ていますが，現在でも海上自衛隊や海上保安庁などでは 2 本の手旗を用いた通信が用いられます．送り手は 2 本の手旗を持ち，腕の形で文字や数字を表して信号を送ります．当然，視認できる範囲にしか送れませんが，海上では視界も広く，また電磁波を発しないため敵のレーダーで発見されないという理由から現在でも使用されています．

腕木通信は 1790 年代にヨーロッパで発明・発達した通信で，図 14.1 に示すように真ん中の調節器とよばれる部分が垂直・水平の 2 通り，両端の指示器とよばれる部分が調節器からの角度を 45 度刻みで 7 通り（0 度と 180 度は紛らわしいので 0 度は使わない），すなわち全部で $2 \times 7 \times 7 = 98$ 通りの信号を送れます．実際にはこのうちの 92 通りを使い，2 つの信号の組み合わせで $92 \times 92 = 8464$ 種類の単語や文章を表していました．かの皇帝ナポレオンは，この腕木通信の通信網をフランス国内のみならず隣国まで広く普及させたことが知られています．

旗振り通信や腕木通信は，その後の電信機の発明に端を発する電気通信時代に突入すると衰退していきます．

14 3 電信機とモールス符号

電信機の原理的なしくみを図 14.2 に示します．電信機は，送信機と受信機を 2 本の電線で接続し，全体で電気回路を構成しています．送信機のキーとよばれるスイッチをオンにすることで電気回路に電流が流れます．このとき受信機側では電磁石が磁石として働き，磁力によってペン先を動かします．キーをオフにすると電流は流れなくなり，電磁石の磁力も消えてペンは戻ります．このときペン先の紙テープを一定の速度で動かすことで，送信機側のキーのオン・オフを受信機側で記録することができます．もちろん紙に記録しなくても，電球の明滅や音を鳴らしても電流のオン・オフを伝えることができます．

電信機自体はモールスが一人で発明したものではありません．しかし，モールスが電信機用に作成したモールス符号が非常に優れていたため，モールスの功績として後世に名を残しました．図 14.2 に示すように，文字（アルファベット）は電流のオン・オフで表されます．オンには短点（“トン” と表現）と長点（“ツー”

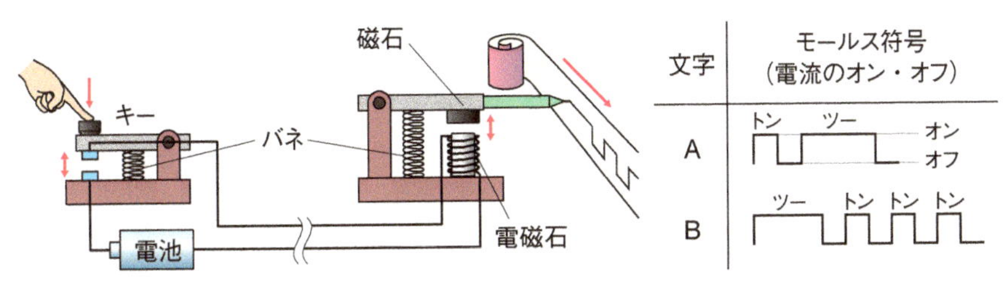

図 14.2 電信機のしくみとモールス符号

と表現）の２種類があり，これらの組み合わせによってさまざまな符号をつくることができます．

表 14.1 文字の出現順位とモールス符号

英文	モールス符号	和文
A（3 位）	・—（トン ツー）	イ（2 位）
E（1 位）	・	へ（47 位）
Q（25 位）	— —・—	ネ（41 位）
T（2 位）	—	ム（45 位）
Z（26 位）	— —・・	フ（40 位）

モールス符号の優れている点は，「送信文をいかに短い時間で送ることができるか」を考えられて設計されていることです．表 14.1 に示すように，モールス符号は文字によって長さが異なります．モールスは印刷所の活字の使用頻度を調べ，E や T のように英文でよく使用される文字には短い符号を，Q や Z のようにあまり使用されない文字には長い符号を割り当てるようにしました．これは，現代のデータ圧縮と同じ考え方といえます．

アルファベットに対して符号があるように，日本でも電信機と符号を輸入した際に和文モールス符号を作成しました．しかし，単純に英文のアルファベット順に和文のイロハを割り当ててしまったため，文字の出現頻度と符号の長さが対応しておらず，モールスのアイデアはまったく活かされなかったのです．後から気づいてもすでに広まってしまった後で，修正できないまま現在に至っています．

14 4 固定電話

モールスの電信機の登場から約 40 年後の 1876 年に，ベルによって電話機が発明されます．これにより音声による通信が可能となりました．図 14.3 に電話の音声信号が電話回線（電気回路）を流れる基本的なしくみを示します．送信側ではマイクによって音声（＝ 空気の振動）を電流の強弱（＝ 電話回線中の電子の振動）に変換して電気信号を流します．受信側はスピーカによって電流の強弱を音声に変換しています．

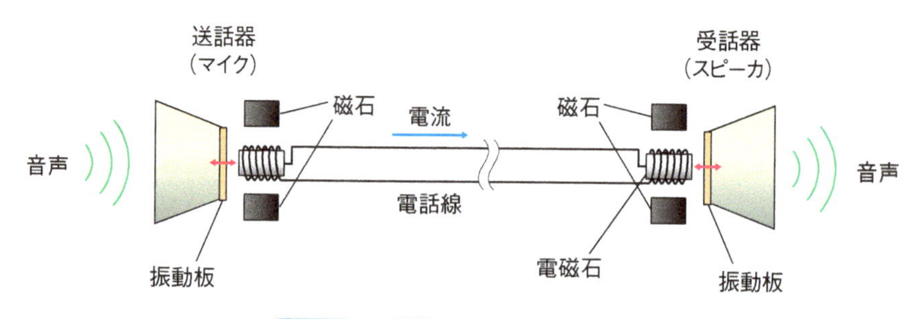

図 14.3 電話機と電話回線の基本構成

【アナログ回線】
電話機と基地局の加入者交換機を結ぶ２本の銅線．流れる電流の大きさが連続的に変化して音声信号を伝える．

図 14.3 では直接相手とつながっているように見えますが，実際の電話はいくつもの交換機とよばれる設備を経てつながっています．図 14.4 に示すように，電話機は最寄りの電話局にある加入者交換機の端子に電話回線で接続されています．この電話回線は一般にはアナログ回線です．その後，加入者交換機から（複数の）

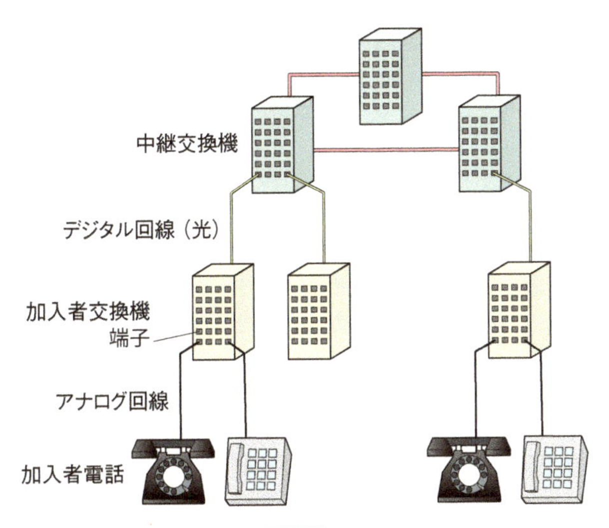

図 14.4 電話網のイメージ

中継交換機を経由して相手の加入者交換機とつながり，最後に相手の電話機までつながります．交換機間は光ファイバのデジタル回線を用いてネットワークを構成し，効率的にどの電話機間でも通話ができるようにしています．

電話をかけるときにどの交換機を経由すればよいかは，相手の電話番号で決まります．国内に電話をかけるときは，共通のプレフィックス‘0’から始まり，市外局番（東京は 3，大阪は 6 など），市内局番，加入者に割り振られた番号と続いていきます．この番号を見ることで交換機は次にどの交換機とつなげばよいかを判断します．そして，共通線とよばれる通話用の回線とは別の専用の回線を用いて相手の交換機とやり取りをし，その通話のために通話回線を発信者用と相手用にそれぞれ確保します．順次通話回線を確保していき，最終的に相手の電話が接続している加入者交換機まで経路が決定し，通話回線が確保されます．

皆さんが電話をかけるときは，まず受話器を持ち上げます．このとき“ツー”という音が聞こえてきます．受話器を上げることで加入者交換機までの回線がオンになります．そのあとで相手の電話番号をプッシュします．電話のプッシュボタンにはそれぞれ違う音が鳴るようになっています．加入者交換機はこの音で何番をプッシュしたか判断します．ちなみにプッシュ式の電話の前はダイヤル式の電話（いわゆる黒電話）が使われていました（図 14.5）．こちらは番号の位置にある穴に指を入れて右に止るまで回し，指を抜くとダイヤルが元の位置まで戻ります．この戻るまでの間に回線が瞬間的にオフになるしくみがあり，何回オフになったかで番号を加入者交換機まで通知していました．

ところで，マイクを通して音声を電気信号にしたときの波形は，時間も電圧も連続したアナログ波形です．このアナログ波形は雑音に弱いという欠点があります．長い距離を通信する場合，

ダイヤル式

プッシュ式

図 14.5 電話機

【光ファイバ】
石英ガラスなどを原料に，別の物質を添加するなどして屈折率を高めたコアとよばれる芯の部分と，その周りを覆う屈折率が低いクラッドとよばれる部分からなるケーブル．光（主に赤外線が使用される）はコアの中をクラッドとの境界で全反射しながら進む．

【デジタル回線】
“0”と“1”で表されるデジタルデータを転送する回線．雑音に強い．

【プレフィックス】
接頭語．先頭に付けるもの．

回線はさまざまな電磁波や電気機器の影響を受けて波形がゆがんでしまいます．ゆがんでしまった電気信号をスピーカを通して音声にしても元の音声とは異なった，いわゆる雑音の加わった音声となり，通信品質は劣化してしまいます．

1）アナログ信号からデジタル信号への変換は第9章を参照．

この雑音による品質劣化を克服するために登場するのがデジタル化です[1]．デジタル化は図14.6（a）に示すように，まずアナログ信号の波形から一定の周期で値を読み取ります．これを標本化といいます．その読み取った値を 2^n 個の離散値にします．これを量子化といいます．このとき，量子化した離散値はnビットの2進数で表すことができます．この2進数の‘0’と‘1’の並びを標本化の1周期の中で送ることで，波形は図14.6（b）のようになります．このデジタル波形は，ある程度雑音でゆがめられたとしても，‘0’か‘1’かの判断さえ間違わなければ正しく伝達します．受信側ではデジタル信号をアナログ波形に戻すことできれいな音声を再生することができます．

現在，電話の交換機のネットワークはすべてデジタル化されており，交換機どうしをつなぐ回線も光ファイバを用いて高速化が図られています．

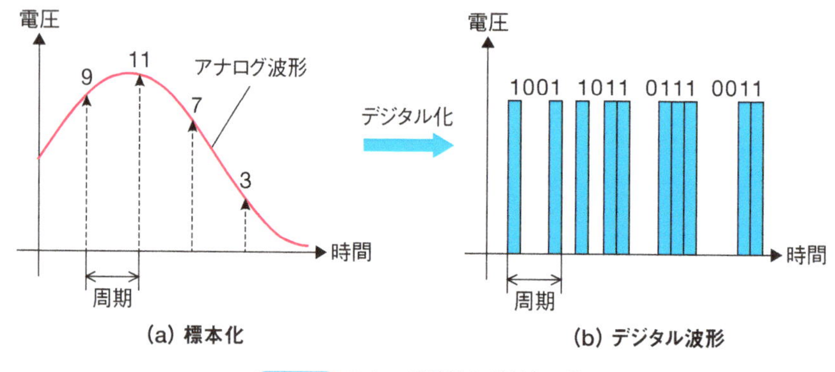

図14.6 アナログ信号のデジタル化

14 5 ファックス

【スキャン】
（scan）
日本語では走査という．電磁波や信号などを発したときの応答で，順番に網羅的に対象の状態を調べる動作のことをいう（X線を用いるCTスキャンなど）．本文では，原稿に光を当て，反射した光をセンサーで読み取り，原稿の情報（白か黒かなど）を読み取って電子データにすることを意味する．

紙に書かれた文書などを送る手段としてまだまだ現役で活躍しているのがファックスです．その原理は，図14.7に示すように，送信側で原稿を小さい四角に区切って，その四角が黒色で塗られているかどうかをスキャン（走査）し，塗られていれば‘1’，塗られていなけ

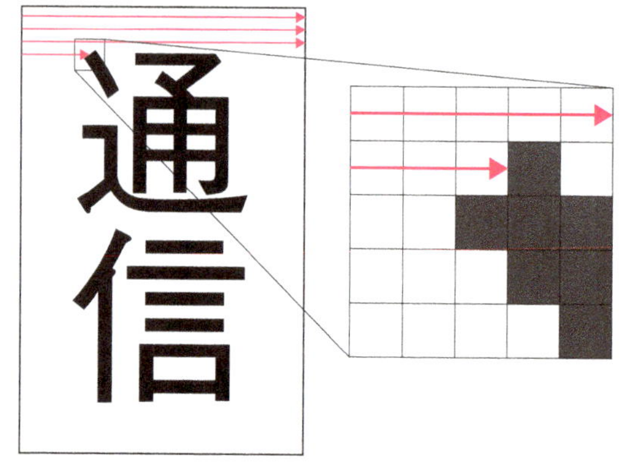

図14.7 ファックスの読み取り

れば‘0’を順番に相手に送信します．受信側は受け取った‘1’‘0’にしたがって白紙に四角い黒い点を塗っていきます．‘1’‘0’のデータを送るとき，そのまま送ると膨大な数のビットが送られて時間がかかってしまうため，ファックスの原稿の特徴を利用してデータ圧縮をします．多くの場合，紙面の大半は白いままになっていると思います．このとき，端から順番に見ていって初めて黒い部分が出てくるまでに100個の白が続いたとすると，そのままだと100ビットの情報を送らなければなりません．しかし，「0がいくつ続いた」のいくつに相当する100を2進数に変換して送れば，100は7ビットあれば表すことができるので大幅に短くすることができます[2]．黒い部分‘1’が続く場合も同様です．

【データ圧縮】
データのもつ情報量や質を低下させずに，ファイルサイズを小さくすること．

2) 100は2進数で表すと$(1100100)_2$．詳しくは第9章を参照．

このように‘1’や‘0’が続いて発生しやすい場合には，その長さを情報として送ることでデータの圧縮をします．これをランレングス符号化といいます．ファックスの場合は発生しやすい長さが統計的にわかっており，ただ長さを2進数にするのではなく，モールス符号のように発生しやすい“長さ”に対して短い符号を割り当てることでさらなるデータ圧縮を実現しています．

【ランレングス符号化】
“0”や“1”が続けて出現するとき，それらをランとよぶ．交互に発生する“0”のランと“1”のランの長さ（ランレングス）をそれぞれ2進数にすることで，データ圧縮をするのがランレングス符号化．“0”や“1”が続けて発生しやすい場合に効率的である．

14-6 携帯電話

現在最も身近で普及している通信機器は，スマートフォンを含む携帯電話といっても過言ではないでしょう．日本では，携帯電話とPHSの契約数が人口を上回るようになってきました．すなわち，平均で1人1台以上を保有していることになります．

携帯電話の歴史は「自動車電話」の登場から始まります．固定電話のように場所に縛られることなく電話がしたい，という要望を満たすには無線通信が必要となります．しかし，電波を発信する無線通信には大がかりな装置が必要でした．人が持ち運ぶには重すぎたのです．そこで自動車に搭載する形となったのです．

その後技術が進歩し，人が持ち運べるようになりました．まず，ショルダーフォンといって肩から下げて持ち運べるようになり，さらに小型化が進んで，現在のようにポケットに入れて簡単に持ち運べるようになったのです．

固定電話は決まった電話局の端子に常につながっているので，その端子に向けて電話をかければよかったのですが，携帯電話は端子につながれているわけでもなければ，どこにいるかも変わってきます．また，移動しながら通話やデータのやり取りを行うこともあります．これらは，図14.8に示すようにセルラシステムとよばれる無線基地局を敷き詰めたネットワークシステムと，ホームメモリとハンドオーバというしくみで対応しています．

1つの無線基地局がカバーするエリアを「セル」とよびます．1つ

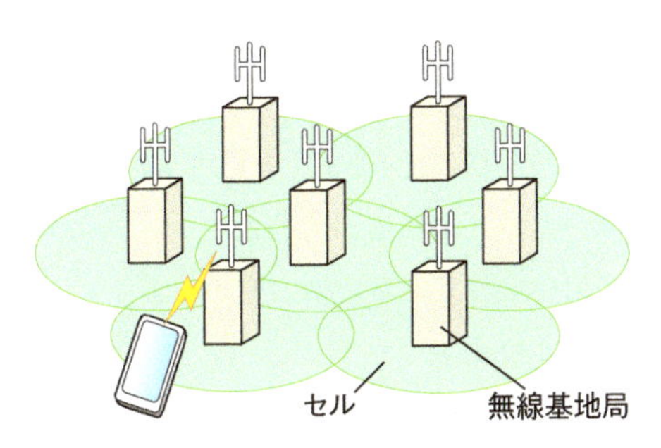

図14.8 セルラシステム

のセルは数百 m から数 km の範囲をカバーします．このセルを敷き詰める形で広い範囲に通信サービスを提供するのがセルラシステムです．英語で携帯電話のことをセルラフォン（cellular phone）とよぶのはここに由来します．

図 14.9 に携帯電話のネットワークの例を示します．携帯電話で通話をするとき，無線電波を使っているのは携帯端末と無線基地局の間だけです．無線基地局から先は有線（光ファイバ）で中継網につながっています．固定電話や他社の携帯電話へかけるときはゲートウェイ（関門）ルータを通って接続します．インターネットに接続するときも同様です．

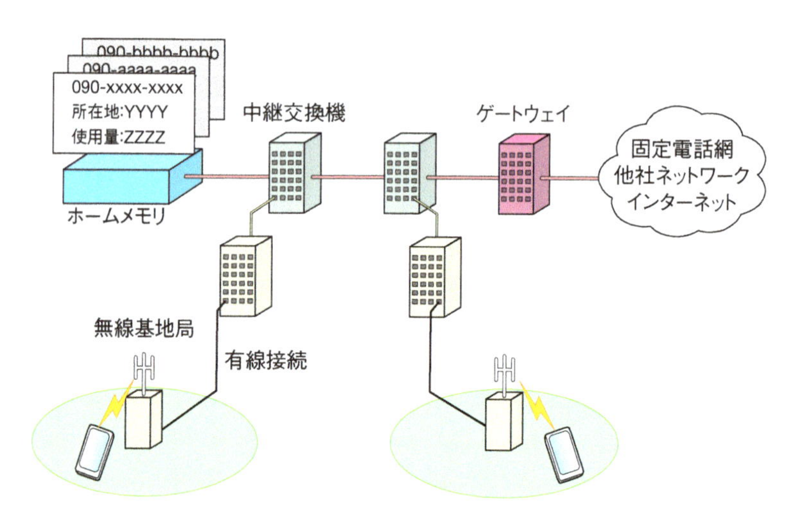

図 14.9 携帯電話網

ホームメモリはネットワーク内に存在し，それぞれの携帯端末が今どこにいるかといった情報や，その端末の当月の使用量などの情報が保持されています．端末が移動すると，別の無線基地局のカバーエリア（セル）に入ることがあります．このとき，端末は自分が移動したことを察知し，ホームメモリの更新を行います．これにより，誰かが電話をかけてきたとき，ホームメモリに登録してある位置を参照し，その周辺に対して呼び出し信号を送ることができます．

ハンドオーバは通話中に別の無線基地局のカバーエリアに移動したときに，通話を途切れさせることなく切り替えることをいいます．カバーエリアの移動は受信する電波の強さで判断します．ハンドオーバという単語の「手渡し」とか「引き継ぐ」という意味のとおり，基地局間で通信の受け持ちをバトンタッチすることになります．

携帯電話には「世代」というものが存在します．3G や 4G LTE といった言葉を聞いたことがあるかもしれません．この携帯電話の世代（Generation）は，通信に用いられている技術の違いによって区別されます．表 14.2 に各世代の主な仕様をまとめます．

1 つの通信媒体（たとえばある周波数帯の電波）で同時に複数の通信を行うことを多重化といいます．携帯電話の基地局は同時に複数の携帯端末と通信をするた

表 14.2 携帯電話の世代と特徴

世代	第 1 世代（1G）	第 2 世代（2G）	第 3 世代（3G）	第 4 世代（4G）
多元接続方式	FDMA 周波数で分割	TDMA 時間で分割	CDMA 符号で分割	OFDMA 直交する周波数で分割
サービス内容	アナログ 電話のみ	デジタル 電話 低速データ通信 （～ 10 kbps）	デジタル 電話 ネットに対応 （～数 10 Mbps）	デジタル 電話，データ通信， ネットの統合 （～ 100 Mbps）

め，この多重化のしくみが必要になります．多重化したときのそれぞれの通信のことはチャネル（channel）とよびます．テレビも各局の放送は多重化されており，どこかの局の番組を視聴するときはチャンネルを選びますね．

携帯端末は通信をするときだけ基地局との間でチャネルを割り当ててもらい，終わるとチャネルを開放します．このように動的にチャネルの割当・解放を行い，複数の端末が基地局と通信できるしくみを多元接続とよびます．携帯電話の世代の違いはこの多元接続の方法が大きく異なります．

図 14.10（a）のように第 1 世代の FDMA は周波数の違いでチャネルを区別します．第 2 世代の TDMA は，図 14.10（b）のように時間を細かいスロットに分割して順番に送信します．音声で例えると，みんなが違う高さの声で喋れると聞き分けられるのが FDMA で，マイクを一定時間で順番に回して 1 人ずつ喋るのが TDMA になります．TDMA は 1 サイクル分のデータを 1 スロットに圧縮することで，音声通信をしているときも途切れることなくデータを送り続けることができます．

第 3 世代の CDMA は，チャネルごとに異なる符号を使って，データに鍵をかけるようにして送ります．複数のチャネルのデータが混ざって受信されても，送信時に使用した符号（鍵）を使うと，その信号だけを取り出すことができます．第 4 世代の OFDMA は，周波数の違いで区別するのは第 1 世代と同じですが，使用するチャネルの周波数の選び方に工夫がされています．そのしくみは少々難しいのでここでは割愛しますが，地上デジタル放送にも使われている技術で，効率的に周波数帯域を利用することができます．

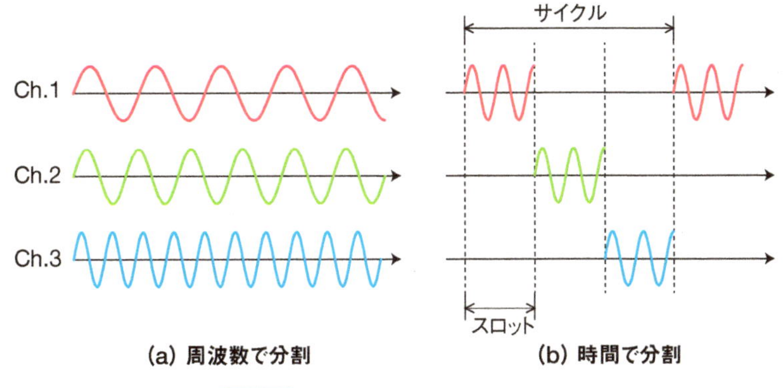

図 14.10 FDMA と TDMA のイメージ

【チャネル】
（channel）
多重化されているときの各通信．テレビなどではチャンネルとよぶが，通信用語ではチャネルという表現が一般的．

【FDMA】
（Frequency Division Multiple Access）
周波数分割多元接続．各チャネルに異なる周波数を割り当てる．

【TDMA】
（Time Division Multiple Access）
時分割多元接続．各チャネルに異なる時間スロットを割り当てる．

【CDMA】
（Code Division Multiple Access）
符号分割多元接続．各チャネルに異なる符号を割り当てる．

【OFDMA】
（Orthogonal Frequency Division Multiple Access）
直交周波数分割多元接続．各チャネルに，複数の周波数を割り当てる．この周波数は互いの周波数に干渉しない（直交する）ように選ばれるため，限られた周波数帯でも高速な通信が可能となる．

多重化の工夫により同時にたくさんの人が通信できるようになっていますが，さらに多くの人が同時に電話を使えるように，通話の音声は面白い圧縮の仕方をしています．それは，しゃべった人の音声をその場でリアルタイムに解析して，各携帯電話に共通で登録されているさまざまな音声コードと瞬時に照らし合わせ，登録されている音声コードの組み合わせで音声を再現するというものです．実際に相手に送るのは，この音声コードの組み合わせ情報だけですむので，音声データ自体を送るよりもデータ量が少なくなります．

【音声コード】
携帯電話に登録されている音声波形．辞書のようにさまざまなパターンが登録されている．

【無線 LAN】
ケーブルを使わずに無線で行うインターネット接続のこと．LAN は，Local Area Network の略である．詳細は第 15 章参照．

携帯電話は無線 LAN と比べると比較的長距離の無線通信を行います．このとき，図 14.11 のように，基地局からの電波は建物などで反射することでさまざまな経路を通って携帯端末まで到来します．波は複数の経路を通ると場所によって強め合ったり弱め合ったりします．図 14.11 では，直接届く①という電波とビルに反射する②という電波を受信しています．このとき，電波の波長が λ［m］で，それぞれの経路の長さが L_1［m］と L_2［m］で，振幅が同じだった場合，$|L_1 - L_2| = \lambda(n + 1/2)\ (n = 0, 1, 2, \ldots)$ のときは打ち消し合い，$|L_1 - L_2| = \lambda n\ (n = 0, 1, 2, \ldots)$ のときは 2 倍に強め合うことになります．強め合うときはいいのですが，たまたま弱め合うところにいた場合は通信ができなくなってしまいます．そこで，携帯電話には 2 本のアンテナを搭載しています．図 14.11 の①′と②′の到来する端末のもう一方の端は数 cm 離れた地点になります．たとえば 2GHz の電波を使っている場合は，波長が

$$\lambda = c/f = 3 \times 10^8/(2 \times 10^9) = 0.15\ \mathrm{m} = 15\ \mathrm{cm}$$

となり，数 cm ずれるだけでも干渉の仕方は大きく変わります．そして 2 本のアンテナで受信した信号のうち強い方を選ぶことで，スポット的に受信電力が弱くなってしまうことを避けられます．

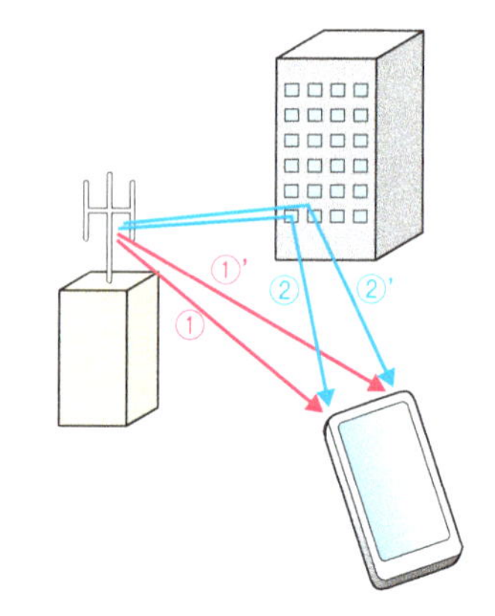

図 14.11 複数経路による電波の到来

14 7 通信のこれから

大昔から，情報を遠方に速く正確に伝えるということは非常に重要でした．そのため，その時代の最先端の技術を使ってさまざまな工夫がなされてきており，近年の進化はめまぐるしいものがあります．現在は携帯電話を 1 人 1 台持つのが当たり前のようになり，いつでもどこでも通信ができます．そしてワンセグ受信やインターネットが携帯電話でできるようになったように，あるいはインターネットで通話ができるようになったように，音声通信，データ通信，放送などさまざまな通信サービスが融合してきています．携帯電話は，今よりもさらに高速化を目指す第 5 世代（5G）の研究が進んでいます．さらに“ヒト”が通信を行うだけでなく，“モノ”どうしが通信を行う M2M（Machine to Machine）通信や“モノ”

のインターネット IoT（Internet of Things）の研究なども盛んに行われています．そのしくみや動向などにもぜひ注目していってください．

本章のまとめ

この章では，通信機器の発展とその技術について説明しました．

（1）通信とは離れた相手に情報を伝えることをいいます．

（2）電気通信時代はモールスの電信機により始まりました．

（3）固定電話の電話網にはアナログ回線とデジタル回線があり，デジタル化する目的は音声品質を保つためです．

（4）携帯電話は，セルラシステムにより広いエリアをカバーして，エリア内ではどこでも通信できるようにしています．

（5）携帯電話に必要な要素として，どこにいても電話を受けられるようにするためのホームメモリと，移動しながらでも通信できるようにするためのハンドオーバがあります．

（6）今後は，通信形態の融合やますますの高速化が予想されます．

演習問題

❶英文モールス符号には現代のデータ圧縮に通じる工夫があるが，どういった工夫か．

❷ダイヤル式の電話とプッシュ式の電話の違いを簡潔に答えよ．

❸携帯電話での通信に不可欠な，「ホームメモリ」と「ハンドオーバ」について簡潔に説明せよ．

❹電波の進む速さを $c = 3 \times 10^8$ [m/s] とするとき，周波数が A：800 MHz と B：2 GHz の電波の波長 λ_A [cm]，λ_B [cm] はそれぞれいくらか．

❺携帯電話で無線基地局からの電波を，直接波と反射波で受信した．このとき 2 つの経路の長さの差が 37.5 cm であった．問題❹の A と B の周波数を使用したとき，それぞれ強め合うか弱め合うかを答えよ．

参考図書

（1）三木 哲也 監修：「史上最強カラー図解 プロが教える通信のすべてがわかる本」，ナツメ社（2011）

（2）米田 正明：「電話はなぜつながるのか」，日経 BP 社（2006）

（3）中嶋 信生，有田 武美，樋口 健一：「携帯電話はなぜつながるのか 第 2 版」，日経 BP 社（2012）

chapter 15 社会を変えたインターネット

15 1 はじめに

今や私たちの暮らしになくてはならない存在となったインターネットは，ここ10数年で爆発的に普及しました．インターネットは1960年代にアメリカ国防省の通信網として開発されたネットワークで，大学間ネットワーク，商用ネットワークを経て現在の姿になったのです．その急速な技術の発達と普及の拡がりには目を見張るものがあり，私たちの暮らしを劇的に変えたといってもいいでしょう．本章では，インターネットのしくみや歴史，接続方法について説明するとともに，その危険性についても述べます．

15 2 インターネットとは

インターネット（Internet）とは，世界中のコンピュータを通信回線で接続した情報通信ネットワークのことです．基本的にはコンピュータ間をケーブルで接続した有線の通信ネットワークですが，スマートフォンやノートパソコンのように無線でつなぐこともできます．図15.1のような各国間のコンピュータを接続するネットワークを基幹とし，それぞれの国の中に下位層のネットワークがあり，さらにそのネットワークにさまざまな通信機能をもつコンピュータ（端末）をつないでいる，という階層になっています．どんな端末でも一定の条件を満足すれば，世界のどの地域とも通信をすることができます．

【端末】
パソコンやスマートフォンなどの，情報の入出力ができ，ネットワークに接続して通信を行う機器．

インターネットにおける通信の特長は，1対1の通信ではないことです．電話を使って通話をするときは，相手の電話番号を指定して接続し，その相手が出たら相互に話をすることができますが，この時，相手は1人，こちらも1人です．これが1対1の通信です．これに対し，インターネットの場合には，1対多数，あるいは多数対多数も可能で，これを利用して，多数の人間が1台のコンピュータを使って同時に通信することも可能です．

もう1つの特長は，通信するデータを細切れ（パケット）にして，パケット通信という形で送受信するというシステムにあります．このパケットを送るときに

【通信パケット】
インターネットなどのデータ通信では，送受信するデータは適当な大きさに分割され，それぞれに宛先情報など（ヘッダとよぶ）が付加されて送られる．これらを通信パケット（単にパケットとも）とよび，データ通信における1つの単位となる．

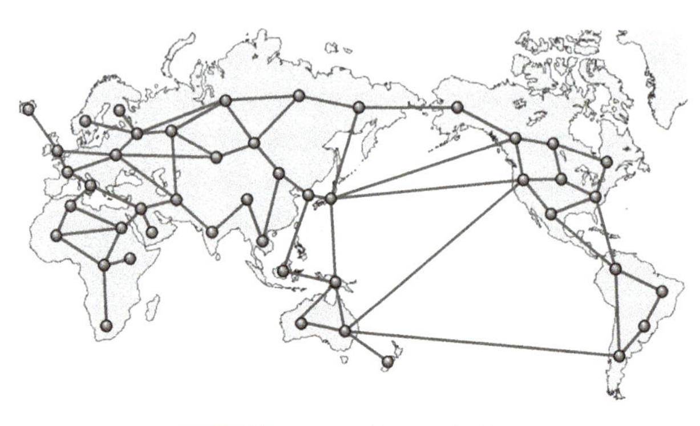

図15.1 インターネットの概念図

は，通信経路が必ずしも1つではありません．固定電話では，どの経路，どの中継局を通って通信するかは通信の開始時に決められ，通信終了時まで通信経路が変わることはありません．一方，インターネットの中継コンピュータは，図15.1のようにいろいろな方面のコンピュータとつながっていて，各々のパケットについて，その時点で最適な経路を選びます．このため，通信中に故障などでどこかが不通になっても，適当な迂回路を見つけて継続して通信することが可能です．

インターネットにおける通信は，コンピュータアクセスも電子メールもホームページ閲覧もすべてが同じ回線でできるというのも特長の1つです．送受信に使う通信パケットには，単に通信内容を乗せているだけではなく，電子メールなのか，ウェブ閲覧なのか，といった，どのようなサービスの通信を行っているかという識別情報が含まれています．そこで，これを元に，コンピュータ上のソフトウェアが振り分ければ，電子メールは電子メールソフトで，ウェブの内容はウェブ閲覧ソフト（ウェブブラウザ）で見ることができます．通信パケットには端末コンピュータの識別情報も含まれているので，複数のコンピュータが同じ回線を経由して通信することも可能です．このため，個々のコンピュータを直接インターネットに接続する必要はありません．通常は，家庭内や会社や学校のような組織内でネットワーク（Local Area Network，LAN）を構築し，このLANを外部の広域なネットワーク（Wide Area Network，WAN）に1本の回線を使って接続する，という構成になっています．

【LANとWAN】
LANはLocal Area Networkの略で比較的狭い範囲（local）のコンピュータネットワーク．企業や家庭などでパソコンやスマートフォンをケーブルや無線でルータやハブに接続して，互いに通信したり，プリンタなどを共有したりできる．
WANはWide Area Networkの略で，広い範囲にわたる（wide）コンピュータネットワーク．LANはWANに接続することで，他のLANなどとも通信できるようになる．

15 3 インターネットの歴史

インターネットは1969年に開発されたアメリカ国防総省のARPAネットが起源です．ARPAネットは，図15.2のように全米の軍事施設に設置されたコンピュータをケーブルでつないだネットワークでした．最大の特長は，核兵器などの攻撃を受けてどこかの通信回線が使用不能になっても，自動的に迂回をして通信を継続することができるようにしたことです．ARPAネットはその後大学や研究所間の学術ネットワークと連携して使われ，便利な通信手段として急速に普及が進みました．

【ARPA】
（Advanced Research Projects Agency）
アメリカ国防総省にある高等研究計画局のこと．

普及した要因の1つに**電子メール**（E-mail）の利用があります．電子メールは，インターネットを経由してコンピュータ間でテキストを送受信するしくみですが，送ったメールがほぼ瞬時に相手に届くので，郵便に代わる手段として広まっていきました．学術系のインターネットは大学間の専用回線で結ばれていたので，大学で固定料金の回線料を払えば端末での送受信に通信料金はかからなかったの

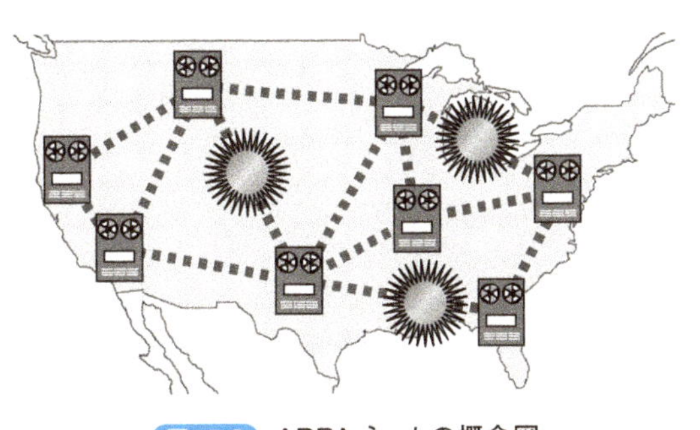
図15.2 ARPAネットの概念図

です．すなわち，末端ユーザから見れば，実質「無料」だったのも普及が速かった理由の 1 つです．

アメリカのネットワーク網としてスタートしたインターネットは，その後全世界に広がって，真のインターナショナルなネットワークになっていきました．日本でも 1984 年頃からネットワークの整備がスタートして，1986 年頃から海外ネットに接続されています．

電子メールに続いて，インターネットの普及を加速させた要因が，WWW（World Wide Web，ウェブ）です．現在，「インターネット」という言葉を，WWW の代名詞として使っている人も多いと思いますが，元々は欧州の素粒子研究機関として有名な CERN（欧州原子核研究機構）で，実験データを研究者間で共有するための手段として開発されたソフトウェアです．WWW は，その情報公開の簡便さと利用者の多さから，個人の情報公開から企業の宣伝発信手段にまで使われ，これが一般家庭へのネットワーク普及に貢献しました．特に，ネット検索が登場するとインターネットを使ってさまざまな情報を簡単に取得できるようになり，利用者が加速度的に増えました．

【CERN】
スイスのジュネーブ郊外にある欧州原子核研究機構のこと．世界最大規模の粒子加速器をもつ．ノーベル賞受賞につながる研究をいくつも行った．

スマートフォンを利用すれば，いつでもどこでも情報交換をすることができるようになった現在，インターネットは，空気のように，その存在さえ意識されなくなってきたような気がします．

15 4 IP アドレスとネットワーク構成

コンピュータをインターネットにつないで通信するには，コンピュータを識別するための番号が必要です．これを IP アドレス（Internet Protocol address）といいます．電話番号のようなものです．IP アドレス（IPv4）は 4 個の数字で表されていて，

aaa.bbb.ccc.ddd

のように記述します．aaa，bbb などの数字は 0 ～ 255 のどれかを指定します（8 ビット整数）．たとえば，203.198.145.165 とか 192.168.5.125 というような数値で表されるのが IP アドレスです．コンピュータ間で通信をするためにはそれぞれのコンピュータに異なる IP アドレスを割り当てなければなりません．

電話に国番号や市外局番があるように，IP アドレスにも番号に応じたグループ分けがあります．IP アドレスは，左側の数字が共通なものが同一グループです．ただし，すべての IP アドレスが均一にグループ分けされているのではなく，一番左の数字の範囲で次の 3 クラスに分類され，それぞれのクラスのグループに所属できる台数が決まっています．

A クラス（16777214 台接続）	：aaa.xxx.xxx.xxx（aaa が 1 ～ 126）
B クラス（65534 台接続）	：aaa.bbb.xxx.xxx（aaa が 128 ～ 191）
C クラス（254 台接続）	：aaa.bbb.ccc.xxx（aaa が 191 ～ 223）

ここで，aaa，bbb，ccc の数字が共通であれば同一グループとなり，xxx の部分

を変えてそれぞれのコンピュータに割り当てます．xxx には，0 から 255 まで使うことができます[1]．

小さなオフィス内のコンピュータや家庭内の複数のコンピュータ間で通信をするときには同一グループの IP アドレスを与えます．このような同一グループに所属するコンピュータをネットワークに接続する装置として最もよく使われているのは，図 15.3 のような**ハブ**（スイッチングハブ）です．ハブには LAN ポートとよばれるケーブルの接続口が複数個付いており，それに対応したネットワークケーブルを使って各コンピュータと接続します．ネットワーク接続する際の標準規格はイーサネットとよばれ，この規格に合ったケーブルを用意する必要があります．

原理的には，1 台のハブについている LAN ポートの数までしかコンピュータを接続することはできませんが，ハブとハブをネットワークケーブルで接続すれば，それらのハブは同一グループとして動作するので，コンピュータが増えた場合に後で追加することも可能です．ただし，IP アドレスに応じた最大の台数を超えることはできません．

少数のコンピュータ間で通信を行う LAN であれば，ハブによる接続でも十分ですが，さらに多くのコンピュータを接続するときには，異なるグループのコンピュータを接続するための**ルータ**（ゲートウェイ）とよばれる中継器が必要です．あるグループに所属するコンピュータが別のグループのコンピュータと通信したいときには，ルータに問い合わせます．もし，そのルータに接続されているグループであれば接続できますが，そうでない場合には，他のグループに接続されている別のルータに問い合わせます．ルータは，その接続経路を保存することができ，必要に応じて最適な経路（ルート）を探索する働きももっています．

さて，インターネットにつないで世界中のコンピュータと通信をするには，IP アドレスを自由に決めることはできません．世界中のコンピュータが異なる IP アドレスをもっていなければならないからです．このため，新規にインターネットに接続するネットワークを構築するときには，接続先の組織（プロバイダなど）からアドレスをもらう必要があります．プロバイダは各国の管理組織に申請して IP アドレスをもらうしくみになっています[2]．

しかし，IP アドレスは 256 の 4 乗，すなわち 40 億台程度しか識別できません．インターネットの爆発的な普及により，もはや新たに配布するアドレスはないそうです[3]．このため，個人が複数の IP アドレスをプロバイダからもらうのは難し

1) ただし，すべてが 0 もしくは 255 となるアドレスは，コンピュータに割り当てることができない．また，同一クラスに属するアドレスを分割して，異なるグループとして運用することも可能．

【イーサネット】
(Ethernet)
コンピュータネットワークの規格の 1 つ．現在世界中で使われているので，事実上の標準規格である．Ether は「エーテル」で，一昔前に光を伝える媒質と考えられていたもの．「どこにでも存在する」と考えられていたことにちなんだようである．

2) 現在，日本における管理組織は「日本ネットワークインフォメーションセンター（JPNIC）」である．

3) 日本を含むアジア太平洋地域では 2011 年に，北米でも 2015 年にすべてプロバイダや各種組織などに配付してしまい，アフリカ地域を除いた全世界で IP アドレスは枯渇した．

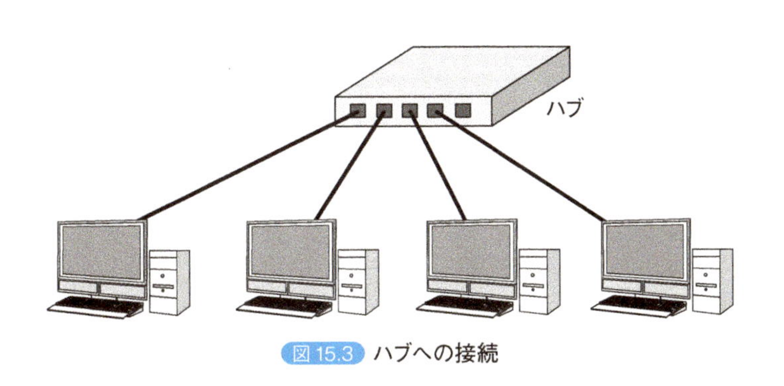

図 15.3 ハブへの接続

く，維持費用もかさみます．

そこで，全世界で通用するIPアドレスグローバルアドレスに対して，ある限られた範囲であれば自由に使えるプライベートアドレスとよばれるIPアドレスが用意されています．プライベートアドレスは以下の通りです．

Aクラス（16777214台接続）	：10.xxx.xxx.xxx
Bクラス（65534台接続）	：172.16.xxx.xxx ～ 172.31.xxx.xxx
Cクラス（254台接続）	：192.168.0.xxx ～ 192.168.255.xxx

プライベートアドレスは，そのままではインターネットに直接接続することはできませんが，現在市販されているルータのほとんどに備わっているNAT（Network Address Translation）という機能を用いれば接続することができます．NATは，組織内のネットワークにつながったコンピュータを外部のネットワークに接続するときに，パケット情報に入っているネットワークアドレスを外部アドレスに変換する機能です．このため，内部ネットワークに複数台のコンピュータがつながっていても，NATで変換するグローバルアドレスは最低1個あればよく，それでも複数のコンピュータが同時に外部と通信することができます．インターネットはコンピュータとコンピュータの通信であり，1台のコンピュータが同時に複数のコンピュータとそれぞれ異なるサービスで接続することが可能です．このため，外部から見れば1台のコンピュータに見えても問題はなく，外部のアドレスは1個でもよいのです．

ただし，外部からプライベートアドレスをもつコンピュータへの接続はできません．もし，外部から内部のコンピュータに接続するときは，特定のコンピュータを指定して，アドレスの1対1変換をする必要があります．ただし，セキュリティ（安全性）の観点からいえば，外部からの攻撃を防ぐことができるのですから，このことは必ずしも短所とはいえません．

IPアドレスは数字の並びなので，計算機にとっては扱いやすいのですが，人間から見れば覚えにくく，組織の識別も難しいという欠点があります．そこで，ドメインネーム（Domain Name）が別に用意されています．これはドットでつないだ文字列のことで，国や組織に応じた名前を用意しています．ドメインネームは右側が共通のものが同一組織を表します．たとえば，

serverpc1.ele.setsunan.ac.jp

というドメインネームでは，

・jpは国名（日本）．イギリスはuk，フランスはfr．米国（us）は省略可能．
・acは分野名（学術関係）．coは会社，goは役所．これらは各国内で決める．
・setsunanは組織名（摂南大学）で，管理機関に登録してもらう．
・eleは電気電子工学科，serverpc1はコンピュータの名前．

という決まりになっています．日本において，setsunanのような組織名は日本レジストリサービスという企業が管理しているので，ここへの登録が必要であると同時に維持費がかかります．組織名より左側，eleやserverpc1などについては組織内で自由に決めることができます．

【日本レジストリサービス】
ドメイン名の登録管理とDNSの運用を行う企業．「.jp」で終わるドメイン名を登録・管理している．

ドメインネームをインターネットで通用する公式の名前として使うためには，DNS サーバ（Domain Name System server，単に DNS ともいいます）に登録する必要があります．DNS サーバは，ドメインネームから IP アドレスを教えたり，逆に IP アドレスからドメインネームを教えてくれる辞書のようなサーバです．通常，ホームページを見るときには，IP アドレスではなくドメインネームで指定します．このため，利用するパソコン側では問い合わせに使用する DNS サーバの IP アドレスを設定しておく必要があります．

15-5 家庭でのインターネット接続

自宅でインターネットを利用する方法を例にして具体的にネットワークに接続する方法を説明しましょう．家からインターネットに接続するには，基本的に以下のものが必要です．

- モデムや回線終端装置（プロバイダが貸し出し）
- ルータ（オプション）
- 無線 LAN 親機（オプション，多くはルータを兼ねることが可能）
- ハブ（オプション）
- ネットワークケーブル

家からインターネットにつなぐには，インターネットへの接続を引き受けてくれる**インターネットサービスプロバイダ**（ISP）との契約が必要です．ISP は，単に**プロバイダ**ともいいます．プロバイダは，一定の料金を払えば，基本的に無制限にインターネットにつながせてくれます．ただし，通信速度に応じて料金が異なるので，予算に応じて通信速度やプロバイダを決めます．

プロバイダと契約すると，プロバイダは，**モデム**または**回線終端装置**とよばれる機器を貸し出してくれます．買取りも可能です．これは，プロバイダ専用で，プロバイダが提供するネット接続と通常のインターネット用の機器とを接続する変換器です．なお，プロバイダが提供する接続形態は，既存のアナログ電話線を利用する ADSL（Asymmetric Digital Subscriber Line）や専用回線である光ケーブルなどがあります．ADSL は，従来の電話回線を使うことができるので，特別な工事が不要で料金も比較的安いのですが，電話局からの距離が遠くなると回線速度が低下します．このため，場所によっては十分な通信速度が得られない可能性があります．光ケーブルは場所によって速度が異なることはなく，ADSL より高速ですが，新たに回線を引く工事が必要です．最近の光回線には電話の機能を付加することもできるので，電話回線と完全に置き換えることも可能です．

【無線 LAN】
ケーブルを使わずに無線で行う LAN 接続のこと．IEEE802.11a, b, g, n などはその通信のための規格で，使用する電波の周波数や通信方式に違いがあり，通信速度も異なる．無線 LAN を使用する機器のうち，IEEE802.11 の通信規格を満たすことを Wi-Fi Alliance という団体により認証されたものに「Wi Fi CERTIFIED」のロゴが付与されており，多くの製品が満たしていることから Wi-Fi が無線 LAN の代名詞のようになっている．

モデムから内側（家庭側）は，図 15.4 のようにいろいろなネットワーク機器を使って，好みに応じたネットワークを構築することができます．通常，家庭用のプロバイダが提供する IP アドレスは 1 個なので，そのままでは 1 台しかつなぐことができませんが，15.4 節で述べたように，パソコンにプライベートアドレスを割り当てて家庭内 LAN を構築し，これをルータを経由してプロバイダと接続すれば複数のコンピュータを接続することも可能です．ノートパソコンやスマート

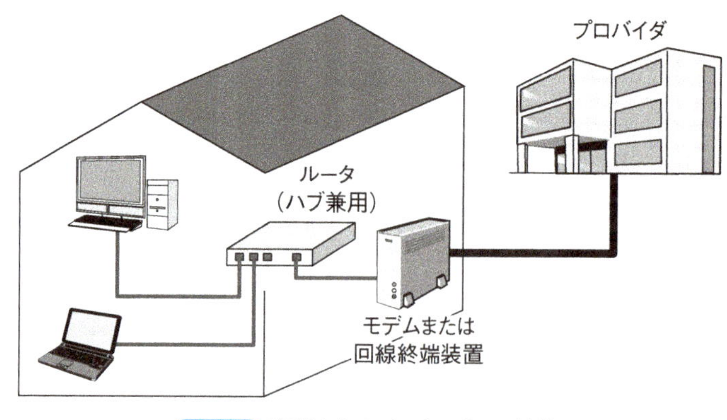

図 15.4 家庭からのインターネット接続

フォンをつなぎたいときには，無線 LAN の機能をもつルータを用意すると便利です．

なお，家庭用に売られている有線ルータや無線 LAN ルータには，コンピュータを接続するだけで，空いている IP アドレスを自動的に割り当ててくれる DHCP（Dynamic Host Configuration Protocol）の機能があります．DHCP 機能は IP アドレスを割り当てるだけではなく，ルータや DNS サーバの IP アドレスも自動的に教えてくれるので，パソコンやスマートフォンではネットワークの接続を「DHCP 使用」という設定にするだけで準備完了です．パソコンをケーブルや無線 LAN を経由して機器に接続すれば，その LAN に接続されている DHCP サーバを自動的に検出し，そのサーバから，ルータ情報，DNS 情報を取得してくれます．ただし，無線 LAN の場合には無線機器（アクセスポイント）への接続設定（接続先のパスワード設定など）が別途必要です．

15 6 電子メールと WWW

現在，さまざまなインターネットサービスが出現していて，これをすべて説明するのは，本書のページ数では無理です．ここでは，主要な利用サービスとして，電子メールと WWW を取り上げます．

A 電子メール

電子メールはインターネットで古くから使われているサービスです．メールソフトを使ってメールを作成し，相手のメールアドレスを指定して送信すれば，インターネットを経由して送ることができます．このとき，メールデータは送信者のパソコンと受信者のパソコンで直接通信されているのではありません．図 15.5 のように，送信側と受信側にそれぞれメールサーバとよばれるコンピュータが存在して，これらのメールサーバが送受信を代理で行ってくれます．このため，電子メールを利用するにはメールサーバとの接続設定や，メールサーバへの登録（契約）が必要です．

図 15.5 のように，メールを相手に渡すときは，SMTP（Simple Mail Transfer

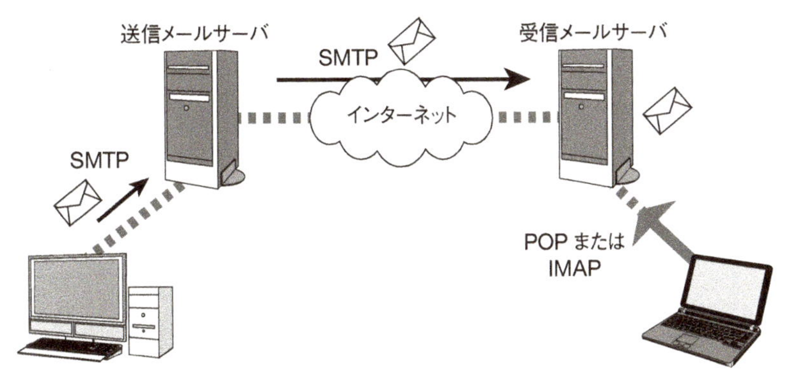

図 15.5 電子メールの配信概念図

Protocol）というプロトコルを使います．送信者からSMTPで送られたメールを受け取った送信メールサーバは，メールに書いてある宛先を調べて，SMTPで受信メールサーバに転送します．

しかし，メールを受け取った受信メールサーバは，SMTPを使って受信者のパソコンへ転送することはありません．SMTPは送り手側のタイミングで通信するため，相手が常に起動していることが前提です．しかし我々が普段使用しているパソコンは，常に電源が入っているとは限りません．また，NATを経由してインターネット接続をしている場合には受信メールサーバから家庭内LANのパソコンにアクセスできない可能性もあります．

そこで，パソコンで電子メールを読むには，パソコンから受信メールサーバにアクセスして，保存されているメールを読みこむ，という動作で処理します．このときのアクセス方法は，SMTPとは別の通信手段を使います．現在よく使われている読み込み方式は次の2種類です．

・POP（Post Office Protocol）

・IMAP（Internet Message Access Protocol）

このため，読み込むためのメールサーバはそれぞれの手順に応じて，POPサーバ，IMAPサーバとよばれています．これらの違いの詳細は省略しますが，どちらを使うかは，メールシステムが提供するサービスに依存します．POPとIMAPの違いは，POPがどちらかといえばパソコン側でメールを管理するのに対し，IMAPは受信メールサーバで管理することです．パソコン側で管理するPOPでは，メールをパソコンに読み込めば，受信メールサーバに保存しているメールデータを消すのが基本です．このため，メールを読み込むパソコンが1台の場合には問題ありませんが，あるときには職場のパソコンで読み，あるときには出張先のスマートフォンで読む，というような場合には消したメールが読めないので不便です．これに対し，IMAPはサーバ側で管理するので，このようなことはありません．ただし，メールサーバのディスクに負担がかかります．

【プロトコル】
（Protocol）
コンピュータどうしの通信における手順やルールのこと．

B WWW

電子メール以上によく使われているWWW（World Wide Web）は，インターネットの普及に貢献した最も重要なサービスです．WWW は，HTML を使って内容を書き，これを http サーバ（HyperText Transfer Protocol server）に保存しておけば，http という手順を使って他のコンピュータからその情報を見ることができるしくみです．ハイパーテキストでは，図 15.6 のようにテキストに加えて画像やムービーなども閲覧可能であり，接続したコンピュータから操作してサーバにデータを送ることもできます[4]．最近ではワープロのようにウェブページを作成できるソフトもあるので，自分で http サーバを立ち上げて外部に向けて発信させることも容易です．ただし，外部のコンピュータから接続するための IP アドレスやドメインネームが必要なので，プロバイダとの契約が別途必要です．

図 15.6 ウェブブラウザによる HTML 表示例

【HTML】
HyperText Markup Language の略．ウェブページを記述するための言語．文章だけでなく，画像や動画などを表示したり，文字に他のページへのリンクを張り付けるなど，さまざまな機能を備える．

4）クレジットカード番号のような重要なデータを送るときには https という手順を使う．https は HTTPS over SSL/TLS の略といわれており，TLS（Transport Layer Security）（以前は SSL）を使って通信相手の認証，暗号化，改ざんの検出などを行う安全な HTTP のこと．

http を利用して情報を読み込むソフトウェアがウェブブラウザです．ウェブブラウザは，各 OS に対応したさまざまなものが無料で公開されているので，好みに応じて使うことができます．なお，WWW のことを「ホームページ」ともいいますが，これは WWW サーバに接続したときの 1 枚目のページ（トップページ）をホームページとよんでいることに由来しています．

最近では，ウェブブラウザを使って電子メールを読み書きする Web メールもよく使われています．Web メールは，メールサーバに直接アクセスしてメールを読み書きするしくみなので，SMTP や POP などの設定は不要であり，かつサーバでメールを管理しているので，どこからでも読み書きすることができます．ただし，メールサーバが Web メールに対応している必要があるので，利用しているメールシステムに依存します．

15 7 インターネットの危険性

インターネットを利用すれば，原理的には全世界のコンピュータと自由に通信することが可能です．そこで，このインターネットの自由性を悪用するユーザが増えてきました．たとえば，他人のコンピュータに侵入して，それを不正に操作することで破壊したり，そのコンピュータを踏み台にしてさらに別のコンピュータに侵入してそれも破壊するというような行為をくり返すのです．古くはこれをハッカーとよんでいましたが，現在では破壊目的の人間をクラッカーといいます．クラッカーが容易に侵入できるのは，コンピュータへのアクセスが，ユーザ名とパスワードだけで行われることと，コンピュータの OS によっては，特権ユーザ名が決まっているので，適当なパスワードを探せば侵入できることが原因です．

【特権ユーザ】
管理権限をもつユーザのこと．すべてのファイルに対して読み書きの権限をもっている．このため，特権ユーザで入ることができれば，そのコンピュータ上でどんな操作も可能になる．

このため，現在のコンピュータは，OSのインストール段階から外からのアクセスを制限したり，特権ユーザへの直接アクセスを認めないなど，さまざまな防御策が施されています．一部の不届きもののためにシステムが使いにくくなったともいえますが，インターネットが世界中に張り巡らされている以上，クラッカーが世界のどこから不正アクセスを試みるのか予測できません．今日の防御策も明日には破られるかもしれないのですから，OSのアップデートなどはこまめに行う必要があります．

電子メールにも問題点がありますが，最も迷惑なのは，スパムメールです．スパムメールとは広告などを大量に送りつけてメールボックスをあふれさせる，一種の愉快犯です．メールボックスをあふれさせるだけではなく，無駄に通信回線を使い，必要な通信を阻害します．大学などの大きな組織で受信するメールは大半がスパムメールであるため，フィルター装置を購入してスパムと思わしきメールを除去している場合もあります．無駄な出費もかさむのです．

電子メールシステムはインターネットの初期から使われているので，互換性を保つためにあまり大幅な改良はされていません．この結果起きる問題点の1つに，送信者を自由に書き換えできることがあげられます．このため，他人を語って送りつけるメール，なりすましメールも存在します．たとえば，ほとんど連絡がなかった相手から「助けて欲しいから送金してくれ」というようなメールが突然来たときには注意が必要です．また，銀行をかたってカード番号やパスワードを盗もうとするウェブサイトに誘導する場合もあります．

最近では，**標的型攻撃メール**が大きな問題になっています．標的型攻撃メールは，官公庁・学校・企業などに所属している特定の職員をターゲットにして攻撃を行います．攻撃者は，まず図15.7のように友人や顧客などを装ったメールにコンピュータウィルス入りの添付ファイルを付けてその職員に送ります．もし，その職員が添付ファイルを開くと，使っていたパソコンがウィルスに感染し，外部の攻撃者に向けてパソコン内部の個人情報などを勝手に送信してしまいます．知らない相手から添付ファイル付きのメールが来たときには，不用意にファイルを開けないことが肝要です．また，感染したことが確認されれば，できる限り早く

【コンピュータウィルス】
広義にはコンピュータに被害をもたらす不正なプログラムのこと．狭義には，勝手に自己増殖するプログラムのこと．ワーム，トロイの木馬などがある．

図15.7 標的型攻撃メールによる情報流出

そのパソコンをネットワークから切り離さなければなりません．

WWW でもなりすましなどでパスワードを盗む手法が横行していますし，インターネットショップなどでは，お金だけ払わせて，物品が送られて来ないなどのトラブルも起きています．大手の信用できるショップから購入するのはよいのですが，破格に安い物品をインターネットで，それもカードで購入するのは，十分に調べてからにしたほうがいいでしょう．

15 8 これからのインターネット

インターネットは，便利なツールとして今やなくてはならないものです．しかし，さまざまな危険性を含んでいることも忘れてはいけません．本書では取り上げませんでしたが，多くの人たちが利用しているソーシャルネットワークサービス（SNS）に関して，誹謗中傷，アカウントの乗っ取り，未成年者が巻き込まれる犯罪などさまざまな問題が起きています．神経質すぎるのもよくありませんが，危険性を認識した上で十分な知識とモラルをもって利用することが必要です．

【ソーシャルネットワークサービス】
Social Networking Serviceの略．電話やインターネットのネットワークは通信機器の接続関係であるのに対して，ソーシャルネットワークは人と人との社会的なつながりを表すネットワーク．そうした人どうしの関係を広げたり深めたりすることをサポートするサービスをSNSとよぶ．

15.4 節で述べたように，整数 4 個で識別される IP アドレス「IPv4」は，ほぼ枯渇してしまいました．このため，IPv4 に代わって，ほぼ無尽蔵に使える「IPv6」というアドレス利用が始まっています．ただ，インターネットはさまざまな人や組織が独自に管理をしているため，一斉に新しいアドレスに切り替えるといったことは難しく，なかなか移行は進んでいません．また，ルータの高機能化によるプライベートアドレスの利用により，ネットワークアドレスの枯渇問題はそれほど大きな問題にはなっていないようです．

インターネットは今後ますます発展するでしょう．特にスマートフォンやタブレット PC の普及はインターネットの利用者をさらに増やしていて，子供からお年寄りまで年齢を問わず利用しています．公衆無線 LAN を利用できる Wi-Fi スポットも増えてきて，「いつでもどこでもインターネット」の状況になっています．しかし，手軽にインターネットにつなぐことができるということは，その通信を傍受される可能性が高まっていることも忘れてはなりません．Wi-Fi スポットなどで接続するときは，あまり重要な情報のやりとりはしない方が賢明です．

【Wi-Fi スポット】
無線 LAN が利用できる場所．店舗や公共の場所などに設置されることが多い．だれでも無料で使えるものや，契約が必要だったり有料だったりするものがある．

この巨大な通信網「インターネット」が，水道やガスなどと同じレベルのインフラとして存在している現在，我々はそのしくみをよく把握し，その安全性や問題点を十分理解したうえで上手に利用していかなければならないと思います．

本章のまとめ

この章では，インターネットを使えばどのように世界中の人々と情報交換ができるかについて説明しました．

(1) インターネットは世界中に張り巡らされた情報通信ネットワーク．

(2) ネットワークに接続するには各パソコンに異なる IP アドレスを割り当てる必要があります．同一グループの接続にはハブを使い，異なるグループ間の接続にはルータを使います．

(3) IP アドレスは数字の列なので覚えにくいという問題があります．そこで，各コンピュータを国名や組織名などで識別するのがドメインネームです．

(4) 家庭でインターネットを使うには，プロバイダとの契約が必要です．

(5) インターネットは便利ですが，危険性が潜んでいることにも注意が必要です．最近は標的型攻撃メールが問題になっています．

演習問題

❶あるハードウェアや媒体を爆発的に普及させたソフトウェアやコンテンツを「キラーアプリ」や「キラーコンテンツ」というが，インターネットにおけるキラーコンテンツを本文中からあげよ．

❷クラッカーがハッカーと区別されるのはどういう点か．

❸インターネットの通信が電話の通信と異なる点を，通信相手と通信経路の観点から述べよ．

❹家庭内や学校などの組織内で構築したネットワークを何とよぶか．

❺X さんのパソコンの IP アドレスは 192.168.10.20 である．このとき，同じネットワークに接続している Y さんのパソコンの IP アドレスとして可能性があるのは次のうちどれか．

(a) 192.167.10.20　(b) 192.168.20.10　(c) 192.168.10.10　(d) 192.168.10.255

参考図書

(1) 金城 俊哉：「世界でいちばん簡単なネットワークのe本 第3版」，秀和システム (2011)

(2) 唯野 司：「これで納得！ネットワークの仕組みとカラクリがわかる本」，ソシム (2008)

(3) 戸根 勤，日経 NETWORK 監修：「ネットワークはなぜつながるのか 第2版」，日経 BP 社 (2007)

演習問題解答

1章

① 力 $F = mg = 50\,\mathrm{kg} \times 9.8\,\mathrm{m/s^2} = 490\,\mathrm{N}$
仕事 $W = FL = 490\,\mathrm{N} \times 2\,\mathrm{m} = 980\,\mathrm{J}$

② 力 $F = 9 \times 10^9 \times Q_1Q_2/r^2 = 9 \times 10^9 \times 0.05\,\mathrm{C} \times 0.02\,\mathrm{C}/(5\,\mathrm{m})^2 = 3.6 \times 10^5\,\mathrm{N}$

③ 仕事 $W = QV = 0.3\,\mathrm{C} \times 10\,\mathrm{V} = 3\,\mathrm{J}$
電流 $I = Q/t = 0.3\,\mathrm{C}/6\,\mathrm{s} = 0.05\,\mathrm{A}$

④ 力 $F = 2 \times 10^{-7} \times I_1I_2l/r = 2 \times 10^{-7} \times 3\,\mathrm{A} \times 5\,\mathrm{A} \times 2\,\mathrm{m}/0.01\,\mathrm{m} = 6 \times 10^{-4}\,\mathrm{N}$

⑤ 電流 $I = 60\,\mathrm{W}/100\,\mathrm{V} = 0.6\,\mathrm{A}$
エネルギー $W = 60\,\mathrm{W} \times 3 \times 3600\,\mathrm{s} = 6.48 \times 10^5\,\mathrm{J}$

2章

① 電圧の大きさ $V = N\Delta\Phi/\Delta t = 100 \times (18\,\mathrm{Wb} - 10\,\mathrm{Wb})/2\,\mathrm{s} = 400\,\mathrm{V}$

② 電線に流れる電流を I［A］とすると，400 Ω の抵抗による損失を 1 W 以下に抑えるには，$I^2R = 400I^2 \leqq 1$ でなければならない．よって，$I \leqq 0.05\,\mathrm{A}$．両辺に電圧 V［V］をかけて，$P = VI \leqq 0.05\,\mathrm{V}$．これより，$V \geqq 2 \times 10^5\,\mathrm{V}$（200 kV）でなければならない．

③ 核エネルギー $E = mc^2 = 1\,\mathrm{kg} \times (3 \times 10^8\,\mathrm{m/s})^2 = 9 \times 10^{16}\,\mathrm{J}$

④ 送電線にかかっている「高電圧」とは，2 本の電線間の電位差のことである．鳥がとまっているのは 1 本の電線の上なので，2 本の足にかかる電圧はほぼ同じで，その差はわずかである．よって感電しない．巨大な鳥がいて，地面に立ってくちばしを電線に近づけたり，あるいは電線にとまって 2 本の電線を両方の脚でまたいだりすると感電する．

⑤（b），（d），（f）

3章

① 力 $F = IBl = 3\,\mathrm{A} \times 0.5\,\mathrm{T} \times 0.2\,\mathrm{m} = 0.3\,\mathrm{N}$

② 電機子にできる磁極は，{a が S，b が N} であり，電機子は時計回りに回転する．

③ 腕の長さ L = 直径 ÷ 2 = 5 cm，トルク $T = FL = mgL = 10\,\mathrm{kg} \times 9.8\,\mathrm{m/s^2} \times 0.05\,\mathrm{m} = 4.9\,\mathrm{Nm}$

④ 1 秒当たりの回転数 $n = N/60 = 1800/60 = 30\,\mathrm{s^{-1}}$
回転角速度 $\omega = 2\pi n = 2\pi \times 30 = 60\pi\,\mathrm{rad/s} \fallingdotseq 188.5\,\mathrm{rad/s}$

4章

①（1）As （2）伝導電子 （3）n （4）B
（5）正孔 （6）p

②（1）ペルチェ （2）ゼーベック （3）LED
（4）太陽電池

③ 非常に安定で良質な絶縁体である．Si 基板を酸素中あるいは水蒸気中で加熱することで容易に形成することができ，その膜厚も加熱温度と時間によって容易に制御することができる．

演習問題 5

①（b），（c），（e），（h）

②（a）電力 $= 1300\,\mathrm{W/m^2} \times (0.5 \times 0.5)\,\mathrm{m^2} \times 0.2 = 65\,\mathrm{W}$
（b）電力量 $= 65\,\mathrm{W} \times 2\,\mathrm{h} = 130\,\mathrm{Wh}$
（c）電流 $= 65\,\mathrm{W}/20\,\mathrm{V} = 3.25\,\mathrm{A}$

6章

① 1500 mAh は，1 mA の電流を 1500 時間流すことができるので，取り出せるエネルギー $= 3\,\mathrm{V} \times 1\,\mathrm{mA} \times 1500 \times 3600\,\mathrm{s} = 16200\,\mathrm{J}$

② リチウムと銅の標準単極電位は，それぞれ $-3.04\,\mathrm{V}$ と $0.34\,\mathrm{V}$ である．よって，発生可能な最大電圧 $= 0.34 - (-3.04) = 3.38\,\mathrm{V}$．また，銅が正極，リチウムが負極になる．

③ 20 mA の電流が 10 分流れたときに通過した電荷量は，$Q = 20 \times 10^{-3}\,\mathrm{A} \times 10 \times 60\,\mathrm{s} = 12\,\mathrm{C}$．亜鉛イオン 1 個あたり 2 個の電子を出すので，発生した亜鉛イオンの数 $= Q/(2e) = 3.75 \times 10^{19}$ 個．

④ 1 次電池：懐中電灯，時計，電卓，テレビのリモコン，など
2 次電池：携帯電話，デジタルカメラ，ノートパソコン，携帯音楽プレイヤー，など

7章

①（0.040 kW − 0.015 kW）× 10 台 × 10 時間 × 365 日 × 30 円 = 27375 円

② A)−(ウ)，B)−(イ)，C)−(ウ)，D)−(ア)，E)−(ア)

③ 消費電力を抑えた照明の開発．有害物質を含まない照明機器の開発．

8章

①（1）−4 （2）−3 （3）−1 （4）−5 （5）−2

②（1）−7 （2）−2 （3）−6 （4）−3 （5）−5
（6）−8

③（8.3）式，（8.4）式により，

$Z_L = 2\pi f L$, $Z_C = \frac{1}{2\pi f C}$

なので，$Z_L = Z_C$ とすると，

$f = \frac{1}{2\pi\sqrt{LC}} \fallingdotseq \frac{1}{6.28 \times 10^{-4}} \fallingdotseq 1.6\,\mathrm{kHz}$

となる．

9章

① (1)－(b)　(2)－(c)　(3)－(c)　(4)－(b)

② (b)：理由：0 m から 1000 m までを 1 m 単位で表すには，1001 通りの数字の区別が必要である．これを n ビットの 2 進数で表すには，$2^n \geqq 1001$ となる必要がある．これを満足する最小の n は 10.

③ (1)－(a)　(2)－(c)　(3)－(b)

10章

① (1) 計算機　(2) プログラム
(3) ノイマン型コンピュータ　(4) トランジスタ
(5) 並列化

② 主記憶装置－(1)(2) DRAM, SRAM
入力装置－(3)(4) キーボード，マウス，タッチパッド，タッチパネル　など
出力装置－(5)(6) ディスプレイ，プロジェクタ，プリンタ　など
補助記憶装置－(7)(8) ハードディスク，DVD (CD) ドライブ，USB メモリ　など

11章

① (b)　② (c)　③ (a)　④ (b)

12章

① (1)－3　(2)－4　(3)－5　(4)－2　(5)－1

② (1)－3　(2)－1　(3)－5　(4)－2　(5)－4

13章

① 周波数 = 光の速度 / 波長 = $3 \times 10^8 / 0.03\,\mathrm{m} = 10^{10}\,\mathrm{Hz} = 10\,\mathrm{GHz}$

② 時間 = $36000\,\mathrm{km} \times 2/(3 \times 10^8\,\mathrm{m/s}) = 0.24\,\mathrm{s}$

③ $f = \frac{1}{2\pi\sqrt{LC}}$ より，

$$C = \frac{1}{(2\pi f)^2 L}$$
$$= \frac{1}{(2 \times \pi \times 540 \times 10^3\,\mathrm{Hz})^2 \times 0.2 \times 10^{-3}\,\mathrm{H}}$$
$$\fallingdotseq 4.34 \times 10^{-10}\,\mathrm{F} = 434\,\mathrm{pF}$$

④ (1) 300 万　(2) VHF，超短波
(3) UHF，極超短波　(4) 周波数　(5) 振幅

14章

① 英文でよく使用される（出現頻度の高い）E や T などの文字に短い符号を割り当てることで，メッセージを短い符号で素早く送ることができる工夫がされている．

② ダイヤル式とプッシュ式は電話番号の通知の仕方が異なっている．ダイヤル式は電話機の番号の位置に指を入れ，指定の位置まで回した後で離すと，もとの位置に戻るまでに断続的に回線がオフになり，その回数で番号を通知する．一方プッシュ式は，ボタンを押すとそれぞれ異なる音が鳴るようになっており，加入者交換機はその音の違いで番号を判断している．

③ ホームメモリは利用者の電話番号や現在の位置，使用量などを管理しており，電話をかけるときは相手の番号のホームメモリを参照して呼び出し範囲を確認する．ハンドオーバは，通話中に移動して違うセルに移った際に，自動的にセルを切り替える機能のことをいう．

④ $\lambda_A = (3 \times 10^8\,\mathrm{m/s})/(800 \times 10^6\,\mathrm{Hz})$
$= 37.5\,\mathrm{cm}$
$\lambda_B = (3 \times 10^8\,\mathrm{m/s})/(2 \times 10^9\,\mathrm{Hz}) = 15\,\mathrm{cm}$

⑤ A：経路差 = λ_A なので強め合う．
B：経路差 = $\lambda_B \times (2 + 1/2)$ なので弱め合う．

15章

① 電子メール，WWW，ネット検索（検索サイト，検索エンジン）など．

② 不正に他の PC などに侵入したり，そのための技術をもっている点では同じだが，侵入した PC を破壊するなど危害を与える意図をもつものをクラッカーとよぶ．

③ 電話は通信相手が 1 人であるのに対して，インターネットは複数の相手と同時に通信できる．また，電話はかけたときに決められた経路を最後まで使うのに対して，インターネットはパケットごとにその都度経路が決められるため，同じ相手に対しても異なる経路でデータを送ることがある．

④ LAN (Local Area Network)

⑤ (c) が正解．192 から始まる IP アドレスはクラス C であるため，aaa.bbb.ccc.xxx で表されるアドレスのうち aaa.bbb.ccc までは共通となる．そのため (a) と (b) は不適切．また，xxx の部分に関しては，0 ～ 255 までの値を取ることができるが，0 と 255 はコンピュータには割り当てることができないので (d) も不適切．

索引

欧文索引

A/D 変換 85, 89
ALU 96
AM 135
ARPA ネット 153
BCD 符号 96
BEMS 52
BS 139
CAD 91
CCD 85
CEMS 52
CG 91
CIS 太陽電池 47
CMOS 85
CPU 38, 102, 111
CS 139
CUI 105, 125
CVCF インバータ 32
D/A 変換 89
DHCP 158
DNS サーバ 157
DRAM 85, 103
FEMS 52
FET 38, 80
FM 135
FPGA 96
GaAs 47
GPS 131
GUI 105, 125
HDL 96
HEMS 52, 63
HID ランプ 70
HIT 太陽電池 47
IC 41, 79, 93
IMAP 159
IP アドレス 154
LAN 153
LCD 85, 123
LED 41, 68
LSI 81
LV 122
MPPT 51
MPU 111
NAND 93
NAT 155
n 形半導体 36, 45, 68, 79
OS 105
PLC 91
pn 接合 36
POP 159
p 形半導体 36, 45, 68, 79
RAM 103, 111
ROM 111
SMTP 158
SRAM 103
VVVF インバータ 32
WAN 153
WWW 159

あ行

青色 LED 68
アナログ 88
アナログ回線 144
アモルファス 46
アルカリ電池 60
アンペールの法則 8, 132
イオン化 57
イーサネット 155
位相 30
位置エネルギー 3
1 次電池 56, 59
色温度 67
印加 76
陰極 78
インターネット 152
インターフェイス 111
インターレース方式 120
インバータ 32, 49
インピーダンス 76
ウェハ 41
ウラン 21
運動エネルギー 3
衛星放送 139
液晶 120
エネルギー 2
エネルギー保存の法則 3
エミッタ 67
演色性 66
オブジェクトファイル 114
オープンアーキテクチャ 100
オペレーティングシステム 105
オームの法則 5, 76

か行

加圧水型原子炉 21
回生ブレーキ 32
回線終端装置 157
回転角速度 26
回転子 27
回転磁界 30
回転速度 26
核分裂反応 20
価電子 35
化石燃料 16
カプセル型内視鏡 72
可変容量コンデンサ 137
火力発電 16
還元 58
機械語 114
機械的出力 27
希ガス 78
帰還回路 83
キーボード 126
逆起電力 28
逆バイアス 36
逆変換器 32
キャリア 35
近赤外線 72
組合せ論理回路 90
クラッカー 160
グローバルアドレス 156
クロック信号 102
クーロンの法則 2
蛍光体 67
軽水炉 21
携帯電話 85, 147
系統連系 48
結晶格子 35
ゲートウェイ 155
原子 2, 35, 57
原子核 2, 20
原子力発電 16
原子炉 21
検波回路 85, 138
コイル 5, 14, 26, 76
交流 13, 55
交流モータ 29
枯渇性エネルギー 45
固定子 27
固定電話 144
混信 136
コンデンサ 76
コンバータ 32
コンパイル 114

さ行

再生可能エネルギー 45
最大電力点追従制御 51
最適動作点 50
酸化 57
3 次元映像表示 125
磁界（磁場） 7, 25
磁極 4, 25
磁気力 25
仕事 2
視差画像 125
磁束 25
質量欠損 21
質量数 21
自動制御 109
周期 30, 131
集積回路 41, 79, 81
周波数 15, 76, 132
主記憶装置 101
受動素子 75
順序論理回路 91
順バイアス 36
順変換器 32
消費電力 5, 52
食 140
シリアルデータ 113
シリコン 35, 46
シリコン酸化膜 41
磁力線 7, 25
真空管 77, 99
振幅 131
真理値表 91
スイッチ 4
スイッチングハブ 155
水力発電 16
水路式発電所 17
ステッパー 42
ステッピングモータ 30
スーパーコンピュータ 100
すべり 31
スマートグリッド 52
スマートハウス 52, 63
スマートフォン 85
スマートメータ 50
制御 109
正孔 35
生体認証システム 72
正電荷 2
静電気力 2
静電容量 76, 128
整流 36, 78
整流回路 82

絶縁体 35
ゼーベック効果 39
セルラシステム 148
全加算器 94
走査線 120
送電 23
増幅 37, 78
増幅回路 83
側波帯 136
素子 35, 75
ソフトウェア 105
ソフトウェアキーボード 101
ソレノイドコイル 5

た行

帯域幅 136
ダイオード 37, 79, 138
大規模集積回路 81
太陽光発電 45, 48
太陽電池 45
太陽電池モジュール 48
ダウンサイジング 11
多結晶シリコン 47
多重化 148
タッチパネル 127
タービン 16
ダム水路式発電所 17
単結晶シリコン 47
短波 134
チャージコントローラ 49
チャネル 149
中央(演算) 処理装置 38, 101
中性子 20
中波 134
調光 69
長波 134
直流 13, 55
直流モータ 27
直列接続 6
抵抗(電気抵抗) 5, 55, 76
ディープサイクルバッテリー 48
デジタル 88
デジタル化 146
デジタル回線 145
データ圧縮 147
デバッグ 114
テレグラフ 120
電圧 3, 55
電位差 3
電荷 1, 35
電界(電場) 7
電解液 57
電界効果トランジスタ 38
電荷量 2
電気回路 4, 55, 75
電気力線 7
電源 4, 13, 55
電子 2, 35, 57
電子回路 10, 75
電磁気学 8, 131
電磁石 5, 15, 26
電磁波 9, 131
電子密度 134
電子メール 153
電磁誘導 7, 14
電磁力 29
電信機 143
電池 3, 55
電池の分極 59
電波 9, 131
電離層 134
電流 3, 55
電流増幅作用 38
電力 5, 16
電力系統 48
同期 30, 121
導体 35
独立型太陽光発電システム 48
ドメインネーム 156
トランジスタ 37, 80
トルク 27

な行

内部バス 112
鉛蓄電池 61
2 眼式 124
2 次電池 56
2 進数 90
ニッケルカドミウム電池 61
ニッケル水素電池 61
入力デバイス 125
熱中性子 20
熱電子放出 78
能動素子 75

は行

バイアス 80
バイポーラトランジスタ 37
排他的論理和 93
配電 23
バイト 90
ハイブリッド車 56
パケット 152
バス 105, 111
パーソナルコンピュータ(パソコン) 100
波長 65, 131
ハッカー 160
発光ダイオード 41, 68
発振回路 83
発振子 102, 129
発電 14
発電機 8, 13
ハードウェア記述言語 96
ハードディスク 111
ハブ 155
パルス幅変調 32
ハロゲンガス 67
パワーコンディショナ 49
半加算器 93
搬送波 136
半導体 10, 35, 79
半導体スイッチ 38
ハンドオーバ 147
光起電力効果 40
光ケーブル 157
光速度 9
光の三原色 68, 121
光のスペクトル 65
光ファイバ 145
ビット 90
火花放電 9, 29
ヒューマンインターフェイス 119
標準単極電位 57
標的型攻撃メール 161
標本化 89, 146
表面弾性波 128
ファックス 146
フィラメント 66, 78
フォトマスク 42
フォトリソグラフィ 41
フォトレジスト 42
負荷 6, 46, 55
不活性ガス 66
沸騰水型原子炉 21
負電荷 2
プライベートアドレス 156
プラズマ 46, 134
プレート 78
フレミングの法則 28
プログラミング言語 114
プログレッシブ方式 120
プロジェクタ 124
平滑回路 82
ペイバックタイム 52
並列接続 6
ペルチェ効果 40
変圧器 15
変位電流 8, 132
偏光 123
変調 135
ポインティングデバイス 127
方形波 30
放電 61
補助記憶装置 101, 111
ホームメモリ 147
ホール 35
ボルテージフォロワ 83

ま行

マイクロプロセッサ 100
マイコン 108
マクスウェルの方程式 8, 132
マザーボード 102, 111
マルチプロセッサ 104
マンガン電池 60
右ねじの法則 26
ムーアの法則 102
無線 LAN 134, 157
メガソーラ 48
メモリ 101, 111
メモリ効果 62
メールサーバ 158
モデム 157
モールス符号 143

や・ら行

八木・宇田アンテナ 139
誘導モータ 31
ユーザインターフェイス 105
陽極 78
陽子 20
ライブラリ 114
ランレングス符号化 147
量子化 89, 146
リチウムイオン電池 62
リンク 114
ルータ 155
レジスタ 102, 113
レンツの法則 14, 28
論理回路 10, 90
論理ゲート 92

編著者紹介

田口俊弘（たぐちとしひろ）（工学博士）
1982 年　大阪大学大学院工学研究科 電気工学専攻博士後期課程修了
現　在　摂南大学理工学部電気電子工学科 教授

堀内利一（ほりうちとしかず）（博士（工学））
1988 年　大阪府立大学大学院工学研究科 電力工学専攻博士前期課程修了
現　在　摂南大学理工学部電気電子工学科 教授

鹿間信介（しかましんすけ）（博士（工学））
1981 年　大阪大学大学院基礎工学研究科 物理系専攻博士課程前期課程修了
現　在　摂南大学理工学部電気電子工学科 准教授

NDC540　175p　26cm

基礎（きそ）から学（まな）ぶ電気電子（でんきでんし）・情報通信工学（じょうほうつうしんこうがく）

2016 年 9 月 21 日　第 1 刷発行

編著者　田口俊弘（たぐちとしひろ）・堀内利一（ほりうちとしかず）・鹿間信介（しかましんすけ）
発行者　鈴木　哲
発行所　株式会社 講談社
〒 112-8001　東京都文京区音羽 2-12-21
販　売　(03) 5395-4415
業　務　(03) 5395-3615
編　集　株式会社 講談社サイエンティフィク
代表　矢吹俊吉
〒 162-0825　東京都新宿区神楽坂 2-14　ノービィビル
編　集　(03) 3235-3701
本文データ制作　株式会社 エヌ・オフィス
カバー・表紙印刷　豊国印刷 株式会社
本文印刷・製本　株式会社 講談社

Printed in Japan

ISBN 978-4-06-156561-6